普通高等教育"十四五"规划教材

U0279041

数据结构
（C语言版）

主 编　王　璨　徐　东　王立娟

副主编　李　楠　薄　瑜　徐春明

主 审　郭文书　姜志明

华中科技大学出版社

http://www.hustp.com

中国·武汉

内 容 简 介

全书共包含9章内容,遵循由简至繁的原则,首先讨论了数据结构的基本概念,然后讨论了经典的线性结构和非线性结构,最后讨论了常用的运算。具体内容包括:第1章介绍了数据结构的基本概念、数据结构研究的内容及算法评价;第2章讨论了经典的线性结构——线性表,以单链表的运算为讨论重点;第3章介绍了其他两种典型的线性结构,即栈和队列;第4章介绍了串;第5章介绍了多维数组和广义表,可以作为线性结构的推广;第6章和第7章介绍了两种经典的非线性结构,树和图,以二叉树的运算、哈夫曼树的运算、图的存储结构、图的遍历、最小生成树、最短路径等为讨论重点;第8章和第9章讨论了两种最常用的运算,即排序和查找。

图书在版编目(CIP)数据

数据结构:C语言版/王璨,徐东,王立娟主编. —武汉:华中科技大学出版社,2021.6(2024.8重印)
ISBN 978-7-5680-7362-2

Ⅰ.①数… Ⅱ.①王… ②徐… ③王… Ⅲ.①数据结构-高等学校-教材 ②C语言-程序设计-高等学校-教材 Ⅳ.①TP311.12 ②TP312

中国版本图书馆 CIP 数据核字(2021)第 167510 号

数据结构(C 语言版)
Shuju Jiegou (C Yuyan Ban)

王 璨 徐 东 王立娟 主编

策划编辑:康 序
责任编辑:郭星星
封面设计:孢 子
责任监印:朱 玢
出版发行:华中科技大学出版社(中国·武汉)   电话:(027)81321913
         武汉市东湖新技术开发区华工科技园   邮编:430223
录 排:武汉三月禾文化传播有限公司
印 刷:武汉市籍缘印刷厂
开 本:787mm×1092mm 1/16
印 张:17
字 数:435千字
版 次:2024 年 8 月第 1 版第 3 次印刷
定 价:48.00 元

前言

PREFACE

习近平总书记在党的十九大报告中指出,"建设教育强国是中华民族伟大复兴的基础工程"。在全国教育大会上,习总书记进一步提出了"加快推进教育现代化、建设教育强国"的新要求。"两个一百年"奋斗目标的实现、中华民族伟大复兴中国梦的实现,归根到底靠人才、靠教育。党的十八大以来,党中央十分重视教育事业的发展,先后提出并实施了科教兴国战略、人才强国战略和创新驱动发展战略,把教育放在优先发展的战略位置上,全面深化教育改革,大力推进教育事业发展,建成了世界上最大规模的教育体系,使我国教育迈进世界中上行列,为我国社会主义现代化建设事业提供了坚实的人才支撑和智力保障,促进了我国由人口大国向人才资源大国的转变,为加快教育现代化和教育强国建设奠定了坚实的基础。

围绕习总书记的重要论述,各地高校紧密结合地方经济建设发展需要,开展了专业建设和课程改革,优化了传统学科专业,积极为地方经济建设输送人才,为我国经济社会的快速健康和可持续发展以及高等教育自身的改革发展做出了巨大贡献。

本教材立足于计算机类相关专业,以专业基础课为主,满足高校多层次教学的需要。在规划过程中体现了如下一些基本原则和特点:

1. 面向多层次、多学科专业

教材内容坚持理论＋实践的原则,能够满足计算机类相关专业的教学和实践的需要。

2. 反映教学需要,促进教学发展

在选择教材内容和编写过程中,致力于学生能力的培养,具体体现于素质教育、创新能力与实践能力的培养。

3. 专创融合设计,提升教材质量

在经典的教学内容的基础上,增加了专创融合设计内容,从案例出发,培养学生分析问题和解决问题的能力,并引导学生做到举一反三、融会贯通。

4. 由一线教师承担教材的编写工作

本书的编写人员均承担过"数据结构"课程 3 轮以上的教学任务,将教学过程中的经验融入教材的编写过程中,语言深入浅出,编程案例简单易懂,适合教学的同时也能满足自学者的需要。书稿完成后由主审教师进行审稿和校对,保证了教材的质量。

全书采用 C 语言作为数据结构和算法的描述工具,利用数组、结构体、指针等重要数据类型，重点围绕结构体、函数，完成了书中所有数据结构的基本运算的实现。

本书在内容的选取上符合应用型人才培养目标的要求，在内容的组织上遵循由浅入深、理论与实践相结合的原则，注重课程内容的前后联系，在第 1 章进行的 C 语言相关语法的回顾，帮助读者厘清内容，提高学生学以致用的能力。本书内容深入浅出、通俗易懂，适用面广，可以作为普通高等院校计算机相关专业的必修课教材，也可以作为其他理工类专业的选修课教材。

本书是编者多年教学成果的结晶，在难点内容的叙述及讲解方法上都有独到之处。编者均为大连科技学院教师。本书在编写过程中参考了大量的著作、教材等资料，在此一并表示感谢。

为了方便教学，本书还配有电子课件等教学资源包，可以登录"我们爱读书"网（www.ibook4us.com）浏览，任课教师可以发邮件至 hustpeiit@163.com 索取。

虽然全体编写人员都倾注了精力，力求尽善尽美，但由于编者水平有限，书中难免出现遗漏或不当之处，敬请广大读者不吝指正，不胜感谢。

编者

2021 年 5 月

目录

CONTENTS

第 **1** 章　绪论

随着信息技术的快速发展,计算机的应用领域越来越广,从最初解决复杂计算,到如今深入各行各业的复杂应用,信息技术正逐渐改变着我们的学习、工作和生活,数据起到了至关重要的作用。计算机科学以数据和算法为研究内容,数据的形式多样,并不局限于狭隘的数值型数据,还包括文本、声音、图像等复杂类型的数据,数据的规模呈现爆炸式增长的趋势,海量数据存储也给数据的处理带来了新的挑战,数据的存储是为具体的应用服务的,因此相应的算法也成为研究的重点。准确表述数据的逻辑关系,定义良好的存储结构,设计高效的算法进而提高解决实际问题的效率,成为研究者及软件行业的从业人员面临的巨大挑战,这也是数据结构这门课程需要研究的重点内容。

本章主要介绍数据结构课程中经常用到的基本概念,如数据,数据元素,数据类型,数据的逻辑结构、存储结构、运算,及算法的定量评价指标等。后续的章节将围绕具体的数据结构针对上述内容展开深入的讨论。

1.1　基本术语

数据是人们约定的符号,用它来表示客观事物及其活动,是信息的载体。数据是计算机程序加工处理的对象。

数据元素是数据的基本单位,在计算机程序中通常作为一个整体进行考虑和处理,在不同的情况下,又可以称为元素、结点、顶点或记录。数据是由数据元素构成的。

数据项是构成数据元素不可分割的具有独立含义的最小标识单位。若数据元素可再分,则数据元素是由若干个数据项组成的;如数据元素不可再分,数据元素和数据项是同一概念,如整型数据就是不可再分的。

数据类型是一个值的集合和定义在这个值集上一组操作的总称。按值的不同特性,高级程序设计语言中的数据类型可分为原子类型和结构类型两类。

1.2　数据结构的定义及研究的内容

◆　1.2.1　数据结构的定义

按照某种逻辑关系组织起来的一批数据,用一定的存储方式存储在计算机的存储器中,并在这些数据上定义一个运算的集合,就称为一个数据结构。

◆ **1.2.2 数据结构研究的内容**

（1）数据的逻辑结构：按照某种逻辑关系将数据组织好，即逻辑结构。逻辑结构是从具体问题抽象出来的数学模型。

（2）数据的存储结构：将数据及数据之间的关系存储到存储区域中，即存储结构。存储结构是逻辑结构到存储区域的映射。

（3）数据的运算：在这些数据上定义的一个运算集合。

1.数据的逻辑结构

数据的逻辑结构是数据元素之间的逻辑关系，是根据实际问题抽象出来的数学模型。

逻辑结构可以通过二元组表示：

```
Data_Structure=(D,S)
D={a₁,a₂,…,aₙ}
S={r₁,r₂,…,rₙ}
rⱼ={<a₁,a₂>,<a₂,a₃>,…,<aᵢ₋₁,aᵢ>,…,<aₙ₋₁,aₙ>}
```

集合 D 是数据元素的有限集合，集合 S 是集合 D 上的有限集合，通常取集合 S 中的一个关系 r_j 来进行讨论，r_j 可以表示为数据元素的序偶 $<a_i,a_j>$ 的集合。

用二元组表示的逻辑结构，有如下常用术语：

（1）前驱结点、后继结点、相邻结点。例如，由关系 r_j 可知，a_{i-1} 为 a_i 的前驱结点，a_i 为 a_{i-1} 的后继结点，a_{i-1} 与 a_i 互为相邻结点。

（2）开始结点、终端结点、内部结点。例如，由关系 r_j 可知，a_1 为开始结点，a_n 为终端结点，除 a_1 和 a_n 外，其余结点为内部结点。

数据的逻辑结构除了用二元组表示外，还可以用图形表示（见图 1-1）。

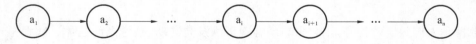

图 1-1 逻辑结构的图形表示

数据的逻辑结构有两大类：

（1）线性结构：经典的线性结构是线性表。

线性结构的逻辑特征是：有且仅有一个开始结点和一个终端结点，其余的内部结点都有且仅有一个前驱结点和一个后继结点，也就是说结构中的数据元素间存在着一对一的相互关系。

（2）非线性结构：经典的非线性结构有树形结构和图形结构。

树形结构的逻辑特征是：有且仅有一个开始结点，可有若干个终端结点，其余的内部结点都有且仅有一个前驱结点，可以有若干个后继结点，也就是说结构中的数据元素间存在着一对多的层次关系。

图形结构的逻辑特征是：可有若干个开始结点和终端结点，其余的内部结点可以有若干个前驱结点和若干个后继结点，也就是说结构中的数据元素间存在着多对多的网状关系。

下面，请看表 1-1 所示的逻辑结构的例子：

表 1-1　某校围棋社团学生简表

学号	姓名	性别	出生日期	职务
01	刘品正	男	1982-08-05	团长
02	张语芳	女	1981-08-15	组长
03	王小美	女	1983-04-01	组长
04	赵江红	女	1982-06-28	组员
05	孙德福	男	1984-03-17	组员
06	杨　涛	男	1983-10-12	组员
07	程立刚	男	1982-07-05	组员
08	关一平	男	1982-12-09	组员

例 1-1　在表 1-1 中,8 名学生按学号从小到大排列,形成一个线性结构。假设表示这种逻辑结构的关系为 r_1,则 r_1 可以定义为学生按学号顺序递增排列的关系,该线性结构的逻辑结构可用二元组表示为

$L=(D,S),r_1 \in S$
$D=\{01,02,03,04,05,06,07,08\}$
$r_1=\{<01,02>,<02,03>,<03,04>,<04,05>,<05,06>,<06,07>,<07,08>\}$

从图 1-2 中不难发现,线性结构用图形表示的结果为 n 个数据元素排成一列,形成一个链条状的结构。

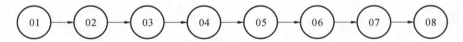

图 1-2　线性结构的示意图

例 1-2　在表 1-1 中,这 8 名学生均为围棋社团的成员,还可以用数据结构描述成员之间的关系。其中 01 号学生为团长,直接领导 02 和 03 号学生,他们均是组长,02 号学生直接领导 04 和 05 号学生,03 号学生直接领导 06、07 和 08 号学生,假设表示这种逻辑结构的关系为 r_2,则 r_2 可以定义为学生之间的领导与被领导关系,该数据结构的逻辑结构可用二元组表示为

$T=(D,S),r_2 \in S$
$D=\{01,02,03,04,05,06,07,08\}$
$r_2=\{<01,02>,<01,03>,<02,04>,<02,05>,<03,06>,<03,07>,<03,08>\}$

我们很容易发现,这个例子的逻辑结构为树形结构(见图 1-3),是一棵倒着的树,树形结构可以描述具有层次关系的数据元素,数据元素之间的关系为一对多。

例 1-3　在表 1-1 中,学生之间还存在朋友关系,如 01 和 02、03、05 号是好友,02 和 04 号是好友,03 和 05 号是好友,04 和 05、06 号是好友,06 和 07 是好友,08 无好友,假设表示这种逻辑结构的关系为 r_3,则 r_3 可以定义为学生之间的好友关系,该数据结构的逻辑结构可用二元组表示为

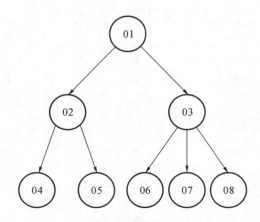

图 1-3　树形结构的示意图

G=(D,S),r₃∈S

D={01,02,03,04,05,06,07,08}

r₃={<01,02>,<02,01>,<01,03>,<03,01>,<01,05>,<05,01>,<02,04>,<04,02>,<03,05>,<05,03>,
<04,05>,<05,04>,<04,06>,<06,04>,<06,07>,<07,06>}

从上面的例子中，我们可以发现，图形结构像一个网状的结构（见图 1-4），任意一个结点都可以作为开始结点，数据元素之间的关系不再是一对一或一对多的，而是多对多的。

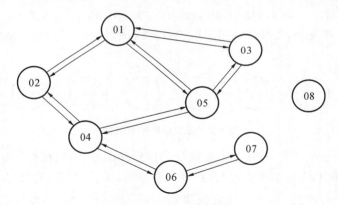

图 1-4　图形结构的示意图

2. 数据的存储结构

前面我们讨论了数据的逻辑结构，可以分为一对一、一对多和多对多。这些有用的数据需要存储到计算机中，被算法处理，才能辅助人们决策。因此，我们将从逻辑结构到计算机存储器的映射称为数据的存储结构。

在映射中，一方面要将数据集 D 中的数据元素存储到存储器中，另一方面还要体现数据元素之间的关系。体现关系 S 的常见方式有显示和隐含两种。

常用的存储结构包括顺序存储、链接存储、索引存储及散列存储。

1）顺序存储

顺序存储的思想比较简单，即让逻辑上相邻的数据元素在存储器中也相邻。数据元素的关系通过存储单元体现，在 C 语言中，一般用数组来实现顺序存储。这种通过存储单元间的关系表述数据元素的关系的方式，称为隐含方式。

线性结构多采用顺序存储，非线性的结构可以先转换为线性结构再采用顺序存储方式进行存储。例如,我们可以把二维数组看成若干个一维数组,从而采用顺序结构存储二维数组。

2)链接存储

与顺序存储不同,链接存储的思想是让逻辑上相邻的数据元素在存储器中不相邻。数据元素间的关系可以通过附加指针域来表示,在 C 语言中用指针类型来描述链接存储结构。我们将这种通过指针体现数据元素关系的方式,称为显示方式。这种存储结构和顺序存储相比,更加灵活,每个结点除了存储数据以外,还需要存储指针,因此,存储空间的开销较大。

例 1-4 用顺序存储和链接存储两种方法存储有序序列 A=(99,123,134),假设每个数据元素占 2 个字节,即一个存储单元为 2 个字节。

从图 1-5(a)中我们可以发现,0200 为首地址,存放第一个数据元素,因为一个元素占 2 个字节,所以 123 的存储地址为 0200+2=0202,同理 134 的存储地址为 0204,即逻辑上相邻的元素 99,123,134 在存储器中也相邻。

从图 1-5(b)中我们可以看出,第一个元素 99 的存储地址为 0256,若想访问 99 的后继结点,需要得到后继结点的指针 0288,0288 号存储单元存储的元素为 123,其后继结点的指针为 0218,0218 号存储单元存储的元素为 134,而 134 的后继为 0,指针为空,表示 134 不再有后继结点,即 134 为终端结点。

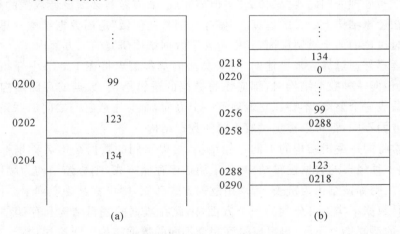

图 1-5　两种存储结构示意图

3)索引存储

索引存储的提出,是为了提高查找的效率。其基本思想是,除了存储数据元素外,还要建立一个索引表描述一个或一组关键字的地址,索引表一般需要按照(关键字,地址)进行组织。例如,我们在看书时,经常先翻目录,目录就是一个索引表,将重要的章节标题(关键字)和页数(地址)进行了对应,有了目录,我们就可以很快地查找到自己感兴趣的内容,查找效率较高。

若每个数据元素对应一个索引项,这种索引称为稠密索引;若一组数据对应一个索引项,这种索引为稀疏索引。目录就是稀疏索引。

4)散列存储

若能构造一个函数,根据关键字计算出该关键字对应的地址,就能进一步提高查找的效率。这就是散列的基本思想,即根据数据元素的关键字直接计算出该结点的存储地址,通常称为关键字-地址转换法。

上述四种存储方法，可以单独使用，也可以组合起来对数据结构进行存储映象。同一种逻辑结构采用不同的存储方法，可以得到不同的存储结构。

如何对存储结构进行描述，可以借助计算机高级程序语言，如利用数组实现顺序存储，利用指针实现链接存储。本书对存储结构的定义主要采用C语言中的数组、结构体、指针等。

3. 数据的运算

数据的运算（也称操作）是指对数据元素进行加工和处理。数据运算的种类很多，具体视应用的要求而设置运算的种类。对每种数据结构设置一些基本运算（操作），使得不同应用都能通过这些操作实现对数据结构的访问，是研究数据结构的一个重要方面。数据结构的基本操作一般包括查找、插入、删除、更新、排序等。这些基本运算实际是在抽象的数据上施加的一系列抽象的操作，所谓抽象的操作，就是不涉及具体的应用，只知道这些操作应该完成的功能，但无须考虑"如何完成"。这些运算的粒度很小，是构造复杂运算的基础。

数据基本运算的定义是基于数据的逻辑结构，每种经典的逻辑结构都有一个运算的集合。至于基本运算的实现，只有确定了存储结构后才能完成，由此可以看出，数据的运算是定义在数据的逻辑结构上而实现在数据的存储结构上的。针对具体问题，首先要将待处理的数据组织好，就具有了数据的逻辑结构，然后在数据的逻辑结构上定义一个运算的集合，这时就知道了对处理的问题要"做什么"。但要完成"如何做"，必须设计数据的存储结构，然后才能实现在逻辑结构上定义的运算。"做什么"和"如何做"是用数据结构的思想和方法解决具体问题时讨论的两个重要层面，其中包含了数据结构研究的三方面内容。

数据的运算是通过算法来描述的，有关算法的基本概念将在1.3节中介绍。值得指出的是，在讨论任何一种数据结构时，都应该将数据的逻辑结构、数据的存储结构和数据的运算这三方面看成一个整体，不要孤立地理解一个方面，而要注意它们之间的联系。三个方面中的任何一方面不同，都可以被定义成不同的数据结构。

我们常常将同一逻辑结构的不同存储结构，冠以不同的数据结构名称来标识它们。例如，线性表是一种经典的数据逻辑结构，若采用顺序存储方式，则称该结构为顺序表，若采用链接存储方式，则称该结构为链表，若采用散列方式存储，则可称其为散列表。同理，由于数据的运算也是数据结构不可分割的一个方面，因此在数据的逻辑结构和存储结构相同的情况下，按定义的运算集合不同，也可以得到完全不同的数据结构。无论讨论哪一种经典结构（线性表、树、图），都将围绕逻辑结构、存储结构、运算这三条主线来展开。

◆ **1.2.3 数据结构研究内容之间的联系和区别**

数据的逻辑结构是从具体问题抽象出来的数学模型；数据的存储结构是逻辑结构到存储区域的映射；数据的运算定义在数据的逻辑结构上，实现在数据的存储结构上。

1.3 算法

由于数据的运算是通过算法来描述的，有关算法的一些基本概念将在本节中介绍。

◆ **1.3.1 概念和特性**

算法是解决特定问题的方法和步骤，是由若干条指令组成的有限序列。算法一般具有以下特性：

（1）有穷性：对于任意一组合法输入值，一个算法必须总是在执行有穷步骤后结束，有限时间内完成。

（2）确定性：算法中每条指令都确切地规定了所应执行的操作，不致产生二义性或多义性；在同一条件下，一个算法只能有一条执行路径。

（3）可行性：算法中的每一步都是可行的，都可以通过手工或机器可以接受的有限次操作在有限时间内完成。

（4）输入：一个算法有 0 个或多个输入，这些输入是算法所需的初始量或待处理的对象，来自某个特定的对象集合。

（5）输出：一个算法有 1 个或多个输出，这些输出与输入有着某种特定的关系。

算法的设计思路，即解决问题的基本思路可以总结为：从具体的问题出发，考虑如何处理数据才能解决问题（运算），将问题抽象成一定的数据结构（数据的逻辑结构），进而考虑采用什么存储结构（数据的存储结构）才能提高运算的效率。即，算法设计的过程包含了数据结构研究的三方面内容。

◆ 1.3.2 算法的描述

算法是解决问题的步骤，算法有不同的描述方法，一般可以采用自然语言、程序流程图、伪语言、高级程序设计语言来描述。

用自然语言描述算法的问题主要体现在，自然语言不够严谨，会带来歧义；使用程序流程图来描述算法，使得算法的步骤以图的形式呈现，清晰直观，能够方便读者阅读，但不能在计算机上运行；直接使用高级程序设计语言来描述算法，虽然可以在计算机上运行，但理解起来并不容易，一般需要通过写注释的方法提高程序的可读性。算法最为常用的表述方法是伪语言的方法，伪代码介于自然语言与高级程序设计语言之间，与高级程序设计语言类似，只不过它忽略了高级程序设计语言中严谨的语法，且更易于理解，能够很容易地转换为高级程序设计语言。

本书中讨论的算法，均采用 C 语言进行描述，读者需要有一定的 C 语言程序设计的基础，读者可以利用相应的代码上机调试程序。为方便读者尽快掌握书中内容，现将 C 语言相关内容进行回顾：

1. 程序的基本结构

程序的基本结构包括顺序结构、选择结构和循环结构。

> **注意：**
>
> "＝"表示赋值，从右向左进行赋值，"＝＝"表示判断是否相等，返回逻辑真值；
>
> if,else 在不加大括号的前提下，只作用于一条语句；while, do…while, for 循环，一般需要将循环体用大括号括起来。

2. 简单变量的定义及赋值

要点：确定变量的类型及变量名。

整型：int a＝100;

字符型：char c＝'a';

实型：float f＝1.2356;

3. 数组的定义

要点：在定义时，同简单变量类似，需要确定数组的类型和数组名。

一维数组，如 int a[100]；二维数组，如 char c[4][5];

4. 结构体的定义

要点：结构体类型是用户根据具体的需要而定义的类型，包含若干成员，成员可以是简单变量也可以是数组。

例如：

```
struct student
{int num;               /*定义了一个结构体类型,包含 4 个成员 */
  char name[20];
  char major[30];
  int age;
}
struct student s1, s2;
struct student s[30];    /*定义了 2 个结构体类型的变量和一个结构体数组,注意类型标识符为
                           struct student,是一个整体,不能缺少 struct */
```

5. 指针的定义

要点：定义指针时，要指出指针变量所指向的变量的类型及指针名，同时为了区别简单变量与指针变量，需要在指针变量前加" ＊ "。

例如：

```
int a=10;
int *p=&a;                /*定义一个指针 p 指向整型变量 a*/
int b[10];
int *q=b;                 /*定义一个指针 q 指向整型数组 b*/
struct student s1, *r=&s1;
struct student s[30], *t=s;          /*定义指针分别指向结构体变量和结构体数组*/
```

6. 函数的定义和调用

函数的定义要点：首先判断函数是否有返回值，若没有，则函数的类型为 void，若有返回值，则需要判断返回值的类型，作为函数的类型；再确定函数名；最后确定函数的参数，也可以没有参数。

例如：

```
int sum(int a, int b)
{ int c;
  c=a+b;
  return c;
}
```

函数的调用要点：在其他函数或主调函数中可以调用已经定义好的函数，首先判断函数是否有返回值，若无返回值，直接利用函数名进行调用，若有返回值，则需要定义变量接收函

数的返回值。

例如：

```
main()
{ int m=100,n=50,t=0;
  t=sum(m,n);            /*有参函数的调用,需要将函数赋值给变量*/
  printf("%d",t);         /*无参函数的调用,使用函数名*/


}
```

7. typedef 的使用

要点：为已经存在的类型取一个新名,经常与结构体类型一同使用。

例如：

```
typedef struct student
{ int num;
  char name[20];
  char major[30];
  int age;
}stu;              /*相当于用 stu 替换了 struct student*/
stu s1, s2;
stu s[20];         /*用类型名 stu 定义结构体变量 s1,s2,及结构体数组*/
```

◆ 1.3.3 算法的评价

就同一个问题,人们可以设计出多个算法,如何衡量这些算法的优劣,能够帮助人们做出决策,一般可以从定性和定量两方面来衡量。

1. 算法的定性评价

1）正确性

正确性是指算法应当满足具体问题的需求,即对合理的输入,算法都会得出正确的结果,这是设计和评价一个算法的首要条件。对算法是否"正确"的理解可以有以下三个层次：①程序中不含语法错误；②程序对于一切合法的输入数据都能得出满足要求的结果；③程序对于精心选择的几组输入数据能够得出满足要求的结果。

2）可读性

可读性一般用于衡量算法被理解的难易程度。请读者养成良好的习惯,编写代码的过程中,将核心语句及难以理解的语句加上注释,这样的算法易于理解和交流,同时也便于改进和扩充。

3）健壮性

健壮性是指算法对输入的非法数据也能进行相应处理的能力。一个好的算法应该能够识别出错误的输入数据,并且做出相应的处理,而不是产生一个莫名其妙的结果,甚至造成系统瘫痪。

4）简单性

简单性是指算法中采用的逻辑结构、存储结构及相应的运算的简单程度。例如,把一批数据组织成线性结构就比组织成树形结构和图形结构要简单；在顺序存储结构上实现常用的排序方法往往比在链接存储结构上实现常用的排序方法要简单；对数组进行查找时，采用顺序查找的方法就比采用二分法要简单；对数组进行排序时，直接插入排序就比堆排序简单。但最简单的算法常常不是最有效的，可能需要占用较长的运行时间和较多的内存空间。

算法的定性评价标准是从算法的设计者和使用者角度来衡量优劣的，主观性较强，但在系统软件中，更重视算法的时间效率和空间效率。下面从定量的角度来讨论一个算法的时间性能和空间性能。

2. 算法的定量评价

1）时间复杂度

时间复杂度是指一个算法运行时所耗费的系统时间，也就是算法的时间效率。解决同一个问题的不同算法，执行时间短的效率高。当处理的问题数据量较大时，效率就变得比较重要。运行时间的量度可以用时间复杂度来衡量，但一般并不真正地去运行算法对应的程序，因为一是要把算法编制成程序并且运行，二是运行时所用的时间不但与算法设计的优劣有关，还依赖于具体计算机的软硬件环境，不可能把所有要讨论的算法都拿到同一台计算机上运行来比较时间效率。在设计算法时一般要对算法的执行时间有一个客观的分析和判断。

一个算法的时间效率抛开与计算机软硬件环境有关的因素（书写程序的语言、编译程序产生的代码质量、机器执行指令的速度等），还与下列因素有关：

（1）问题性质：有的问题比较复杂，有的问题比较简单。

（2）问题规模：问题规模一般是指算法求解问题时所处理的数据量，一般用整数 n 表示。例如，矩阵相加问题的规模是矩阵的阶数，排序问题的规模是指待排序元素的个数。同一算法，规模越大，耗时越多。

（3）算法策略：同一问题，不同策略，效率不同。从上面分析可以看出，算法处理的问题和采用的策略一旦确定，算法的时间复杂度随问题规模增长而增长。

每条语句重复执行的次数称为语句的频度。当不考虑算法运行的软硬件环境时，假定系统执行一条语句所需的时间为单位 1，算法所耗费的时间就是该算法中所有简单语句的频度之和。在一般情况下，讨论算法的时间效率主要考虑的是，当问题规模 n 趋向无穷大时，时间复杂度 T(n) 的数量级的大小，亦称为算法的渐近时间复杂度，则 T(n) = O(f(n))。记号 O 是一个数学符号，其数学定义如下：

设 T(n) 和 f(n) 均为正整数 n 的函数，f(n) 表示 T(n) 的数量级，若存在两个正整数 M 和 n_0，使得当 $n \geqslant n_0$ 时，都有 $|T(n)| \leqslant M|f(n)|$ 存在，则 T(n) = O(f(n))。

$$\lim_{n \to \infty} \frac{T(n)}{f(n)} = M$$

在多数情况下，当一个算法中有若干个循环语句时，算法的时间复杂度是由嵌套循环中最内层循环语句的频度决定的。需要注意的是，如果算法中包括对其他函数或算法的调用，计算算法的时间复杂度时还要分析被调用算法或函数的时间复杂度。

■ **例 1-5** 求一维数组元素中的最大值。

```
int max(int a[],int n)
   { int i,s;
(1)    s=a[0];                        /*1次*/
```

```
(2)        for(i=1;i<n; i++;)              /*n 次*/
(3)        if (s<a[i])  s=a[i];           /*n-1 次*/
(4)        return s;                       /*1 次*/
          }
```

语句的频度和 $T_1(n)= 1+n+n-1+1=2n+1$,数量级 $f(n)=n$,记为:$T_1(n)=O(n)$。因此,求一维数组元素中的最大值的时间复杂度为 $O(n)$。

■ 例 1-6 ■ 两个 n 阶方阵相加。

```
void Matrixadd(int a[ ][ ],int b[ ][ ],int c[ ][ ],int n)
    {   int i,j;
(1)        for (i=0;i<n;i++)              /*n+1 次*/
(2)        for (j=0;j<n;j++)             /*n×(n+1)次*/
(3)        c[i][j]=a[i][j]+ b[i][j];     /*n²次*/
    }
```

$T_2(n)= n+1+n\times(n+1)+n^2=2n^2+2n+1,f(n)=n^2,T_2(n)=O(n^2)$。因此,两个 n 阶方阵相加的时间复杂度为 $O(n^2)$。

■ 例 1-7 ■ 求两个 n 阶方阵的乘积。

```
void Matrixmlt(int a[ ][ ],int b[ ][ ],int c[ ][ ],int n)
    {   int i,j,k;
(1)    for (i=0;i<n;i++)               /*n+1 次*/
(2)        for (j=0;j<n;j++)           /*n×(n+1)次*/
(3)        {   c[i][j]=0;              /*n²次*/
(4)            for (k=0;k<n;k++)       /*n²×(n+1)次*/
(5)            c[i][j]=c[i][j]+a[i][k]*b[k][j];  /*n³次*/
          }
    }
```

$T_3(n)= n+1+n\times(n+1)+n^2+n^2\times(n+1)+n^3=2n^3+3n^2+2n+1,f(n)=n^3,T_3(n)= O(n^3)$。因此,求两个 n 阶方阵的乘积的时间复杂度为 $O(n^3)$。

■ 例 1-8 ■ 在一维数组中查找指定的元素。

```
int search(int a[],int x,int n)
    {int i;
(1)    for(i=0;i<n;i++;)
(2)    if (a[i]==x)  return  i+1;
(3)    return  0;
      }
```

例 1-8 中的问题实质上可以归结为查找问题,查找会有两种结果,查找成功和查找失败。若要找的元素恰为 a[0],循环体只执行了一次,这种情况下查找的效率最高,最好的时间复杂度为 $O(1)$;最坏的情况是,最后一个元素为要找的元素,需要比较 n 次,最坏的时间复杂度为 $O(n)$。综合最好的情况与最坏的情况,在查找各个元素概率相等的情况下,平均的比较次数为 $[1+2+3+4+\cdots+(n-1)+n]/n=(n+1)/2$,即平均时间复杂度为 $O(n)$。

例 1-9 请分析下面一段算法的时间复杂度。

```c
int fun(int n)
{ int i;
  for(i=0;i*i<n; i++;)
  i++;
}
```

算法的时间复杂度取决于最内层循环体的执行次数，例 1-9 中循环体执行的次数取决于循环控制条件，求解 $i*i<n$ 可得 $i<\sqrt{n}$，即 i 最大自增到 $\sqrt{n}$。因此，算法的时间复杂度为 $O(\sqrt{n})$。

常见的时间复杂度，按数量级从小到大的顺序依次为：常数级 $O(1)$、对数级 $O(\log_2 n)$、线性级 $O(n)$、线性对数级 $O(n\log_2 n)$、平方级 $O(n^2)$、立方级 $O(n^3)$、k 次方级 $O(n^k)$、指数级 $O(2^n)$、阶乘级 $O(n!)$。

其中，$O(2^n)$ 和 $O(n!)$ 常称为不可实现的算法时间复杂度。

2）空间复杂度

空间复杂度是指一个算法运行时所耗费的存储空间，即算法的空间效率。

解决同一个问题的不同算法，占存储空间少的效率高。一般情况下，算法占用的存储空间包括三个部分：算法本身占的存储空间、算法所处理的数据占的存储空间和算法运行过程中需要的辅助空间。

对解决同一个问题的不同算法，前两个部分所占存储空间差别不会很大，所以在讨论算法的空间复杂度时，只考虑算法运行过程中需要的辅助空间，它也是问题规模 n 的函数。通常考虑当 n 趋向无穷大时空间复杂度的数量级，亦称为算法的渐近空间复杂度，渐近空间复杂度也简称为空间复杂度。

常见的空间复杂度有：常数级 $O(1)$、对数级 $O(\log_2 n)$、线性级 $O(n)$。

1.4 学习数据结构的意义和目的

数据结构作为计算机相关专业的专业基础必修课，兼具理论性和实践性，是计算思维培养和工程素养培养的启蒙课程。其前修课程为 C 语言程序设计，在软件设计的过程中需要使用不同类型的数据结构，因此，数据结构是十分重要的专业核心课程。

最初，人们利用计算机解决一个实际的问题时，一般先从具体的问题中抽象出一个数学模型，然后根据这个数据模型设计出一个算法，最后进行算法的实现和调试。最初的程序设计涉及的数据类型大多是简单的类型，如整型、实型、布尔型等，人们不太注重数据结构，但随着计算机应用领域的不断拓展，非数值型数据的计算占用了较多的计算时间，很难用数值分析法加以解决，因此，设计出合适的数据结构成为解决问题的关键。

计算机科学家沃斯教授曾提出过一个著名的公式：程序＝算法＋数据结构。可见，程序设计的关键不仅在于一个解决问题的方案或步骤，设计一个良好的数据结构也是解决问题的有效途径。

本课程的学习，旨在使学生全面深入地掌握各种常用数据结构的逻辑结构特点和运算，常用存储结构的设计方法以及在各种不同存储结构上典型运算算法的实现。希望本课程能让学生具备选择适当的数据结构对问题进行分析与解决的能力,具备创新能力,具备一定的和谐沟通、团队合作素质。

 **本章小结**

本章围绕数据结构最基本的概念展开了讨论,重点介绍了数据结构研究的内容,包括数据的逻辑结构、数据的存储结构及数据的运算;介绍了常用的逻辑结构和存储结构,线性结构以线性表为代表,非线性结构以树和图为代表。最后围绕算法,即解决问题的步骤,重点探讨了算法评价的两个定量指标,时间复杂度和空间复杂度,举例说明通过分析程序语句得到算法的时间复杂度的计算方法。

本章习题

一、名词解释题

数据结构、数据的逻辑结构、数据的存储结构、顺序存储。

二、选择题

1.数据结构在计算机内存中的表示是指(　　　)。

A.数据的存储结构　　　　　　　　　　B.数据结构

C.数据的逻辑结构　　　　　　　　　　D.各数据元素之间的关系

2.数据的逻辑结构是指(　　　)。

A.数据所占的存储空间量

B.各数据元素之间的逻辑关系

C.数据在计算机中顺序或链接的存储方式

D.存储在内存或外存中的数据

3.在下列的叙述中,正确的是(　　　)。

A.数据的逻辑结构是指数据的各数据元素之间的逻辑关系

B.数据的物理结构是指数据在计算机内的实际存储形式

C.在顺序存储结构中,数据元素之间的关系是显示体现的

D.链接存储结构是通过结点的存储位置相邻来体现数据元素之间的关系

三、填空题

1.数据结构主要研究＿＿＿＿、＿＿＿＿、＿＿＿＿三个方面的内容。

2.链接存储的特点是附加＿＿＿＿来表示数据元素之间的逻辑关系。

3.数据结构中讨论的三种经典结构包括＿＿＿＿、＿＿＿＿、＿＿＿＿。

4.数据结构中常用的存储方法有＿＿＿＿、＿＿＿＿、＿＿＿＿、＿＿＿＿。

5.算法的特性包括＿＿＿＿、＿＿＿＿、＿＿＿＿、输入和输出。

6.算法性能分析的两个主要定量评价指标是＿＿＿＿和＿＿＿＿。

7.算法中的语句频度之和为 $T(n)=355n^2+84n\log_2 n+2n$,则算法的时间复杂度是＿＿＿＿。

8.下面程序段的时间复杂度为＿＿＿＿。(n>1)

```
sum=1;
for(i=0;sum<n;i++)
sum+=1;
```

9.下面程序段的时间复杂度为_____。（n>1）

```
x=1; y=0;
while (x+y<=n)
{   if(x>y) y++;
     else x++;
}
```

四、简答题

1.数据结构研究的三方面内容之间有什么联系和区别？

2.简述数据结构中讨论的三种经典结构的逻辑特征是什么？

3.简述各种常用存储方法的基本思想。

4.如何定性地评价一个算法的优劣？

5.简述定量地评价一个算法效率的标准。

第 2 章 线性表

从本章开始，我们就要陆续学习几种常用的数据结构了，首先介绍的内容是线性表。线性表是最简单、最基本、最常用的数据结构，它不仅有着广泛的应用，而且也是其他数据结构的基础。第 3 章讨论的栈、队列等数据结构都是特殊的线性表。

围绕数据结构的内容，我们将从逻辑结构、存储结构及运算这些方面来揭开线性表的神秘面纱。具体内容包括线性表的定义、线性表的逻辑特征、线性表上运算的定义，线性表的顺序存储结构（顺序表）及相应运算的实现，线性表的链接存储结构（链表）及相应运算的实现，本章最后对顺序表和链表的特点进行了比较。

2.1 线性表的定义及运算

◆ 2.1.1 初识线性表

在介绍线性表的定义前，我们先来观察几个线性表的例子：

（1）线性表的实际例子有很多，如字符串"Hello""China"等都是一个线性表，表中数据元素的类型为字符型。

（2）(5,15,7,8,9,27,89)是一个线性表，表中的数据元素的类型为整型。

（3）在稍微复杂的线性表中，一个数据元素可以由若干个数据项组成，如学生基本信息表也是一个线性表，表中每一行对应一个学生的记录，是一个数据元素，它由学号、姓名、专业、出生年月、籍贯等数据项组成，元素的类型不再是基本的数据类型，而是结构体类型。

◆ 2.1.2 线性表的定义及逻辑特征

从上面列举的几个例子中可以看出，线性表中的数据元素的类型可以是基本的数据类型，也可以是结构体类型，但对于同一个线性表，数据元素一般具有相同的数据属性，即数据类型相同。因此，我们可以归纳出线性表的定义：

线性表是 $n(n \geqslant 0)$ 个具有相同属性的数据元素构成的一个有限的列表。

其中，n 表示数据元素的个数，称为线性表的长度。当 $n=0$ 时，线性表称为空表，即表中不含任何数据元素。通常将非空的线性表($n > 0$)记为

$$L=(a_1, a_2, \cdots, a_n)$$

L 为线性表的表名，一般用大写字母表示；a_1 为第一个元素，又称为表头元素；a_n 为最后一个元素，又称为表尾元素；a_i 为第 i 个元素，其中 i 为数据元素在线性表中的序号，一般用小

写字母表示数据元素,具体的数据类型要从具体的应用出发进行分析和定义。

下面给出线性表的信息化定义,线性表可以用二元组表示为

$$L=(D,S),r\in S,$$
$$D=\{a_1,a_2,\cdots,a_n\}$$
$$r=\{<a_1,a_2>,<a_2,a_3>,\cdots,<a_{n-1},a_n>\}$$

线性表的图形表示如图 2-1 所示。

图 2-1　线性表的逻辑结构

从图 2-1 中不难发现,线性表是一个链条状的结构,它的逻辑结构可以表示为有且仅有一个开始结点 a_1 和一个终端结点 a_n,其余的内部结点(也称中间结点)都有且仅有一个直接前驱和一个直接后继。其中,开始结点没有直接前驱,但有一个直接后继;终端结点没有直接后继,但有一个直接前驱。

◆　2.1.3　线性表上运算的定义

前面我们讨论了什么是线性表,并了解了线性表的逻辑结构,接着我们要研究线性表上的运算,即线性表能够"做什么",具体的"如何实现"则依赖于存储结构。在不同的存储结构上,相应的算法也不同。

线性表的基本运算除了继承了增、删、改、查外,线性表中往往还需要关注线性表的长度,插入元素时线性表的长度会增加,删除元素后线性表的长度会减少。在利用线性表解决实际问题时,通常可以定义如下 6 个基本运算:

(1) 线性表初始化 initL(L):构造一个空的线性表。

(2) 求线性表的长度 lengthL(L):返回线性表 L 中包含的元素的个数。

(3) 按序号查找线性表中第 i 个元素 getI(L,i):当 $1\leqslant i\leqslant n$,返回线性表 L 中第 i 个元素的值。

(4) 按值查找线性表中值为 x 的数据元素 locateX(L,x):x 与表中的数据元素具有相同的类型,查找的结果分为两种情况,查找成功和查找失败。若查找成功,返回 L 中第一次出现的值为 x 的元素的序号;否则,返回值为 0,表示查找失败。

(5) 插入运算 insertX(L,i,x):在线性表 L 的第 i 个位置插入一个值为 x 的新元素。这样使原序号为 $i,i+1,\cdots,n$ 的数据元素的序号变为 $i+1,i+2,\cdots,n+1$,插入后表长等于原表长加 1,插入位置可以为 $1\leqslant i\leqslant n+1$。

(6) 删除操作 deleteI(L,i):在线性表 L 中删除第 i 个数据元素。删除后使序号为 $i+1,i+2,\cdots,n$ 的数据元素的序号变为 $i,i+1,\cdots,n-1$,删除后表长等于原表长减 1,删除位置可以为 $1\leqslant i\leqslant n$。

◆　2.1.4　线性表的存储结构

上面讨论了线性表的定义、逻辑结构和相应的运算,涵盖了数据结构研究内容的两方面,定义在逻辑结构上的运算和采用的存储结构息息相关,设计一个好的存储结构,能够在一定程度上提高运算的效率。接下来的内容将围绕线性表的存储结构展开。

第 1 章介绍了 4 种常用的存储结构,分别是顺序存储、链接存储、索引存储、散列存储,这四种方法都可以用来存储线性表。其中索引存储和散列存储是为了提高查找效率而采用的存储结构,具体的内容将在最后一章进行介绍。顺序存储和链接存储是线性表最常用的两种存储方法,我们将采用顺序存储结构的线性表称为顺序表,将采用链接存储结构的线性表称为链表。

2.2 顺序表

◆ 2.2.1 初识顺序表

顺序表是采用顺序存储结构的线性表。即将线性表中逻辑上相邻的结点存储在物理上相邻的单元中(位置隐含关系),使得线性表的所有元素按逻辑次序存放到一组地址连续的存储单元内。这里的隐含关系是指线性表中某元素的地址并不是以指针的形式给出,而是需要通过地址的换算得到,是间接计算得到的。

为了保证逻辑上相邻的数据元素在内存中也相邻,需要借助数组来实现。例如,定义整型数组 int data[MAXSIZE]时,系统会分配一块连续的存储空间,空间的首地址为 data,第一个数据元素是 data[0],存储a_1,下一个数据元素是 data[1],存储a_2,…,最多可以存储 MAXSIZE 个元素,下标最大为 MAXSIZE -1,这样保证了逻辑上a_1与a_2相邻,在内存中a_1与a_2也相邻,如图 2-2 所示。

如果用数组表示顺序表,也能实现线性表上的运算,如按序号查找、按值查找等。但求线性表的长度并不容易,需要扫描数组中所有的元素,若值不为空,则计数器加 1,其时间复杂度为 O(n)。对于顺序表来说,常用的运算为求线性表的长度,那么能否设计一个更好的存储结构使得线性表的求长运算效率得到提高呢?我们不妨设置一个变量 last,存储线性表中最后一个元素的下标,如图 2-2 所示,last=n-1,表示顺序表中有 n 个元素,即 n=last$+1$。这样,通过变量 last,我们即可获得顺序表的长度,无须借助循环,时间复杂度为 O(1)。

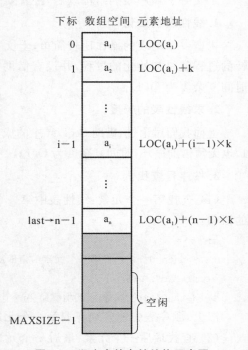

下标 数组空间 元素地址

0	a_1	LOC(a_1)
1	a_2	LOC(a_1)+k
i-1	a_i	LOC(a_1)+(i-1)×k
last→n-1	a_n	LOC(a_1)+(n-1)×k

空闲

MAXSIZE-1

图 2-2 顺序表的存储结构示意图

◆ 2.2.2 顺序表的定义及表示

顺序表存储结构的 C 语言描述如下:

```
#define  MAXSIZE  1024
typedef  int  DataType;
```

```
/*DataType 表示抽象的类型,可以表示 int,当然根据实际应用的需要,也可以表示字符型、实型甚
至是结构体类型 */
typedef  struct
{   DataType  data[MAXSIZE];
    int  last;
} SeqList;
SeqList  S, *L=&S;
```

请大家注意,从现在开始我们接触到的每一种数据结构都将以结构体的形式出现,大家需要弄清楚结构体中包含哪几个成员,每个成员的作用是什么,例如我们刚刚定义好的顺序表 SeqList 中包含两个成员,其中 data[MAXSIZE]用于存储数据元素,而 last 用于存储顺序表中最后一个元素的下标。顺序表 SeqList 的代言人是指针变量 L,需要通过 L 访问成员,常用的访问方法为 L－＞last,L－＞data[0,1,…,MAXSIZE－1]。

◆ 2.2.3　线性表的运算在顺序表上的实现

定义好了顺序表的结构以后,接着要来研究顺序表上运算的实现了。

1. 线性表初始化

构造一个空表的操作比较简单,上文中定义了顺序表的结构 SeqList,并声明变量和指针的过程就是初始化的过程,并没有借助循环语句,因此在常数级的时间内即可实现,因此时间复杂度为 $O(1)$。

2. 求线性表的长度

上面我们讨论过,借助 SeqList 中的成员 last,即可计算线性表的长度,即 n＝L－＞last＋1,也无须借助循环,时间复杂度为 $O(1)$。

3. 按序号查找

（1）查找第一个元素:线性表中第一个数据元素为 L－＞data[0];请大家注意区分下面的语句:

```
int x;
x=L->data[0];   /*将第一个元素的值取出,赋给变量 x,即取值*/
scanf("%d", &x);
L->data[0]=x;   /*将 x 的值赋给第一个元素,即存值*/
```

综上,顺序表中能实现存取第一个元素。

（2）查找最后一个元素:最后一个元素的下标存储在 L－＞last 中,故最后一个元素为 L－＞data[L－＞last]。读者可以仿照读取第一个元素的例子,写出读取最后一个元素的语句。

（3）查找第 i 个元素:L－＞data[i－1]。同理,也可以实现存取第 i 个元素,读者可以自行练习编写代码。

由于顺序表中第 i 个元素的地址存在如下换算公式:

$$LOC(a_i)=LOC(a_1)+(i-1)\times k \qquad 1\leqslant i\leqslant n$$

因此,顺序表上可以实现随机存取,利用有限的语句即可解决,没有借助循环,时间复杂度为 $O(1)$。

4. 按值查找

基本思路:按值查找算法的思路比较简单,依次比较顺序表中的各数据元素(可以从前向后扫描,也可以从后向前扫描),若存在值为 x 的元素,返回该元素的序号,否则返回 0 表示查找失败。按值查找的 C 语言描述如下:

```
int LocateX (SeqList *L, int x)
{    int i;
     for(i=0; i<=L->last; i++)
         if( L->data[i]==x)
              return i+1;                    /*返回的是序号*/
     return 0;
}
```

时间复杂度分析:

在最好情况下,第一个元素的值即为 x,循环体只执行 1 次,时间复杂度为 O(1)。

在最坏情况下,依次比较到最后一个元素仍与 x 不相等,循环体执行 n 次,时间复杂度为 O(n)。

在等概率情况下,平均比较次数为(n+1)/2,平均时间复杂度为 O(n)。

5. 插入

先来看一个小例子:在如表 2-1 所示的表中的第 3 个位置,插入元素 9。

表 2-1　在顺序表中的第 3 个位置插入 9

下标	0	1	2	3	4	5	6
序号	1	2	3	4	5	6	7
原顺序表	10	5	7	8	26	34	
插入 9 后顺序表	10	5	9	7	8	26	34

从例子中不难发现插入元素 9 时,需要将 7,8,26,34 等元素后移,插入 9 元素后,顺序表的长度比原表长 1。

对于一般的情况,在第 i 个位置(下标为 i−1)上插入一个值为 x 的数据元素,需要将下标从 i−1 至 L−>last 的元素均后移一个位置,插入成功返回 1,插入失败返回 0。

长度为 n 的原顺序表:

$(a_1, a_2, \cdots, a_i, a_{i+1}, \cdots, a_n)$

插入后成为长度为 n+1 的顺序表:

$(a_1, a_2, \cdots, x, a_i, a_{i+1}, \cdots, a_n)$

算法的基本思路:

● 步骤 1:检查顺序表是否已满,顺序表为满的条件为(L−>last= =MAXSIZE−1),若顺序表已满,则会溢出,插入失败,返回 0;

● 步骤 2:我们可以在第一个位置插入也可以在中间任何一个位置插入,甚至在顺序表的末尾插入,但是在末尾插入时,不需要移动元素,本书考虑有元素移动的情况,即 i 合理的取值范围是 1≤i≤n(n=L−> last +1),若不满足条件,则插入失败,返回 0;

● 步骤 3:在步骤 1、2 都顺利通过的前提下,实现后移操作;

- 步骤4：插入新结点；
- 步骤5：将表长加1；插入成功，返回1。顺序表中插入元素的过程如图2-3所示。

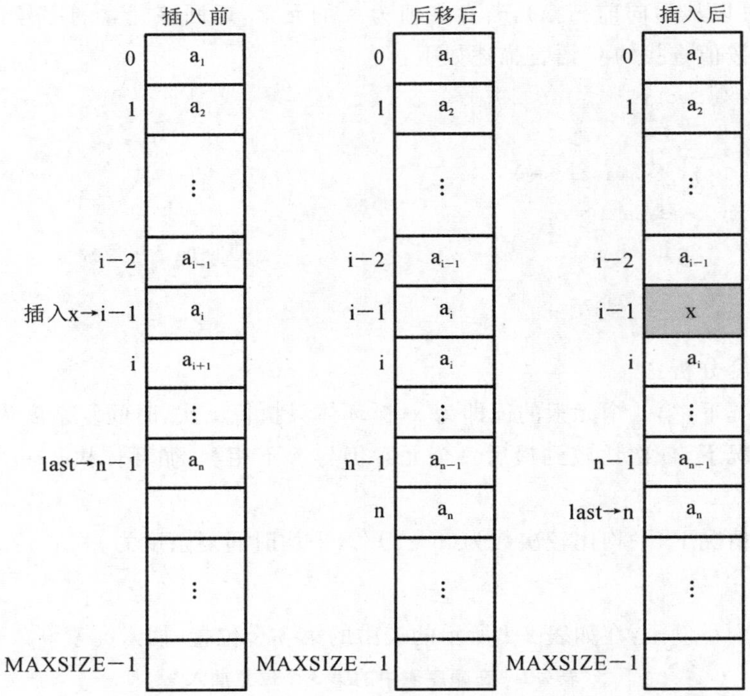

图 2-3　顺序表中插入元素的过程

插入算法的 C 语言描述如下：

```
int   insertX (SeqList *L,int i,int x)
{   int j;
    if(L->last==MAXSIZE-1)
{  printf("overflow"+ );
    return(0);
    }
                        /*判断顺序表是否已满*/
  if((i<1 )‖(i>L->last+1))
      {   printf("error");
          return 0;
      }
                       /* 判断插入位置是否合理* /
    for(j=L->last;j>=i-1;j--)
        L->data[j+1]=L->data[j];              /*元素后移*/
    L->data[i-1]=x;                          /*新元素插入*/
    L->last++;        /*表长加 1,last 存最后一个元素的下标*/
    return 1;/*插入成功*/
    }
```

时间复杂度分析：

在最好情况下，插到第 n 个位置，移动 1 个元素，循环体只执行 1 次，时间复杂度为 O(1)；

在最坏情况下,插到第一个位置,需要移动 n 个元素,时间复杂度为 O(n);在长度为 n 的顺序表中第 i 个位置插入一个元素,前 i－1 个元素无须移动,剩余的元素需要移动,移动个数为 n－(i－1)＝n－i+1。

在等概率情况下,平均移动次数为

$$E_{is}(n) = \sum_{i=1}^{n+1} p_i(n-i+1) = \frac{1}{n+1}\sum_{i=1}^{n+1}(n-i+1) = \frac{n}{2}$$

因此,算法的平均时间复杂度为 O(n)。

6. 删除

先来看一个小例子:在如表 2-2 所示的顺序表中删除第 3 个位置的元素。

表 2-2　在顺序表中删除第 3 个元素

下标	0	1	2	3	4	5	6
序号	1	2	3	4	5	6	7
原顺序表	10	5	7	8	26	34	
删除 7 后	10	5	8	26	34		

从表 2-2 中不难发现删除元素 7 时,需要将 8,26,34 等元素前移,顺序表的长度和原来比短 1。

对于一般的情况,在第 i 个位置(下标为 i－1)上删除一个数据元素,需要将下标从 i 至 L－>last 的元素均前移一个位置,删除成功返回 1,删除失败返回 0。

长度为 n 的原顺序表:

$(a_1, a_2, \cdots, a_i, a_{i+1}, \cdots, a_n)$

删除后成为长度为 n－1 的顺序表:

$(a_1, a_2, \cdots, a_{i+1}, \cdots, a_n)$

算法的基本思路:

● 步骤 1:我们可以在第一个位置删除也可以在中间任何一个位置插入,甚至在倒数第二个位置进行删除,但是在末尾删除时,不需要移动元素,本书考虑有元素移动的情况,即 i 合理的取值范围是 1≤i≤n－1(n＝L－>last+1),若不满足条件,则删除失败,返回 0;

● 步骤 2:实现前移。

● 步骤 3:将表长减 1,删除成功,返回 1。

顺序表中删除元素的过程如图 2-4 所示。

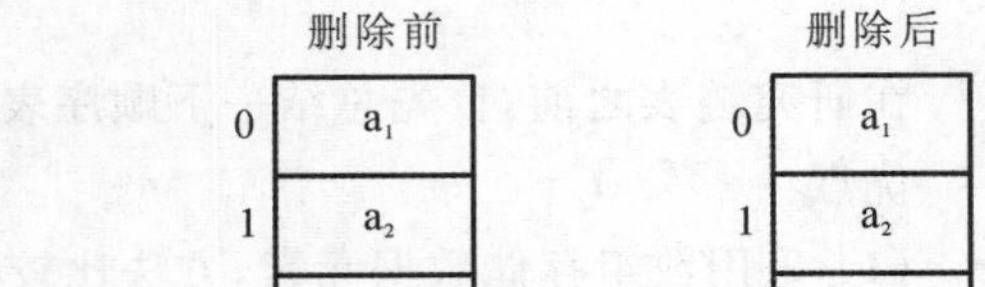

图 2-4　顺序表中删除元素的过程

删除算法的 C 语言描述如下:

```
int deleteI(SeqList *L,int i)
{   int j;
    if(i<1 || i>L->last)
```

```
                              /*判断删除的位置是否合理*/
          {    printf（"第%d个元素不存在",i）; return 0; }
        for(j=i;j<=L->last;j++)
            L->data[j-1]=L->data[j];              /*前移*/
        L->last--;                                /*表长减 1*/
        return 1;                                 /*删除成功*/
    }
```

时间复杂度分析：

在最好情况下，删除倒数第二个元素时，只需移动一个元素，时间复杂度为 O(1)。

在最坏情况下，删除第一个元素时，需要移动 n-1 个元素，时间复杂度为 O(n)。

在长度为 n 的线性表中第 i 个位置删除一个元素，前 i 个元素无须移动，剩余的元素需要移动，移动个数为 n-i。

在等概率情况下，元素移动次数的数学期望如下：

$$E_{de}(n) = \sum_{i=1}^{n} q_i(n-i) = \frac{1}{n} \sum_{i=1}^{n} (n-i) = \frac{n-1}{2}$$

因此，算法的平均时间复杂度也为 O(n)。

2.3　链表

在研究链表之前，首先总结一下顺序表的优缺点。

优点：

（1）采用数组存储数据元素，方法比较简单，大部分的初学者容易掌握。

（2）能实现随机存取，针对按序号访问数据比较频繁的实际应用，运算效率高。

（3）每一个存储单元都用于存储数据，结点的地址可以通过换算得出，不需要占用额外的存储空间，存储密度大。

缺点：

（1）除插到顺序表的末尾或删除最后一个元素外，其余位置的插入、删除需要移动大量元素，插删效率较低。

（2）由于存储空间需要占用连续的区域，不易于利用小块存储区。

（3）由于顺序表一般采用静态存储分配方法，因此难以估计数据的规模，则无法确定存储单元的个数：若按较大的值估计，则会造成存储空间的浪费；若按较小的值估计，则插入运算很可能造成存储空间溢出。

针对顺序表的运算缺点，特别是针对需要频繁插入和删除元素的实际应用，人们提出线性表的另外一种存储结构——采用链接存储结构的线性表，我们称之为链表。

2.3.1　初识链表

先来看一个链表的例子。

图 2-5 中首先根据头指针 L 找到地址为 190 的第一个元素 a，再通过读取下一个结点的地址 100，找到 a 的后继结点 b，再通过地址 230 找到 c，以此类推，最终找到所有的结点，其中，最后一个结点的后继为 NULL，表示不再有后继结点。从图 2-5 中不难发现，a 的后继结

点是 b,但 a 和 b 在内存中并不相邻,结点的关系可以用如图 2-6 所示的图形形式表述。记为

$$L=(a,b,c,d,e,f,g)$$

一般地,需要用头指针 L 来标识一个单链表,L 指示开始结点。

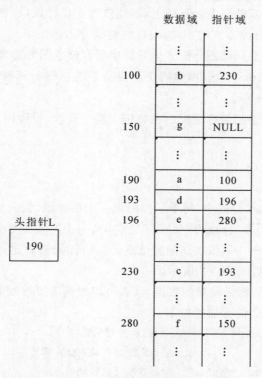

图 2-5　一个链表的例子

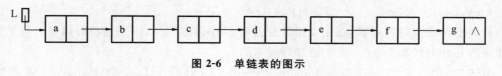

图 2-6　单链表的图示

◆　2.3.2　链表的定义及形式

1. 链表的定义

链表是采用链接存储结构的线性表。链接存储需要通过附加指针来表示结点之间的关系,每个结点除了存储数据外,还要存储后继的指针,我们把这种表示结点之间关系的方式称为显示表示。

2. 链表的特点

链表的特点是用于存储数据的存储单元可以是连续的,也可以是不连续的,易于利用分散的存储空间。

3. 链表的分类

按指针的个数和链表的形态,可以将链表进行如下分类:

(1)单链表:每个结点附加一个指针域,指向后继结点。这种链表最为简单,也最容易

被读者掌握。

（2）双链表：每个结点附加两个指针域，分别指向前驱结点和后继结点。

（3）单循环链表：在单链表上的基础上，修改终端结点的后继（原来是空指针）指向开始结点。

（4）双循环链表：在双链表上的基础上，继续修改空指针域，构成双向的循环结构。

根据链表存储空间分配方式的不同，可以将链表分为：

（1）动态链表：存储空间动态分配。向系统申请存储空间时需要利用 malloc( )函数，归还存储空间时需要利用 free( )函数，这两个函数是系统自带的函数，使用时，需要先引用头文件＜malloc.h＞。

（2）静态链表：存储空间静态分配。在数组上建立链表，指针即为下标。

◆ 2.3.3 单链表

1.单链表的定义

从上面的讨论可知，单链表中，每个结点附加一个指针域，指向后继结点，终端结点的指

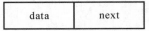

图 2-7 单链表结点结构

针域为空（NULL 或 0），一个链表需要从头指针开始，顺着指针域依次访问各结点。头指针能够确定一个单链表，结点结构如图 2-7 所示。

假设每个结点存储的都是整型的数据，读者可以根据需要修改数据的类型。

单链表存储结构的 C 语言描述如下：

```
typedef  struct  Node              /*结点类型定义*/
    {  int data;                   /*数据域存储数据元素*/
      struct  Node *next;      /*指针域存储后继的地址*/
    } LinkList;
LinkList  *L=0,*p=0;      /*定义指针变量*/
```

请大家养成良好的习惯，在定义指针变量时，首先赋值为 0，以免运行时报错。分别调用标准函数 malloc()和 free(p)可申请和释放空间。

申请空间：p ＝（LinkList ＊）malloc（sizeof（LinkList））。其中 malloc( )的参数为sizeof(LinkList)，表示计算一个单链表类型的结点占用多少字节，读者可以将 LinkList 替换成任何其他类型。malloc()返回空类型，需要强制转换为 LinkList ＊类型。因为本章研究的是动态分配存储空间的情况，这条语句需要大家掌握。

释放空间：free(p)。存储空间的释放比较简单，存储空间归还给系统后，结点中的数据和指针也一并消失。

图 2-8 所示为单链表上的几种常用表示法。

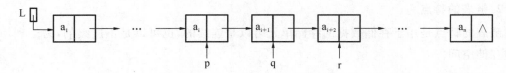

图 2-8 指针 p,q,r 指示单链表中的结点

（1）p：是 LinkList ＊类型的指针，指向数据域为 a_i 的结点，我们通常用 p 表示当前访问

的结点。它有两个成员,p->data 和 p->next。

（2）p->data:是整型的变量,表示 p 所指结点的数据域。它的值是元素 a_i,通常我们在需要存取数据元素时,需要利用 p->data。

（3）p->next:是 LinkList * 类型的指针,表示 p 所指结点的指针域。它的值是数据域为 a_i 的后继结点的地址,即 q=p->next。

（4）p->next->next:同理 r=p->next->next,指向 p 的后继的后继。r 指向图 2-8中数据域为 a_{i+2} 的结点。

（5）p->next->data:表示 p 的后继结点的数据域。

（6）p=p->next:它的作用是将 p 的后继结点的地址赋给指针 p,即 p 指示了后继结点,形象地表示出了 p 在链表上的动态变化。在单链表的查找运算中经常需要使用该语句。

2. 单链表上基本运算的实现

由于单链表中结点的空间是动态分配的,因此,需要将结点依次建立后,并完成结点间的链接,即需要修改结点的指针域,将当前结点插入。

1）建立单链表——头插法

先来看如图 2-9 所示的头插法示例。

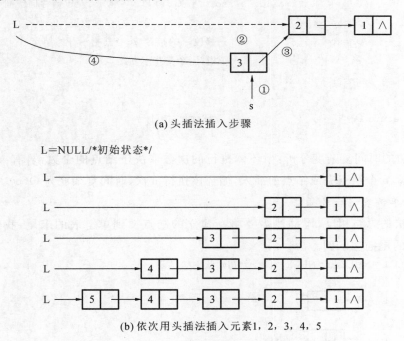

(a) 头插法插入步骤

(b) 依次用头插法插入元素1, 2, 3, 4, 5

图 2-9　头插法建立单链表

如图 2-9 所示,初始时单链表为空,头指针 L 被赋成 NULL 或 0,用户依次输入数据1,2,3,4,5,单链表的形态不断发生变化,每输入一个结点的数据,需要将当前结点作为第一个结点插到原来的链表中,并修改头指针 L,最终建立好的单链表中结点的数据元素依次为5,4,3,2,1。该数据元素顺序恰好与用户输入数据的次序相反,因此,头插法建立单链表有一个非常重要的应用,即能实现元素的逆置。

（1）头插法基本思想:建立单链表从空表开始,重复读入数据,每读入一个数据需要向系统申请存储空间,建立一个新结点,将用户输入的数据存储起来,然后修改指针,直至用户输入－1(－1为结束标志)。

(2) 头插法的步骤:

① 用户输入结点的数据;

② 向系统申请存储空间;

③ 存入数据;

④ 修改新结点的指针域;

⑤ 修改头指针。

(3) 头插法建立单链表算法的 C 语言描述如下:

```
LinkList  *createHeadList( )
                    /*函数没有参数,返回值为 LinkList *类型的头指针*/
{    LinkList *L=0;                        /*初始时单链表为空*/
     LinkList *s=0;                /*s 指向新生成的结点*/
     int x;                   /*定义变量存储用户输入的数据*/
     scanf("%d",&x);
     while (x!=-1)                    /*用户输入-1时结束循环*/
        { s=( LinkList*)malloc(sizeof(LinkList));        /*申请存储空间*/
          s->data=x;                        /*存入数据*/
          s->next=L;                /*修改 s 的指针域,令其指示开始结点*/
          L=s;              /*修改头指针,令其指示新结点*/
          scanf ("%d",&x);
        }
     return L;                 /*返回头指针*/
}
```

(4) 算法的时间复杂度分析:循环体执行的次数取决于结点的个数,若有 n 个结点,则需要依次建立 n 个结点完成结点的插入,循环体执行 n 次,时间复杂度为 O(n)。

2) 建立单链表——尾插法

与头插法的思路相反,尾插法需要将新建立的结点插到单链表的末尾,我们先来看如图 2-10所示的尾插法示例。

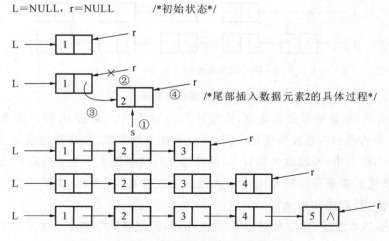

图 2-10　尾插法建立单链表

如图 2-10 所示,用指针 r 指示终端结点,新设置了一个尾指针 r,能够方便地实现将新结点插到链表的尾部,否则每次都需要遍历单链表,增设尾指针后,能提高查找尾结点的效率。初始时,头指针和尾指针都赋为空,用户依次输入数据 1,2,3,4,5,采用尾插法建立单链表后,我们对其遍历也会得到 1,2,3,4,5,数据元素顺序与用户输入数据的次序一致。

(1) 尾插法基本思想:采用尾插法建立单链表时,每次需要建立新的结点,并将其插到链表的尾部,需要修改 r 的指针域和尾指针 r。

(2) 尾插法的步骤:

① 用户输入结点的数据;

② 向系统申请存储空间;

③ 存入数据;

④ 判断新建立的结点是否为开始结点,若条件成立,则修改头指针;

⑤ 若条件不成立,则修改 r 的指针域;

⑥ 修改尾指针;

⑦ 单链表建立好后,将 r 的指针域置为空。

(3) 尾插法建立单链表算法的 C 语言描述如下:

```c
LinkList  * createTailList( )
                /*以尾插法建立不带头结点的单链表*/
    {   LinkList *s=0, *r=0,*L=0;
/*定义 3 个指针,s 指示新建立的结点,L 指示开始结点,r 指示尾结点*/
    int x;
    scanf("%d",&x);
    while (x!=-1)
    {   s=( LinkList *) malloc(sizeof(LinkList));
        s->data=x;                    /*申请空间存入数据同头插法*/
      if (!L)  L=s;           /*新建立的结点是第一个结点*/
      else   r->next=s;         /*新建立的结点不是第一个结点*/
      r=s;                    /*尾指针指向新结点*/
      scanf("%d",&x);
    }
    if ( r )  r->next=NULL;
                /*非空表,尾结点无后继结点,指针域置空*/
    return L;
    }
```

3) 引入头结点

通过分析尾插法的 C 程序,我们不难发现,空表和非空表的处理方式不同,需要利用两条 if 语句进行判断,第一条 if 语句需要判断链表是否为空,若为空表,则需要修改头指针;第二条 if 语句也需要判断链表是否为空,若为非空表,则需要修改 r 的后继结点,赋为空。判断当前结点是否为第一个结点和是否为空表的问题在很多操作中会出现,例如对单链表进行插入、删除运算时,都需要进行空表的判断,那么,能否使得序号不同的结点在运算时统一? 我们可以令头指针指示头结点(头结点与其他结点的区别在于其数据域并不保存数据元素,而保存了其他的信息,如表长或程序的相关信息),这样头指针一定不会为空,即省去了修改头指针的运算,引入头结点后,使得插入和删除等运算更为方便。

引入头结点有如下作用:

(1)头结点的加入使得链表一经建立就非空(至少有头结点),从而解决了"空表"问题。

(2)在第一个结点前插入一个结点,或者删除第一个结点,都与头指针无关,只需修改头结点的指针域即可,与在表的其他位置上的操作完全一致,无须特殊处理,如图2-11所示。

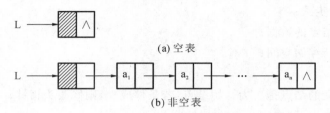

(a) 空表

(b) 非空表

图 2-11　带头结点的单链表

我们将带头结点和不带头结点时判断空表的语句进行了比较,如表2-3所示。

表 2-3　判断空表的比较

	带头结点	不带头结点
判断空表	L—>next==NULL	L==NULL

引入头结点后的头插法和尾插法与不带头结点的建立算法类似,尾插法建立带头结点的单链表算法的C语言描述如下:

```
LinkList  * createTailList ( )
{   LinkList *L=( LinkList*)malloc(sizeof (LinkList));
                              /*申请头结点,L指示头结点*/
    LinkList   *s=0, *r=L;
                      /*初始时单链表为空,r也指向头结点*/
    int x;
    scanf("%d",&x);
    while (x!=-1)
                       /*用户输入-1时不再建立新结点,退出循环*/
    {   s=(LinkList *)malloc(sizeof(LinkList));
        s->data=x;   /*申请一个结点的空间,存入数据*/
        r->next=s;                /*修改 r 的后继结点指示 s*/
        r=s;                /*修改 r 指向新生成的结点 s*/
        scanf("%d",&x);
    }
    r->next=0;        /*退出循环,尾结点无后继结点,指针域为空*/
    return L;
}
```

由尾插法的算法,我们不难发现,引入头结点后,无须判断链表是否为空,进而简化了运算。下面我们再对比一下引入头结点后的头插法算法:

```
LinkList  *createHeadList( )
{   LinkList *L=( LinkList *)malloc(sizeof(LinkList));
                                /*申请头结点的存储空间*/

    LinkList *s=0;

    int  x;

    L->next=0;                  /*初始时链表为空*/

    scanf("%d",&x);

    while（x!=-1）
                        /*用户输入-1时不再插入新结点*/
        {   s=(LinkList *)malloc(sizeof(LinkList));

            s->data=x;          /*申请一个结点的存储空间,存入数据*/

            s->next=L->next;

            L->next=s;
/*修改 s 的后继结点,指向第一个结点,再修改头结点的指针域,指向 s*/
            scanf（"%d",&x）;   /*输入下一个结点*/

        }
    return L;

}
```

通过对比,我们不难发现,算法中大部分的语句都类似,只是在插入结点时修改的指针不同:不带头结点时插入新结点的语句为 s—＞next＝L; L＝s;带头结点后插入新结点的语句为 s—＞next＝L—＞next; L—＞next＝s;读者需要区分开始结点是由哪个指针来指示。

4) 查找运算

首先来看一个单链表上最简单的查找例子:

若存在单链表 L＝(2,3,4,1),查找是否有值为 4 的结点,查找成功则返回该结点的指针。

通过单链表的建立算法可知,单链表建立好后,会返回一个头指针,我们可以根据头指针依次访问其指针域,依次读取各个结点并进行比较,即需要从头指针开始,顺着单链表的链条,访问一个结点的同时比较其数据是否和 4 相等,若不相等,则需要继续访问下一个结点。下面给出按值查找的基本思路:

(1)按值查找:在单链表中查找是否存在值为 x 的数据元素,需扫描整个单链表。在扫描过程中,判断当前结点的数据域的值是否等于 x,若相等,返回该结点的指针,表示查找成功;否则继续扫描下一个结点。如果扫描到最后一个结点仍然不相等,此时 p＝＝0,返回 0,表示查找失败。按值查找算法的 C 语言描述如下:

```
LinkList  *locateX(LinkList *L, int x)
{   LinkList *p=L->next;                    /*p 指示开始结点*/
    while ( p && p->data !=x)              /*依次比较各结点*/
        p=p->next;                          /*p 后移指示当前结点的后继结点*/
    return p;

}
```

在最好的情况下,开始结点即为要找的结点,比较 1 次,时间复杂度为 O(1);在最坏的情况下，尾结点为要找的结点，比较 n 次，时间复杂度为 O(n)。平均时间复杂度为 O(n)。

（2）按序号查找：若存在单链表 L＝(2,3,4,1)，查找第二个结点，查找成功则返回该结点的指针。我们依然要顺着单链表依次访问各结点（有指针后移的过程），设置一个计数器，每访问一个结点，令计数器＋1。

一般地，在单链表中查找第 i 个数据元素，需从链表的头指针开始，顺着结点的指针域依次"走过"前 i－1 个结点，并取出第 i－1 个结点的指针（指示第 i 个结点）。C 函数如下：

```
LinkList *getI(LinkList  *L, int  i)
{   LinkList *p=L;
    int  j=0;                   /*p指向头结点,并将计数器清零*/
    while (p && j<i )
        {p=p->next;
        j++;  }               /*指针 p 后移,并计数*/
    return p;
}
```

请读者区分 p＝L，与 p＝L－＞next 的区别，若循环控制条件改为 j＜＝i，是否仍能找到第 i 个结点，若不能，p 指向了第几个结点？

在等概率假设下，算法的平均时间复杂度为 O(n)。

例 2-1　求带头结点的单链表的表长。

```
int  lengthList (LinkList *L)
                            /*求带头结点的单链表的表长*/
{   LinkList  *p=L->next；/*p指向表头结点*/
    int  j=0;
    while (p)
    {   p=p->next; j++;}/*p 所指的是第 j 个结点*/
    return  j;
}
```

例 2-2　遍历单链表并输出各结点的数据。

```
void print(LinkList *L)
{   LinkList  *p=L->next；       /*p指向开始结点*/
    while(p)
    printf("%d", p->data);       /*输出 p 所指结点的数据*/
}
```

5）插入运算

（1）在给定结点（＊p）情况下的插入运算：

插入运算分为给定结点之后插入新结点 s 和给定结点前插入新结点 s 两种情况，如图 2-12所示。我们首先来研究后插结点的情况。

若存在单链表 L＝(2,3,4,1)，p 指针指示值为 4 的结点，在其后插入值为 5 的结点后，单链表变为 L＝(2,3,4,5,1)。

后插结点 s 的步骤：

① 申请存储空间；

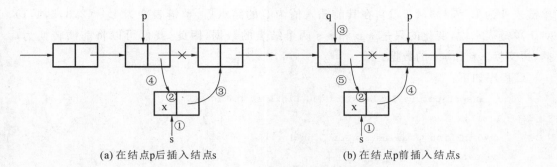

(a) 在结点 p 后插入结点 s   (b) 在结点 p 前插入结点 s

图 2-12　在 ＊p 后（＊p 前）插入结点 s 的示意图

② 存入数据；

③ 修改结点 s 的后继结点，令其指示结点 p 的后继结点；

④ 修改结点 p 的后继结点，令其指示结点 s。

在 ＊p 结点后插入值为 x 的元素的 C 程序如下：

```
void insertSafterP (LinkList *p, int x)
{  LinkList *s= ( LinkList *)malloc(sizeof(LinkList));
   s->data=x;
   s->next=p->next;
   p->next=s;
}
```

由于后插算法的前提是给定 ＊p，与单链表中元素的个数无关，也不需要利用循环，时间复杂度为 O(1)。

通过上面的分析，我们得知，在给定 ＊p 的后面插入新结点 s 的算法效率较高，时间复杂度为 O(1)，若给定 ＊p，要求在 ＊p 的前面插入则可以转换为先找到 ＊p 的前驱结点 q，将问题转换为在 ＊q 的后面插入 ＊s。

若存在单链表 L＝(2,3,4,1)，p 指针指示值为 4 的结点，在其前插入值为 5 的结点后，单链表变为 L＝(2,3,5,4,1)。

在 ＊p 结点前插入值为 x 的元素的 C 程序如下：

```
void  insertSbeforeP ( LinkList *L, LinkList *p, int x)
{  LinkList *q==0,*s==0;
   s=(LinkList *)malloc(sizeof(LinkList));
   s->data=x;
   q=L;                        /*q指向头结点*/
   while (q->next!=p)
   q=q->next;                  /*找 p 的前驱结点 q*/
   s->next=p;                  /* 在结点 q 的后面插入结点 s*/
   q->next=s;
}
```

因为算法中需要查找 p 的前驱结点 q，平均时间复杂度为 O(n)，因此给定 ＊p 条件下的插入算法的平均时间复杂度为 O(n)。

那么能否用效率更高的算法实现前插呢？我们来比较一下后插和前插的区别：

若存在单链表 L＝(2,3,4,1)，p 指针指示值为 4 的结点，在其后插入值为 5 的结点后，单链表变为 L＝(2,3,4,5,1)；在其前插入值为 5 的结点后，单链表变为 L＝(2,3,5,4,1)。对于单链表来说，变化的只是 *p 和 *s 两个结点的数据，因此，我们可以将前插转换为后插，再交换 *p 和 *s 的数据。

C 程序如下：

```
void  insertSbeforeP1 ( LinkList *L, LinkList *p, int x)
{   LinkList *s==0;
    s=(LinkList *)malloc(sizeof(LinkList));
    s->data=x;
    s->next=p->next;                    /* 在结点 p 的后面插入结点 s*/
    p->next=s;
    s-data=p->data;
    p->data=x;                          /*交换*p 和*s 的数据*/
}
```

上述算法我们没有借助于循环，时间复杂度为 O(1)，因此在给定 *p 的前提下，前插和后插 *s 的运算，时间复杂度都为 O(1)。

（2）在给定结点的序号(i)情况下的插入运算：

在给定结点的序号(i)情况下的插入运算也分为前插和后插两种情况：

后插：若已知结点序号i，在第i个结点后插入一个数据元素 x，可以用"按序号查找"得到第i个结点的指针p，然后在给定 *p 的条件下后插即可。

前插：若已知结点序号i，在第i个结点前插入一个数据元素 x，可以用"按序号查找"得到第i−1结点的指针p，然后在给定 *p 的条件下后插即可。

无论前插还是后插，都可以转换为两个步骤（见图 2-13）：

① 查找第 i 或(i−1)个结点；

② 后插。

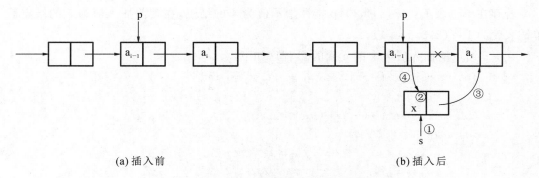

(a) 插入前　　　　　　　　　　　　　(b) 插入后

图 2-13　在第 i 个结点前插入新结点

在第 i 个结点进行前插运算的 C 程序如下：

```
int  insertElem ( LinkList  *L, int i, int  x)
{   LinkList *p=0, *s=0;
    int  j;
    p=L;
    j= 0;
    while (p && j<i-1 )
```

```
    {  p=p->next;j=j+1; }
                            /*查找第 i-1 个结点,p指示第 i-1 个结点*/
    if(! p){ printf("error");return 0; }          /*查找失败*/
    s=(LinkList *)malloc(sizeof(LinkList));       /*申请存储空间*/
    s->data=x;                              /*存入数据*/
    s->next=p->next;
    p->next=s;                              /*第 i-1 个结点后插入*s*/
    return 1;
}
```

读者可以仿照上面的例子自行编写在第 i 个结点后插入新结点的 C 函数。

在等概率假设下,当给定结点序号(i)时,无论前插还是后插,时间复杂度均为 O(n)。

6）删除运算

分给定结点 * p 和给定结点序号(i)两种情况:

(1) 在给定结点 * p 下删除 * p 的后继结点:

① 指向 * p 的后继 * s;

② 修改 * p 的指针域,令其指示 * s 的后继;

③ 释放结点 s 的空间。

删除给定结点 * p 的后继结点的 C 程序如下:

```
void  deletenodeAfterP(LinkList *  L,LinkList  *  p)
{   LinkList *s=0;
    s=p->next;                  /*指针 s 指示*p 的后继*/
    p->next=s->next;            /*删除*s 结点*/
    free(s);                    /*释放 s 所占的空间*/
}
```

时间复杂度分析:在给定 * p 的前提下,删除其后继结点的操作比较简单,和单链表的表长没有关系,并没有借助循环,因此运算效率较高,时间复杂度为 O(1)。

(2) 在给定结点 * p 下删除 * p:

需要先找到 * p 的前驱 * q,才能完成删除,我们知道,在单链表上找一个结点的后继结点可以利用结点的指针域,但找某结点的前驱结点,只能从单链表的开始结点依次访问结点直至找到前驱结点,如图 2-14 所示。

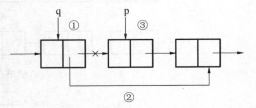

图 2-14　删除结点 * p 的示意图

删除给定结点 * p 的 C 程序如下:

```
void  deleteNodeP(LinkList *L,LinkList *p)
{   LinkList *q=L;                           /*指针 q 指示头结点*/
    while(q->next!=p)   q=q->next;
                                    /*找结点*p 的前驱结点*q*/
    q->next=p->next;                        /*删除 q 的后继结点*p*/
    free(p);/*释放 p 结点所占的空间*/
}
```

时间复杂度分析:上述算法中包含了查找前驱的过程,正如前面我们讨论过的查找算法,在单链表上的查找运算平均时间复杂度为 O(n),因此包含查找过程的删除运算平均时间复杂度也为 O(n)。

　　类比给定 * p 下的前插和后插运算,我们将前插转换为后插提高了运算效率,那么对于删除运算,能否也可以通过类似的转换来提高运算效率?答案是肯定的。若存在单链表 L =(2,3,4,1),p 指针指示值为 3 的结点,删掉 * p 的后继结点得到新单链表 L =(2,3,1),删掉 * p 结点得到新单链表 L =(2,4,1),共同点是都删掉了一个结点,只不过结点的数据不同,我们不妨将删掉 * p 的运算转换为先记录下 * p 的后继的数据,再赋值给 * p 的数据域,最后删掉 * p 的后继,简单总结为两步:换值、删后继。其 C 语言描述如下:

```
void  deleteP1(LinkList *L, LinkList *p)
{   LinkList *s=0;
    s=p->next;                    /*指针 s 指示*p 的后继*/
    p->data=s->data;              /*换值,后继的值赋给 p 的数据域*/
    p->next=s->next;              /*删除*s 结点*/
    free(s);                      /*释放 s 所占的存储空间*/
}
```

　　这样,在给定 * p 的前提下,删除 * p 的后继和删除 * p 结点的时间复杂度都为 O(1),不建议读者采用找前驱的方法,因为查找算法比较耗时,效率低。

3. 单链表的综合应用例题

例 2-3　写一算法逆置带头结点的单链表 L,要求逆置后的单链表利用 L 中的原结点,不可以重新申请结点存储空间。

分析　在单链表建立的章节里,我们讨论过头插法建立单链表的算法,采用头插法能够实现元素的逆置,因此,题目中要求的逆置可以采用头插法实现。具体的思路为:依次读取各个结点,每读取一个结点时,以头插法插入,初始时单链表为空,如图 2-15 所示。

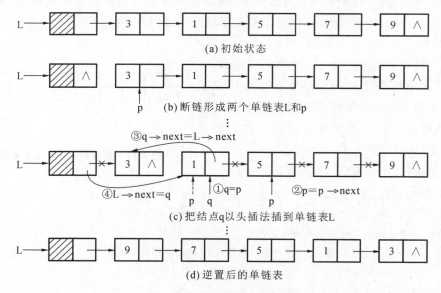

图 2-15　逆置带头结点的单链表

逆置带头结点的单链表的 C 程序如下:

```
void  reverse (Linklist *L)
{   Linklist *p=0,*q=0;
    p=L->next;                      /*p 指向开始结点*/
    L->next=0;                      /*置空表*/
    while (p)
    {   q=p;                        /*q 指示即将插到 L 中的结点*/
        p=p->next;                  /*p 后移,指示原链表剩余结点的第一个结点*/
        q->next=L->next;            /*q 所指示的结点以头插法插入 L*/
        L->next=q;
    }
}
```

> **小结:**
　　本题综合利用了查找算法和插入算法,查找运算体现在依次访问各个结点,插入运算应用了头插法。若可以重新申请结点空间,请读者仿照上面的例子,编写逆置单链表 L 的算法。

例 2-4　在带头结点的单链表中值为 y 的结点前插入值为 x 的结点。

分析　后插比较容易,将前插转换为后插时,需要找到值为 y 的结点的前驱,前面我们讨论过查找前驱的算法,步骤总结为:先查找值为 y 的结点的前驱,然后插入。

```
int  insertXbeforY ( LinkList *L, int y, int x)

{   LinkList *p=L->next,*q=L,*s;                 /*结点*q 为*p 的前驱结点*/
    while (p && p->data!=y )                     /*查找值为 y 的结点用指针 p 指示*/
    {
        q=p;                        /*把当前结点赋给 q*/
        p=p->next;                  /*p 继续找下一个结点*/
    }
    if (!p)                         /*查找失败,返回 0*/
        {printf("error"); return 0; }
    s=( LinkList * )malloc(sizeof(LinkList));             /*申请存储空间*/
    s->data=x;                                   /*存入数据*/
    s->next=p; q->next=s;                        /**q 后插入 s*/
    return 1;
}
```

> **小结:**
　　本题综合运用了查找和插入运算,在查找时始终让指针 p 指向当前访问的结点,指针 q 指向 p 的前驱结点,插入时采用给定结点的后插过程。读者会发现,复杂一点的问题,无非是若干运算的叠加使用。在等概率假设下,算法的平均时间复杂度为 O(n)。

例 2-5　假设有两个带头结点的单链表 A、B,按元素值非递减有序,编写算法将

A、B归并成一个按元素值非递增有序的链表C,要求链表C利用A、B中的原结点空间,不可以重新申请结点。

> **分析**　若A＝(1,3,5,7,9),B＝(2,4,6),归并后C＝(9,7,6,5,4,3,2,1),原来的单链表非递减,归并后非递增,即包含了元素的逆置,所以应该联想到使用头插法。只不过我们之前接触过的运算都是针对一个单链表L,而现在要针对两个单链表A、B,思路相同,也需要依次访问各个结点,只不过要借助两个指针,需要比较当前结点,选择数据小的结点以头插法插入C链表中。

```c
LinkList    *merge(LinkList *A, LinkList *B)
{   LinkList *C=A, *p=A->next,*q=B->next,*s=0;
        /*p、q分别指向单链表A、B的开始结点,C共用A的头结点空间*/
    C->next=0;                /*置空表C,C指向归并后的链表*/
    while (p&&q)
      {   if (p->data<=q->data)
                /*s指向A、B链表当前比较的两个结点中数据较小的结点*/
                {   s=p;
                    p=p->next;        /*p后移,指向下一个结点*/
                }
        else  { s=q;
                q=q->next;}
        s->next=C->next;        /* 以头插法插入 s*/
        C->next=s;
      }
    if (!q)   q=p;        /*B链表中的结点均被处理完,q指示剩余结点*/
    while (q)            /*剩余结点依次以头插法插到C链表中*/
      {   s=q;   q=q->next;
          s->next=C->next;
          C->next=s;
      }
    free(B);                /*释放B链表的头结点空间*/
    return C;
}
```

> **小结:**
> 　　两个链表归并的问题,需要依次比较两个链表中的结点,体现了查找运算和插入运算的结合,需要访问两个链表上的所有结点,若A链表的表长为m,B链表的表长为n,则算法的时间复杂度为O(m＋n)。

> **例 2-6**　写一算法,删除带头结点的单链表L中的重复结点,即实现如图 2-16 所示的操作,图 2-16(a)为初始的单链表,图 2-16(b)为删除重复结点后的单链表。

> **分析**　首先需要有一个指针 p 指向第一个结点,另外一个指针 q 查找剩余结点中是否存在与该结点的数据相同的结点,若存在,则删除;否则 p 指向下一个结点。通过分

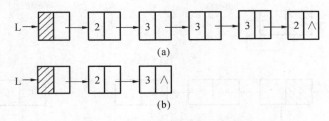

图 2-16 删除单链表中的重复结点

析我们不难发现,指针 p 需要依次访问所有结点,指针 q 需要依次访问剩余结点。因此,需要借助两层循环完成删除重复结点的功能。

步骤:

① p 指向第一个结点;

② p 赋值给 q;

③ q 指向与 p 结点的数据相同的结点的前驱;

④ 删除 q 的后继;

⑤ p 指向下一个结点。

删除单链表中重复结点的 C 程序如下:

```
int deleteRepeatedNodes(LinkList * L)
{  LinkList *p=L->next,*q=0,*r=0;
                                /*p 指示第一个结点* /
  if(! p) return 0;            /*若链表是空表,返回 0 表示删除失败*/
  while(p->next ! =0)
  { q=p;                       /*p 赋值给 q*/
    while(q->next!=0)          /*q 依次访问剩余结点*/
    { if(q->next->data !=p->data)  /*q 指示与 p 结点的数据相同的结点的前驱*/
        q=q->next;             /*q 指针后移*/
      else
      {
      r =q->next;
      q->next=r->next;
      free(r);                 /*删除 q 的后继 */
      }
    }
    p=p->next;                 /*p 指针后移*/
  }
}
```

上述例子中出现了两层循环,外层循环执行 n 次,内存循环平均执行$(n-1)/2$ 次。因此,算法的平均时间复杂度为 $O(n^2)$。

◆ **2.3.4 单循环链表**

单循环链表是利用单链表中表尾结点的指针域的值为空的特点,修改其空指针域,令其指向头结点。空表和非空表的示意图如图 2-17 所示。

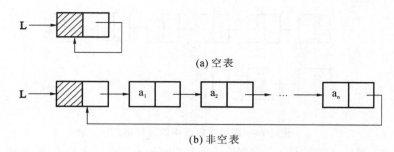

(a) 空表

(b) 非空表

图 2-17 单循环链表

单循环链表的查找操作与单链表的查找操作基本相同,仍需要顺着单链表的链条依次找后继结点,但二者的判断终端结点和判断空表的条件有所区别,如表 2-4 所示。

表 2-4 单链表与单循环链表在判断终端结点与判断空表的区别

	判断终端结点	判断空表
单链表	p－＞next＝＝0	L－＞next＝＝0
单循环链表	p－＞next＝＝L	L－＞next＝＝L

因此,单循环链表的建表、查找、插入、删除等操作只需在单链表的相应算法上稍加修改即可。

将单链表的尾结点的空指针域改成单循环链表后,并没有增加存储空间的开销,但某些运算的效率却可以极大地提高。我们先来看下面的例子:

例 2-7 请编写单链表上输出开始结点和终端结点的算法。

分析 首先讨论单链表,我们知道,在单链表上查找终端结点需要从第一个结点开始判断当前结点是否满足终端结点的条件,若满足则输出,不满足则需要依次访问剩余结点,算法比较简单。

单链表上访问开始结点和终端结点的 C 程序如下:

```
void printFirst-LastNode(LinkList *L)
{LinkList *p=L->next;
if(p) printf("%d",p->data);
while(p && p->next!=0)
{
p=p->next;
}
printf("\n");
printf("%d",p->data);
}
```

访问开始结点不需要借助循环,而访问终端结点则需要访问所有结点,因此访问开始结点的时间复杂度是 O(1),访问终端结点的时间复杂度是 O(n)。即在单链表上,查找开始结点的运算效率高,但查找终端结点的运算效率不高。

再来看单循环链表,由于单循环链表构成了一个圈,这样从中间任意一个结点开始,都可以把所有结点遍历一遍,我们只需要再略做变化,就可以提高查找终端结点的效率。设尾指针指向尾结点,如图 2-18 所示。

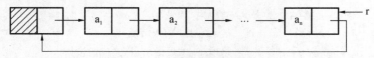

图 2-18　带尾指针的单循环链表

通过比较不难发现,只是略微修改了单链表的存储结构(修改了终端结点的指针),便提高了访问终端结点的运算效率,这也紧扣数据结构的研究内容,即通过定义良好的存储结构来提高运算的效率。

单循环链表上访问开始结点和终端结点的 C 程序如下:

```
void printFirst-LastNode1(LinkList *r)
{ if(r) printf("%d", r->data);
  printf("\n");
  if(r->next- next) printf("%d", r->next->next->data);
}
```

时间复杂度分析:增设了尾指针 r 后,访问终端结点比较容易,而开始结点的访问也比较容易,开始结点由 r—>next—>next 指示,不需要借助循环,时间复杂度为 O(1)。表 2-5 列出了在单链表与单循环链表上访问开始结点和终端结点的时间复杂度。

表 2-5　单链表与单循环链表访问开始结点和终端结点的时间复杂度对比

	访问开始结点	访问终端结点
单链表	O(1)	O(n)
单循环链表	O(1)	O(1)

因此,针对经常需要访问开始结点和终端结点的具体应用,选择带尾指针的单循环链表更为合适,在下面的应用中体现得尤为突出。

■ 例 2-8 　将两个单链表 L1、L2 首尾相连合并成一个单链表,即将 L2 的第一个结点链接到 L1 的尾结点上,如图 2-19 所示。

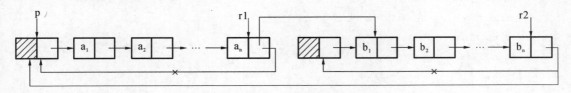

图 2-19　合并两个单链表

■ 分析 　将单链表 L1、L2 定义为带尾指针的单循环链表 r1 和 r2,则在单循环链表 r1 和 r2 上实现此操作,运算效率较高。

操作步骤如下:

① 指针 p 指向 r1 的开始结点;

② 修改 r1 的后继,指向 r2 的开始结点;

③ 释放 r2 的头结点;

④ 修改 r2 的后继,指向 p。

将两个链表首尾连接的 C 程序如下。

```
LinkList * merge(LinkList *r1, LinkList *r2)
{ LinkList *p=r1->next;              /*记录 r1 的头结点*/
  r1->next=r2->next->next;          /*修改 r1 的后继结点,完成链接*/
  free(r2->next);                   /*释放 r2 的头结点*/
  r2->next=p;                       /*修改 r2 的后继结点,形成循环链表*/
  return r1;
}
```

时间复杂度分析:因为没有借助循环,时间复杂度为 O(1)。

从上例可以看出,单循环链表与单链表相比,不用增加额外的存储空间,对表的链接方式稍做改进,就使得链表的某些处理变得灵活。第 3 章要将研究的队列是一种特殊的线性表,数据元素的插入只在队尾进行,元素的删除只在队头进行,访问开始结点和终端结点的运算较频繁,因此,利用带尾指针的单循环链表实现队列可以提高运算效率。

◆ 2.3.5 双链表

从前面的讨论中我们知道,单链表的每个结点中只附加了一个指向其后继结点的指针,因此若给定 *p,找其后继结点比较容易,后继结点即为 p－＞next,而查找 *p 的前驱结点则不容易,需要从第一个结点开始依次访问,时间复杂度为 O(n)。

在具体的问题中,如果查找前驱结点的运算较频繁,则不应该使用单链表,那么,能否有一种链表,使得查找前驱结点的时间复杂度也达到 O(1)? 时间和空间是一对矛盾体,为了提高时间复杂度,只能以牺牲空间为代价,在结点的结构上附加一个指针,令其指示前驱结点,该指针命名为 prior,结点的结构如图 2-20 所示。

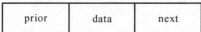

| prior | data | next |

图 2-20 双链表结点的结构

这样,每个结点除了存储数据外,还附加了两个指针域,一个指向后继结点、一个指向前驱结点。我们把由这种类型结点构成的链表,称为双(向)链表。

双链表存储结构的 C 语言描述如下。

```
typedef struct DNode
{ int data;
  struct DNode *prior;
  struct DNode *next;
}Dlink;
DLinkList * H=0;
```

显然,双链表只是在单链表的基础上,多加了一个指向前驱的指针 prior,与单链表相比,每个结点需要额外的存储空间来存储 prior。双链表通常是由头指针唯一确定的,可以带头结点,也可以形成双循环链表结构,如图 2-21 所示。

在双链表中,查找过程可以有两个方向,既可以顺着结点的 next 域依次访问各后继结点,也可以顺着 prior 域依次访问各前驱结点,给定结点 *p,后继结点是 p－＞next,前驱结点是 p－＞prior,由于双链表是一种对称结构,因此如下运算成立:

p－＞prior－＞next 表示的是 *p 结点的前驱结点的后继结点的指针,与 p 相等;类似地,p－＞next－＞prior 表示的是 *p 结点的后继结点的前驱结点的指针,也与 p 相等。即

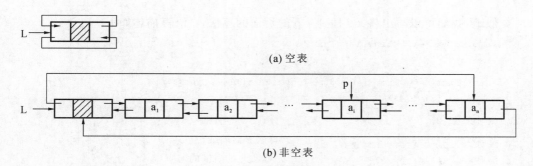

(a) 空表

(b) 非空表

图 2-21　双循环链表

$p->prior->next=p=p->next->prior$。

在双链表上若给定 *p，由于其前驱结点是有 $p->prior$ 指示的，并不需要有查找的过程，其时间复杂度为 O(1)。与单链表相比，查找某结点的前驱的运算效率得以提高。

双链表上的按序号查找运算、按值查找运算和求表长等只涉及一个方向的扫描，算法与单链表相同。

但是在进行插入、删除运算时，除了要修改后继结点的 next 域，还需修改前驱结点的 prior 域。

在双链表中插入结点时指针的修改要比在单链表中插入结点复杂。设 p 指向双链表中当前结点，s 指向待插入的值为 x 的新结点，将 *s 插到 *p 的前面（见图 2-22），操作步骤如下。

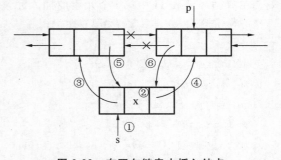

① 申请新的结点空间 s；

② 存入数据 x；

③ 修改 s 的前驱；

④ 修改 s 的后继；

图 2-22　在双向链表中插入结点

⑤ 修改 p 的前驱的后继，指向 s；

⑥ 修改 p 的前驱。

在双链表上 *p 结点前插入一个结点的 C 程序如下。

```
void insertBeforeP(DLinkLinst *p)
{
  DLinkLinst *s=(DLinkList * )malloc(sizeof(DLinkList));
  s->data=x;
  s->prior=p->prior;              /*修改 s 的前驱*/
  s->next=p;                      /*修改 s 的后继*/
  p->prior->next=s;               /*修改 p 的前驱的后继*/
  p->prior=s;                     /*修改 p 的前驱*/
}
```

上述操作的顺序不是唯一的，需要注意的是在修改指针的过程中不能断链，例如修改 s 的前驱和修改 s 的后继可以调换次序，但修改 p 的前驱的后继和修改 p 的前驱则不可以调换次序。请读者自行分析。

类似地，我们可以写出将 * s 插到 * p 的后面的算法，C 语言描述如下。

```
void insertAfterP(DLinkLinst *p)
{
  DLinkLinst *s=(DLinkList * )malloc(sizeof(DLinkList));
  s->data=x;
  s->prior=p;                      /*修改 s 的前驱*/
  s->next=p->next;                 /*修改 s 的后继*/
  p->next->prior=s;                /*修改 p 的后继的前驱*/
  p->next =s;                      /*修改 p 的后继*/
}
```

同样，需要先修改 p 的后继的前驱，再修改 p 的后继。

时间复杂度分析：无论前插法还是后插法，都无须使用循环，只需要修改几个指针，在有限的时间内可以求解，故时间复杂度为 O(1)。

显然，在给定 * p 条件下查找 * p 的前驱，利用双链表可以提高查找效率，但实际上每个双链表结点的空间比单链表结点的空间多存了一个指针，牺牲了空间换取了时间的效益。因此，在实际的问题中，往往也借助辅助存储空间的方式提高运算效率。

在双循环链表 H 中第 i 个元素前插入元素 x，C 程序如下。

```
int insertBeforeI(DLinkList *H, int i , int x)
{
DLinkList *s =0, *p=H->next;
int j=1;
while ((p! =H)&&(j<i))                 /*查找第 i 个结点*/
{  p=p->next; j=j+1;}
if ( (p==H) ‖ (j>i)) { printf("error");return 0; }
                         /*i 小于 1 或大于表长+1*/
s=(DLinkList *) malloc( sizeof (DLinkList) );
s->data=x;
s->prior=p->prior;
s->next=p;
p->prior->next=s;
p->prior=s;
return 1;
}
```

在第 i 个元素后插入元素 x 的算法，请读者仿照上述算法自行编写。

设 p 指向双链表中的某结点，在给定 * p 的条件下，删除 * p 结点的示意图如图 2-23 所示，操作步骤如下。

① 修改 p 的前驱的后继；

② 修改 p 的后继的前驱；

③ 释放结点 p 的存储空间。

实现删除 * p 的 C 程序如下。

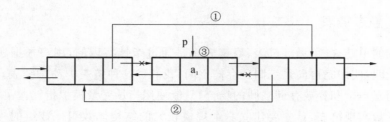

图 2-23　删除双链表中的结点

```
void deleteP(DLinkList *p)
{
  p->next->prior=p->prior;
  p->prior->next=p->next;
  free(p);
}
```

时间复杂度分析:在双链表中删除 *p 结点,只需要修改 2 个指针,并不需要写循环,因此时间复杂度为 O(1)。

在双循环链表 H 中删除第 i 个元素,C 程序如下。

```
int deleteP( DLinkList *H, int i)
{ DLinkList *p=H->next;
  int j=1;
  while ((p!=H)&&(j<i))
{ p=p->next; j++; }                    /*查找第 i 个结点*/
  if((p==H) ‖ (j>i)) {printf("error");return 0; }
                                       /*查找失败返回 0*/
  p->prior->next=p->next;
  p->next->prior=p->prior;
  free(p);
  return 1;
}
```

时间复杂度分析:类似于在第 i 个结点前或后插入一个新的结点,删除第 i 个结点也需要查找的过程,时间复杂度和插入一个结点的情况相同,为 O(n)。

表 2-6 列出单链表、单循环链表、双链表的各种运算的时间复杂度,对比如下。

表 2-6　单链表、单循环链表、双链表的运算对比

	查找终端结点	查找给定结点的前驱	给定 *p 的前插/后插/删除
单链表	O(n)	O(n)	O(1)
单循环链表	O(1)	O(n)	O(1)
双链表	O(n)	O(1)	O(1)

即,给定 *p 的情况下,无论哪种链表插入和删除的运算效率都很高;利用带尾指针的单循环链表可以提高查找终端结点的运算效率;查找给定结点的前驱时,使用双链表可以提高运算效率。

◆ 2.3.6 静态链表

前面讲到的单链表、单循环链表、双链表都是通过指针实现的，用户根据实际需要向系统申请存储空间，使用完再向系统归还存储空间，我们称这种链表为动态链表。针对不允许使用指针及动态申请和释放存储空间的场合，只能使用指示变量模拟指针。

用指示变量实现链表，首先要建立一个规模较大的结构体数组。数组的一个分量对应链表中的一个结点，结构体包含两个成员：数据域 data 用来存储数据元素的值；指示域 next 代替前面的指针域，表示的是后继结点在数组中的下标。动态链表中的 next 存储的是后继结点的地址，而静态链表的 next 存储的是后继结点在数据中的下标，两个 next 的数据类型不同。

数组中下标为 0 的单元存储头结点，其指针域指向链表的第一个结点，空指针用 0 表示，若某结点的 next 为 0，表示其后继为头结点，即当前的链表为单循环静态链表。由于数组的空间需要静态分配，因此这种链表称为静态链表，指示变量称为静态指针。图 2-24 所示给出了线性表 L＝(7,5,8,2,9) 的静态链表存储结构示意图。0 号单元表示头结点，next 为 2，表示第一个结点为 2 号单元的 7，以此类推，最后一个结点是 9，其 next 为 0，即头结点。目前未占用单元的下标为 6,7,8,9，可以让空闲单元的指示变量 A＝6。

	data	next
0		2
1	5	3
2	7	1
3	8	5
4	9	0
5	2	4
6		7
7		8
8		9
9		10

图 2-24　静态链表示意图

静态链表存储结构的 C 语言描述如下。

```
#define MAXSIZE 1024
typedef struct
{ int data;
  int next;
}SLink;              /*结点类型*/
SLink SL[ MAXSIZE];
```

1. 静态链表上的查找

SL 为静态链表的数组名，SL[0]存储头结点，SL[0].next 存储第一个结点的下标 2，因此第一个结点为 SL[2]，若 SL[i].data 中存储线性表中的第 k 个元素，则 SL[i].next 即为第 k＋1 个元素的下标，依次顺着 next 即可不断访问后继结点，直至 next 为 0。

与动态链表相比,在静态链表中实现线性表的插入和删除操作也不用移动数据元素,只要改变结点的 next 域就可以了,改变指示变量可用语句 i＝SL[i]. next 实现(功能与 p＝p－＞next相同)。

2. 静态链表上的删除

原静态链表 L＝(7,5,8,2,9),删除元素 8 后得到新静态链表(7,5,2,9),如图 2-25 所示。

	data	next
0		2
1	5	5
2	7	1
3	8	6
4	9	0
5	2	4
6		7
7		8
8		9
9		10

图 2-25 静态链表上的删除

由此可以看出,在静态链表中删除元素 8 后,需要修改 8 的前驱 5 的 next,给 8 的 next 赋值为 4,原来数组的存储单元是连续的,删除一个结点后,会使得数组元素占用的空间不再连续,可以把该结点加到空闲的链表中。为了充分利用数组空间,可以把删除的结点的空间和未用的空间连接在一起构成一个空闲的空间。这样,在静态链表中,我们一般用 SL 存储数据元素,用 AL 表示空闲的空间。删除的元素可以链接到 AL 中的头部或尾部,我们知道第一个空闲的单元下标为 6,空出下标为 3 的单元后,相当于在空闲的链表的头部插入了一个新的结点,需要修改 A＝3。

3. 静态链表上的插入

原线性表 L＝(7,5,2,9),在元素 2 前插入 x 的结果如图 2-26 所示。

	data	next
0		2
1	5	3
2	7	1
3	x	5
4	9	0
5	2	4
6		7
7		8
8		9
9		10

图 2-26 静态链表上的插入

具体做法是从 AL 链表中取出第一个元素,存入数据元素的值 x,相应需要修改值为 x 的结点的后继为结点 2 的前驱的 next,同时结点 2 的前驱的 next 为 AL。

静态链表上的查找运算与单链表上的查找类似,同样是顺着结点的 next 依次查找后继,比较简单,读者可以自行类比。

2.4 顺序表和链表的比较

本章主要探讨了线性表的两种存储结构,分别为顺序表和链表,链表根据指针的不同又可以分为单链表、单循环链表、双链表及静态链表。在实际的问题中,应针对不同的运算特点,选择合适的存储结构以提高运算的效率。

1. 空间效率

1）存储密度

存储密度是指一个结点中数据元素所占的存储单元和整个结点所占的存储单元之间的百分比。

顺序表以数组的方式存储数据元素,数组中的每个单元全部存放数据元素,显然顺序表的存储密度可达到 100%。而链表中的每个结点,一部分存储空间用于存数据元素,另一部分存储空间用于存指针,因此链接存储结构的存储密度是小于 100% 的,链接存储在一定程度上造成了存储空间的浪费。一般地,存储密度越大,空间利用率就越高。因此,若预先可以估计出线性表的长度或当线性表的长度变化不大时,为了节省存储空间,可以考虑采用顺序存储结构。

2）空间分配的方式

由于顺序表是利用数组存储数据元素的,数组的空间是静态分配的,因此,在定义时,需要预先估计出线性表的规模,本书定义 MAXSIZE 为顺序表的最大长度。若估计的空间比实际顺序表的长度小,则会造成空间的溢出,反之,则会造成空间的浪费。链表的空间是根据用户的需要,向系统动态申请的,不存在空间的溢出和浪费。

3）空间的连续性

顺序表以数组的形式存储数据,需要占用连续的存储空间;而链表的存储空间是动态分配的,不需要占用连续的存储空间。

2. 时间效率

1）从查找的角度看

顺序表中给定序号 i,在已知元素首地址的前提下,可以通过地址的换算关系实现按序号 i 访问数据元素,因此,顺序表能实现对数据元素的随机存取;在链表中,给定序号 i,只能顺着指针的链条依次访问至第 i 个结点,链表中只能从头至尾依次读取各结点,因此,链表能实现顺序存取。

2）从插入、删除的角度看

顺序表中在给定位置 i 的条件下,插入和删除运算需要移动大量元素,时间复杂度为 $O(n)$。链表在给定 *p 时的插入和删除的运算效率很高,时间复杂度为 $O(1)$。请读者注意,在给定位置 i 的条件下,链表上的插入和删除运算包含了查找的过程,时间复杂度为 $O(n)$。读者需要看清插入和删除的前提条件,不要轻易下结论,即:在给定 *p 的前提下,链表的插入和删除运算效率高。

综合上述讨论的结果,将顺序表、链表对比列入表 2-7 中。

表 2-7　顺序表与链表的比较

	存储密度是否为 1	空间是否连续	空间是否静态分配	能否随机存取	插入、删除运算效率（给定 * p）
顺序表	√	√	√	√	低
链表	×	×	×	×	高

通过上述分析,我们知道,顺序表和链表各有优缺点,需要根据具体应用的需要,选择最合适的存储结构,以提高运算的效率。例如,按序号访问数据的运算比较频繁,且线性表的长度变化不大时,采用顺序表较好;而插入和删除运算较频繁时,采用链表较好。

本章小结

本章针对经典的线性结构展开了讨论,围绕线性表的逻辑结构、运算、存储结构进行了阐述,针对顺序表和链表进行了比较,在运算的实现上,深入讨论了算法的时间复杂度和空间复杂度,同时也讨论了链表的其他结构,如单循环链表、双链表及静态链表。重点内容如下:

(1) 线性表的定义及逻辑特征。

(2) 顺序表的存储结构定义,顺序表上运算的实现算法及时间复杂度分析。

(3) 单链表的存储结构定义,单链表上运算的实现算法及时间复杂度分析。

(4) 单链表的简单应用的实现算法(C 函数)。

本章习题

一、选择题

1. 线性表 L＝$(a_1, a_2, \cdots, a_n)$,下列说法正确的是(　　)。

A. 每个元素都有一个直接前驱和一个直接后继

B. 线性表中至少有一个元素

C. 表中元素的排列顺序必须是由小到大或由大到小

D. 除第一个和最后一个元素外,其余每个元素都有且仅有一个直接前驱和一个直接后继

2. 下面关于线性表的叙述中,错误的是(　　)。

A. 线性表若采用顺序存储,必须占用一片连续的存储单元

B. 线性表若采用顺序存储,便于进行插入和删除操作

C. 线性表若采用链接存储,不必占用一片连续的存储单元

D. 线性表若采用链接存储,便于进行插入和删除操作

3. 在长度为 n 的顺序表的第 $i(1 \leqslant i \leqslant n+1)$ 个位置上插入一个元素,元素的移动次数为(　　)。

A. $n-i+1$　　　　　　B. $n-i$　　　　　　C. i　　　　　　　　D. $i-1$

4. 删除长度为 n 的顺序表中的第 $i(1 \leqslant i \leqslant n)$ 个位置上的元素,元素的移动次数为(　　)。

A. $n-i+1$　　　　　　B. $n-i$　　　　　　C. i　　　　　　　　D. $i-1$

5.已知一个带头结点单链表L,在表头元素前插入新结点 *s 的语句为（　　）。

A. L=s; s->next=L;　　　　　　　　　　B. s->next=L->next; L->next=s;

C. s=L; s->next=L;　　　　　　　　　　D. s->next=L; s=L;

6.已知一个不带头结点单链表的头指针为L,则在表头元素之前插入一个新结点 *s 的语句为（　　）。

A. L=s; s->next=L;　　　　　　　　　　B. s->next=L; L=s;

C. s=L; s->next=L;　　　　　　　　　　D. s->next=L; s=L;

7.对于链接存储的线性表,按照序号访问和删除结点的时间复杂度分别为（　　）。

A. O(n),O(n)　　　　B. O(n),O(1)　　　　C. O(1),O(n)　　　　D. O(1),O(1)

8.已知单链表上一结点的指针为 p,则在该结点之后插入新结点 *s 的正确操作语句为（　　）。

A. p->next=s; s->next=p->next;　　　　B. s->next=p->next; p->next=s;

C. p->next=s; p->next=s->next;　　　　D. p->next=s->next; p->next=s;

9.已知单链表上一结点的指针为 p,则删除该结点的后继的正确操作语句是（　　）。

A. s=p->next; p=p->next;　free(s);

B. p=p->next;　free(p);

C. s=p->next; p->next=s->next;　free(s);

D. p=p->next;　free(p->next);

10.将长度为 m 的单循环链表链接到长度为 n 的单循环链表之后,算法的时间复杂度最好可为（　　）。

A. O(n)　　　　　　B. O(1)　　　　　　C. O(m)　　　　　　D. O(m+n)

11.完成在双循环链表结点 *p 之后插入新结点 *s 的操作是（　　）。

A. p->next= s ; s->prior= p; p->next->prior= s ; s->next= p->next;

B. p->next->prior= s; p->next= s ; s->prior= p; s->next= p->next;

C. s->prior= p; s->next= p->next; p->next= s ; p->next->prior= s;

D. s->prior= p; s->next= p->next; p->next->prior= s ; p->next= s;

12.设一个链表最常用的操作是在表尾插入结点和在表头删除结点,则选用下列哪种存储结构效率最高?（　　）

A.单链表　　　　　　　　　　　　　　B.双链表

C.单循环链表　　　　　　　　　　　　D.带尾指针的单循环链表

13.线性表的链接存储结构是一种（　　）存储结构。

A.随机存取　　　　B.顺序存取　　　　C.索引存取　　　　D.散列存取

14.链表不具备的特点是（　　）。

A.插入、删除操作不需要移动元素　　　B.不必事先估计存储空间

C.可随机访问任意结点　　　　　　　　D.所需空间与其长度成正比

15.若在线性表中,查找前驱的运算比较频繁,则应选择哪种数据结构?（　　）

A.单链表　　　　　B.双链表　　　　　C.单循环链表　　　　D.静态链表

16.在单链表中,给定 *p 的前提下,在 *p 前插入一个新的结点的时间复杂度是（　　）。

A. O(n)　　　　　　B. O(1)　　　　　　C. O(n²)　　　　　　D. O(log₂ n)

17.时间复杂度为 O(n)的运算是（　　）。

A.给定 *p,在 *p 后插入新结点　　　　B.给定 *p,删除 *p

C.在单链表的表头插入一个结点　　　　D.查找双链表的终端结点

18.不允许申请新的结点空间,就地逆置带头结点的单链表的时间复杂度是(　　)。

A. $O(n)$　　　　　　B. $O(1)$　　　　　　C. $O(n^2)$　　　　　　D. $O(n\log_2 n)$

19.删除单链表中的重复结点的时间复杂度为(　　)。

A. $O(n)$　　　　　　B. $O(1)$　　　　　　C. $O(n^2)$　　　　　　D. $O(\log_2 n)$

20.就存储密度而言,以下哪种存储结构的存储密度最大?(　　　)

A. 顺序表　　　　　　B. 单链表　　　　　　C. 双链表　　　　　　D. 单循环链表

二、填空题

1.在单链表 L 中,指针 p 所指结点有后继结点的条件是_____。

2.判断带头结点的单链表 L 为空的条件是_____。

3.顺序表和链表中能实现随机存取的是_____,插入、删除操作效率高的是_____。

4.对于一个具有 n 个结点的单链表,已知一个结点的指针 p,在其后插入一个新结点的时间复杂度为_____;若已知一个结点的值为 x,在其后插入一个新结点的时间复杂度为_____。

5.判断带头结点的单循环链表 r(r 为尾指针)为空的条件是_____。

三、简答题

写出单链表存储结构的 C 语言描述。

四、完善程序题

1.设计一个算法,其功能为:向一个带头结点的有序单链表(从小到大有序)中插入一个元素 x,使插入后的链表仍然有序。请将代码补充完整。

```
typedef struct Node
{
  int data;
  _____;//定义指向该结构类型的指针变量 next
}LinkList;
void insertx(LinkList *L, int x)
{   LinkList *s= 0,*p= L;
    while(p->next && p->next->data<x)
    {
    _____; //p指针后移一步
    }
    _____;//申请一个新结点空间,将其地址赋给变量 s
    s->data= x;
    _____;
    ; //将*s 结点插入到*p 结点的后面
}
```

2.设计一个函数,功能为:在带头结点的单链表中删除值最小的元素。请将代码补充完整。

```
typedef _____ Node  // 定义结构体类型
{
  int   data;
  struct Node *next;
}LinkList;
void deleteMin(LinkList *L)
{
```

```
    LinkList *p= L->next,*q= 0;
    //首先查找值最小的元素,指针 q 指向最小元素结点
q=p;
while(p)
{
if( p->data <q->data)
q=p;
_____；// p 指针后移一步,比较单链表中的每一个结点
}
if(!q) return;//不存在最小结点(空表)时,直接退出
//若存在最小结点,则先找到最小结点的前驱,即 *q 的前驱
p=L;
while(_____)
{
p=p->next;
}
//最后删除最小值结点 * q
_____；    // 从单链表中删除最小元素结点(指针 q 所指结点)
_____；    // 释放指针 q 所指结点的存储空间
}
```

五、算法设计题

1.已知长度为 n 的线性表 A 中的元素是整数,写算法求线性表中值大于 item 的元素个数。分两种情况编写函数:(1)线性表采用顺序存储;(2)线性表采用单链表存储。

2.已知长度为 n 的线性表 A 中的元素是整数,写算法删除线性表中所有值为 item 的数据元素。分两种情况编写函数:(1)线性表采用顺序存储;(2)线性表采用单链表存储。

3.试写一算法实现对不带头结点的单链表 H 进行就地逆置。

4.已知递增有序的两个单链表 A 和 B 各存储了一个集合。设计算法实现求两个集合的交集运算 C＝A∩B。

5.已知递增有序的两个单链表 A 和 B,编写算法将 A、B 归并成一个递增有序的单链表 C。

第**3**章 栈和队列

　　栈和队列是程序设计中应用比较广泛的两种数据结构,是特殊的线性表。因此,栈和队列的逻辑结构及存储结构与线性表相同,即,栈和队列中数据元素间的关系是一对一的,栈和队列也可以采用顺序存储结构和链接存储结构。与普通线性表的区别在于,栈和队列的运算不同,栈的运算只集中在栈顶,而队列的运算集中在队头和队尾,因此也称栈和队列为运算受限的线性表。

　　本章将分别介绍栈和队列的概念以及在不同存储结构上基本运算的实现。在介绍栈和队列的应用时,还结合了专创融合设计,让读者体会算法的精妙,旨在提高读者的分析问题与解决问题的能力。

3.1　栈

◆ 3.1.1　栈的定义及运算

　　首先,先来看几个例子:限定只能在一边放入或取出的一摞盘子或书;车辆进入单车道死胡同等。其特点是,常用的碗和盘子基本都集中在顶端;若 n(序号为 1,2,…,n)辆车依次进入死胡同,则它们出来的次序只能为 n,n−1,…,2,1。这些生活中的例子背后的数据结构就是栈。

　　栈是运算受限的线性表,它的插入和删除操作仅在线性表的一端进行。允许插入、删除的一端称为栈顶,另一端称为栈底。当栈中的元素个数为 0 时,此时栈为空。在栈顶插入元素称为入栈或进栈,从栈顶删除元素称为出栈或退栈。假设栈 $S=(a_1,a_2,…,a_n)$,如图 3-1 所示,其中,a_1 为栈底元素,a_n 为栈顶元素。元素入栈的顺序是 $a_1,a_2,…,a_n$,n 个元素入栈后,再依次出栈,则元素出栈的顺序为 $a_n,a_{n-1},…,a_1$。即,出栈操作是按先进后出或后进先出的原则进行的。每次入栈操作总是将元素插到栈顶,而出栈操作是在栈顶删除元素。即,最后进栈的元素会最先出栈,而最先进栈的元素最后才能出栈,所以栈又称为后进先出的线性表,其特点是先进后出或后进先出。

　　栈与线性表的比较如表 3-1 所示。

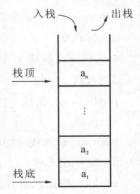

图 3-1　栈的图示

表 3-1　栈与线性表的比较

数据结构	逻辑结构	存储结构	运算特点
栈	一对一	顺序存储、链接存储	先进后出或后进先出，插入、删除集中在栈顶，没有查找运算
线性表	一对一	顺序存储、链接存储	插入、删除集中表的任意位置，可以按序号或按值查找

引例　设一个栈的输入序列为 A，B，C，D，则借助一个栈所得到的输出序列不可能是_____。

A. A，B，C，D　　　　B. D，C，B，A　　　　C. A，C，D，B　　　　D. D，A，B，C

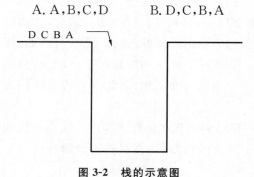

图 3-2　栈的示意图

本例题需要读者画一个竖着的栈（见图 3-2），根据栈后进先出的特点，依次进行判断，分析如下：

针对 A 选项，A 入栈后出栈，B、C、D 依次先入栈后出栈，即可得到；B 选项，ABCD 依次全部入栈，再依次出栈，可以得到倒序的序列；C 选项，A 首先入栈后出栈，BC 依次入栈，然后 C 出栈，接着 D 入栈后出栈，最后 B 出栈，即可得到；而 D 选项，D 要想出栈，只能是 ABCD 依次入栈，D 方可出栈，此时栈顶是 C，A 处于栈底无法出栈。故，此题选 D。

计算机系统中，也有很多应用栈的例子。比如，在程序运行的过程中，需要调用大量的函数，计算机需要为每个函数分配存储空间，采取的存储空间的分配方式为栈式分配，每当调用一个函数时，就会在栈顶分配一块存储空间，用于存放函数的返回地址、形式参数、局部变量和临时变量等数据，相当于在栈顶插入元素；每当一个函数执行完毕返回结果时，就从栈顶取出函数的返回地址等数据，相当于从栈顶删除元素，同时释放它的存储空间。

在讨论了栈的逻辑结构及特点后，我们可以定义栈上的基本运算。

栈的基本运算有以下 5 种。

1）初始化栈

initStack(s)：构造了一个空栈 s。

2）判栈空

empty(s)：若栈 s 为空栈，返回值为 1，否则返回值为 0。

3）入栈

push(s，x)：在栈 s 的顶部插入一个新元素 x，x 成为新的栈顶元素。

4）出栈

pop(s)：删除栈 s 的栈顶元素。

5）读栈顶元素

top(s)：栈顶元素作为结果返回，不改变栈的状态。

请读者注意区分出栈和读栈顶元素，出栈包含删除栈顶元素的过程，而读栈顶元素则只是读取元素，并未删除元素。

与线性表的运算相比，在栈中，一般没有查找运算，而只研究在栈顶插入和删除元素，在实际问题中,例如车辆进入单车道死胡同的问题,基本不需要查找栈中的某个车辆,而只研究进出死胡同的车辆序列。

下面,我们将讨论栈的不同存储结构,采用顺序方式存储的栈称为顺序栈,采用链接方式存储的栈称为链栈。

◆ 3.1.2 顺序栈及运算的实现

顺序栈,即采用数组来存储栈的数据元素,预先需要估计出一维数组的长度,长度应大于实际数据元素的个数(下面的定义中,设置长度为 1024)。正如前面的讨论,入栈和出栈的运算都集中于栈顶,因此,需要设一个整型变量 top 来指示当前栈顶元素的位置,top 也称为栈顶指示变量。与顺序表类似,顺序栈中同样有 last 指示最后一个元素在数组中的下标,只不过在栈中换成了 top。

顺序栈存储结构的 C 语言描述如下:

```
#define MAXSIZE 1024            /*数组的容量可以根据数据元素的个数进行调整*/
typedef struct
{int data[ MAXSIZE];
 int top;
}Seqstack ;
Seqstack *s=0;                  /*定义指针 s 是一个指向顺序栈的指针*/
```

在顺序栈中,通常数组下标为 0 的一端设为栈底,即 s—>data[0]是栈底元素,令 s—>top＝−1 表示栈空。当有元素入栈时,栈顶指示变量首先加 1,即 s—>top＋＋,再把元素赋值到栈顶位置,栈顶元素为 s—>data[s—>top]。若栈顶指示变量指示在 MAXSIZE−1,即 s—>top＝＝ MAXSIZE−1,此时,表示栈满了,再进行入栈操作必将导致存储空间的溢出,因此入栈前需要判断栈是否为满。在顺序栈中,每当有元素出栈时,栈顶指示变量减 1,即 s—>top−− ,当 s—>top＝＝−1 时表示栈已经空了,这时再做出栈操作,也将导致溢出。栈空时栈中已经没有数据元素,不能再做出栈操作,因此出栈前需要判定栈是否为空。栈的操作及栈顶指针变化情况如图 3-3 所示。

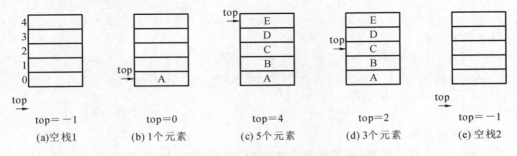

图 3-3 入栈出栈指示变量 top 变化示意图

图 3-3(a)所示是空栈,图 3-3(b)所示是元素 A 入栈后的状态,图 3-3(c)所示是 B、C、D、E 这 4 个元素依次入栈之后的状态,此时不能再进行入栈操作。图 3-3(d)所示是 E、D 相继出栈,此时栈中还有 3 个元素。虽然进行了出栈操作,但数据元素仍然保留在栈中,并未真正删除,此时进行入栈运算时,会有新的元素值将 D、E 覆盖掉。图 3-3(e)是 C、B、A 依次出栈后的状态,此时栈已空,不能再进行出栈操作。栈一般是竖着画的,这样能够方便对应栈

底和栈顶。

通过上面的分析,在顺序栈上可以实现的 5 种基本运算的 C 函数如下。

1)初始化栈

```
Seqstack  *initSeqstack()
{   Seqstack  *s=(Seqstack*)malloc(sizeof(Seqstack));
/*申请一个顺序栈的空间,定义指针 s 指示该空间,语句也可以写成:Seqstack  sq,*s=&sq;*/
        s->top=-1;           /*置空栈*/
        return s;
}
```

2)判断栈是否为空

```
int  empty(Seqstack *s)
{   if(s->top==-1)          return 1;           /*空栈,返回 1*/
    else      return 0;
}
```

3)入栈

```
int  push (Seqstack *s,int x)
{   if (s->top==MAXSIZE-1)          /*判断栈是否为满*/
    {   printf("overflow");
        return 0;
    }
    s->top++;                /*栈顶指示变量加 1*/
    s->data[s->top]=x;       /*存入数据 x 至栈顶位置*/
    return 1;
}
```

4)出栈

```
void  pop (Seqstack *s)
{   if(empty(s) ==0)        /*检查是否为空栈*/
    s->top--;
}
```

5)读栈顶元素

```
int top (Seqstack *s)
{ if(empty(s) ==0)        /*检查是否为空栈*/
  return (s->data[s->top]);
}
```

时间复杂度分析:

顺序栈的 5 个基本运算,均不涉及循环语句,在有限的时间内即可完成,时间复杂度均为 O(1)。

专创融合设计之卡特兰数

X 星球特别讲究秩序,所有道路都是单行线。一个甲壳虫车队,共 16 辆车,按照编号先后发车,夹在其他车流中,缓缓前行。

路边有个死胡同,只能容一辆车通过,是临时的检查站,如图3-4所示。

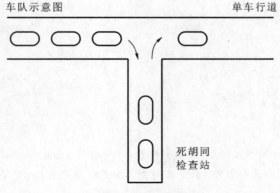

图 3-4　检查站示意图

X 星球太死板,要求每辆路过的车必须进入检查站,也可能不检查就放行,也可能仔细检查。

如果车辆进入检查站和离开的次序可以任意交错。那么,该车队再次上路后,可能的次序有多少种?为了方便,假设检查站可容纳任意数量的汽车。

思路点拨　这个题目实质是问出栈序列,但因为题目中汽车数量为16,无法一一列举,读者至少可以想到,应该存在递推公式,下面我们来进行推导。

令 f1 表示只有 1 辆车时的出栈序列个数,容易知道 f1=1,令 f2 表示有 2 辆车时的出栈序列个数,也容易知道,两辆车可以正序或倒序出栈,故 f2=2。故已知条件为:f1=1,f2=2。

首先推导 3 辆车的情况:假设存在 3 辆车 a、b、c,车辆 a 在经过检查站后可能的位置有 1、2、3,分 3 种情况讨论:

(1) 当 a 在 1 位置时,a 只能是先进先出,b、c 顺序随意,符合 2 辆车的出栈次序,所以 num1=f2;

(2) 当 a 在 2 位置时,在出检查站时前面必须有一辆车,且只能是 b,c 顺序随意,所以 num2=f1;

(3) 当 a 在 3 位置时,a 只能在最后出,b、c 顺序随意,所以 num3=f2;

所以,f3=f2+f1 * f1+f2=5。

再分析 4 辆车的情况:假设存在 4 辆车 a、b、c、d,同理,a 在经过检查站后可能的位置有 1、2、3、4,分 4 种情况讨论:

(1) 当 a 在 1 位置时,a 只能是先进先出,b、c、d 顺序随意,符合 3 辆车的出栈次序,所以 num1=f3;

(2) 当 a 在 2 位置时,在检查站前面必须有一辆车,且只能是 b,c、d 顺序随意,所以 num2=f2;

(3) 当 a 在 3 位置时,在检查站前面必须有两辆车,且只能是 b、c,且 b、c 顺序随意,d 在最后,所以 num3=f2;

(4) 当 a 在 4 位置时,a 只能在最后出,b、c、d 顺序随意,所以 num4=f3;

所以,f4=f3+f2 * f1+f1 * f2+f3=14。

同理,f5=f4+f3 * f1+f2 * f2+f1 * f3+f4。

即 fn=f(n-1)+f(n-2) * f1+f(n-3) * f2+…+f1 * f(n-2)+f(n-1)。

读者可以编写代码,并上机调试,题中只要输出第 16 项即可。

参考代码如下:

```
#include<stdio.h>

typedef long long LL;

LL dp[17]={0};
```

```
main()
{    int i,j;
     dp[0]=1,dp[1]=1,dp[2]=2,dp[3]=5;
       for(i=4;i<=16;i++)
         for(j=1; j<=i; j++)
         dp[i]+=dp[i-j]* dp[j-1];
       printf("% lld\n",dp[16]);
     return 0;

 }
```

上述问题,实质上是卡特兰数问题,欧仁·查理·卡特兰(Eugène Charles Catalan,1814 年 5 月 30 日—1894 年 2 月 14 日)是法国和比利时数学家,卡特兰数是组合数学中一个常在各种计数问题中出现的数列。

与出栈序列类似的问题还有购票问题:

盛况空前的足球赛即将举行。球赛门票售票处排起了球迷购票长龙。按售票处的规定,每位购票者限购一张门票,每张票售价 50 元。在排成长龙的球迷中有 5 个人手持面额 50 元的钱币,另有 5 个人手持 100 元面额的钱币。

现在售票处初始状态下没有零钱,那么,这 10 个人一共有_____种排队方式,可使得售票处不出现找不出钱的尴尬局面。

读者可以自行思考。

◆ 3.1.3 链栈及运算的实现

链栈就是采用链接存储的方式存储栈,其结构同单链表,栈顶指针就是单链表的头指针,在此用 Linkstack 表示链栈的存储结构的类型。

链栈存储结构的 C 语言描述如下:

```
typedef struct Node
struct Node *next;
} Linkstack;
Linkstack *top=0 ;              /*top 为栈顶指针*/
```

因为栈的插入、删除运算都是在栈顶进行的,显然把单链表的表头一端作为栈顶是最方便的,表头指针即为栈顶指针,由栈顶指针指向的表头结点就是栈顶元素。

链栈存储结构如图 3-5 所示,top 是栈顶指针,它唯一地确定了一个链栈,当 top 为空时,栈为空。

下面是在链栈上实现栈的 5 种基本运算的 C 函数:

1)初始化栈

```
Linkstack *initLinkstack( )
{
return 0;                 /*空栈,top 为 0*/

  }
```

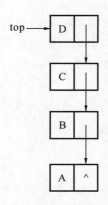

图 3-5　链栈示意图

2）判栈空

```
int emptyLinkstack(Linkstack *top)
{
if（! top) return 1;                /*空栈,top 为 0,返回 1*/
else return 0;
}
```

3）入栈

```
Linkstack *pushLinkstack(Linkstack *top, int x)
{
Linkstack s=(Linkstack * )malloc(sizeof(Linkstack));   /*申请一个结点*/
s->data=x;                                  /*存入数据*/
s->next=top;                                /*头插法*/
top=s;                              /*栈顶指针指示新结点*/
return top;
}
```

4）出栈

```
Linkstack *popLinkstack (Linkstack *top)
{
if(emptyLinkstack(top)) printf("ERROR");       /*栈空不能出栈*/
else
{Linkstack *p=top;                  /*p 指示要删除的栈顶元素*/
top=top->next;                       /*top 指示下一个元素*/
free(p);                             /*删除栈顶元素*/
return top;
}
}
```

5）读栈顶元素

```
int toplinkstack (Linkstack *top)
{
if(emptyLinkstack(top)) printf("ERROR!");              /*栈空不能读取栈顶元素*/
else return top->data;
}
```

时间复杂度分析：从上面的基本运算的实现过程可以看出，链栈的入栈和出栈就相当于在单链表的表头进行插入和删除运算，其时间复杂度为 O(1)，其余运算均不涉及循环语句，时间复杂度也为 O(1)。在链栈中，由于结点空间是动态申请和释放的，所以链栈没有溢出的问题。

综上，无论是顺序栈还是链栈，栈的初始化、判断栈是否为空、判断栈是否为满、入栈及出栈的运算时间效率很高，均为 O(1)。

◆ 3.1.4 栈的应用

由于栈的后进先出的特点，在很多实际问题中都将栈作为一个辅助的数据结构来进行求解，下面通过几个例子进行说明。

下面以十进制正整数 N 转换为八进制的数为例，使用展转相除法将一个十进制数值 N 转换成 d 进制数值。即用该十进制数值除以 d，并保留其余数；重复此操作，直到该十进制数值小于 d。最后将所有的余数反向输出就是所对应的二进制数值。

例如 (1348)10＝(2504)8，其运算过程如图 3-6 所示。

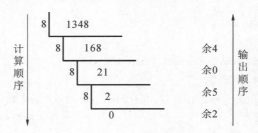

图 3-6 十进制转八进制

例 3-1　将一个十进制正整数 N 转换成八进制的数。

分析

N	N/8 (除基)	N%8 (取余)	
1835	229	3	低
229	28	5	
28	3	4	
3	0	3	高

即：(1835)$_{10}$＝(3453)$_8$。

在把十进制正整数转换为八进制数的过程中，从低位到高位的顺序产生八进制的每一位上的数字，而输出通常是从高位到低位输出每一位上的数字，与计算过程恰好相反。这正好与栈的后进先出性质相符，利用栈解决这个问题是比较合适的。在转换过程中把得到的八进制数的每一位进栈保存，转换完毕后按出栈顺序打印输出，正好是所求的八进制数。

十进制数转换为其他 r 进制数的原理与十进制数转换为八进制数相同，利用的都是展转相除法。但当 r＞10 时，需要使用字母 A、B、C、D…，请读者思考如何修改下面的算法。

转换算法中的主要步骤如下：

① 当 N≠0 时，将 N％r 存入栈 s 中然后用 N/r 代替 N，直到 N＝0 退出循环；

② 只要栈 s 不空，就输出栈顶元素，并进行出栈操作。

进制转换算法的 C 程序如下：

```
void convert(int N,int r)
{   Seqstack  *s=0;                        /*定义一个顺序栈*/
        int x;
        s=initSeqstack();                   /*初始化一个空栈*/
        while (N)
            {   push (s ,N%r);              /*余数入栈*/
                N=N/r;                      /*整除后的数用于更新 N*/
            }
        while (!empty (s))                  /*判断栈是否为空*/
            {   x=top(s) ;                  /*读栈顶元素*/
                printf ("%d",x) ;           /*输出*/
                pop(s);                     /*栈顶元素出栈*/
            }
}
```

栈的引入简化了程序设计的问题，当然上面的问题也可以用数组来实现，需要对数组的下标进行增减运算，下面的 C 程序也同样可以实现进制转换的运算。

```
void conversion1( int N, int r)
{
  while(N)
  {top++;                        /*入栈指示变量递增*/
  s[top]=N%r;
  N=N/r;
  }
  while (top>=0)
  {
  x=s[top];
  printf("%d",x);
  top--;                         /*出栈指示变量递减*/
  }
}
```

算术表达式中括号匹配的检查是栈的典型应用实例。假设表达式中只允许出现两种括号：方括号和圆括号。这两种括号可以嵌套，但必须成对出现。例如[[()()]]或[() []]等是正确的格式，而[ ]([()或([([ ])))等是不正确的格式。

上面的括号序列[[()()]]在依次输入前三个左括号时因为全是左括号都没有得到匹配，但当遇到第一个")"时需要与第三个输入的"("匹配，而第二个")"要与它前面刚刚输入的"("匹配，第一个"]"要与第二个输入的"["匹配，而第二个"]"要与第一个输入的"["匹配。可以看出，右括号总是与其邻近的左括号匹配，后输入的左括号最先得到匹配，而最开始输入的左括号最后才能匹配，这正好符合栈后进先出的特点，因此，一般用栈来检验括号是否匹配。

括号不匹配的情况可能有三种：

① 括号的类型不同。

刚到来的右括号的类型与左括号不匹配，如需要匹配的是"("，而到来的却是"]"。

② 右括号剩余。

到来的右括号已经没有与之匹配的左括号，这种情况说明右括号多了，或左括号少了。

③ 左括号剩余。

直到结束，也没有到来所期待的右括号，这种情况说明左括号有多余的，缺少右括号。

用栈来实现括号匹配检查时需要从左至右依次读入字符，步骤如下。

① 当遇到左括号时，左括号入栈。

② 当遇到右括号时，首先检查栈是否为空：若栈空，则表明该右括号多余，否则比较栈顶左括号是否与当前右括号匹配。若匹配，将栈顶左括号出栈，继续操作；否则，表明不匹配，停止操作。

③ 当表达式全部扫描完毕，若栈为空，说明括号匹配。否则，表明左括号有剩余。

当然，括号匹配的问题也可以延伸到任何成对出现的字符，如引号、书名号等。算法只需要跳过无须检验的其他字符即可。判断一串带左右括号的字符序列是否匹配，其算法的 C 函数如下：

```c
int match()
{
Seqstack *s=0;
s=initSeqstack();
scanf("%c",&c);
while (c!='# ')                          /*以 # 作为输入结束标志*/
  {
      if((c=='(') || (c=='['))          /*左括号入栈*/
      push(s,c);
      else if((c==')') || (c==']'))      /*判断当前读取的字符是否为右括号*/
    { if(!empty(s))                      /*判断栈是否为空*/
    { e=top(s);                          /*读取栈顶元素*/
    if((c==')') && (e=='(') || (c==']') &&(e=='['))
                                /*左右括号匹配*/
    pop(s) ;                             /*栈顶元素出栈*/
    else                      /*类型不匹配*/
      {
      printf("括号不匹配\n");
      return 0;
      }
    }
  else                  /*有右括号输入,栈空,无匹配的左括号*/
  {
  printf("右括号多了,不匹配\n");
  return 0;
  }
}
```

```
    scanf("%c",&c);
    }
    if(!empty(s))      /*输入结束后,栈中还有左括号,说明左括号多了*/
    {
    printf("左括号多了,括号不匹配\n");
    return 0;
    }
    else                    /*输入结束后,栈空,匹配*/
    {
    printf("括号匹配\n");
    return 1;
    }
}
```

栈的应用例子还有很多,如行编辑程序、迷宫求解和表达式求值等。栈并不是一个很复杂的结构,在实际的问题中,若需要与输入次序相反的数据,则可以利用栈来存储数据。

◆ 3.1.5 栈与递归

栈的一个重要应用是在计算机高级语言中实现递归。递归函数是指其定义或内部直接或间接调用了自身的函数。如下面的阶乘运算采用的就是递归定义。

$$n! = n*(n-1)! \ (n>0)$$
$$0! = 1 \qquad (n=0)$$

在定义 n 的阶乘时,调用了(n-1)的阶乘,可以把问题转化为 n*(n-1)!,而求(n-1)! 又可转化为(n-1)*(n-2)! …,每次都是一个数和另一个数的阶乘相乘的问题,只是参数不同而已,分别是 n、n-1、n-2…,问题的实质是相同的,由此可用递归函数实现。在这个问题中,递归结束条件是 n=0,阶乘值为 1。递归调用结束,随后逐步返回函数值。

需要注意的是:定义递归函数时,首先必须有一个明确的递归结束的条件,称为递归出口,递归应该在有限的步骤后结束,不能无穷无尽地调用下去,阶乘运算的递归出口是 0! = 1;其次必须保证每一次递归都更接近递归出口,直到达到递归出口,使递归过程结束。

在支持递归调用的计算机高级语言(如 C、C++、Java 等)中,可以用递归函数来实现递归。阶乘运算的 C 语言描述如下:

```
long fact(int n)
{   long f;
    if(n==0)        f=1;
    else            f=n*fact(n-1);
    return  f;
}
```

递归是程序设计中一个强有力的工具,在计算机科学和数学中有着广泛的应用。很多问题采用递归方法解决,可以使问题的描述和求解变得简洁和清晰。

本课程的后面章节涉及很多数据结构,这些数据结构均是采用递归方法定义或实现的。例如,广义表运算的定义、二叉树的递归遍历算法和图的遍历算法等。此外,有些问题虽然没有明显的递归结构,但用递归求解更简单,如八皇后问题、汉诺塔问题等。

下面以计算 3! 为例,求阶乘函数的 main 函数如下:

```
main ()
{ long m;
   int n=3;
   m=fact(n);
   printf ("%d!=%d\n",n,m) ;
}
```

函数从调用、执行到结束过程中需要很多信息,系统会将这些信息保存在一个字节连续的存储空间中。在这个存储空间中包含了形式参数、返回地址、局部变量、临时变量等信息。前面说过,计算机系统以栈的形式分配和回收存储空间,由此实现函数的调用及值的传递。每当调用一个函数,就要在栈顶为该函数分配一个新的存储空间,本次调用结束则将栈顶存储空间的数据出栈,根据获得的返回地址信息返回到主函数。递归函数的调用与上述过程类似,只是主调函数和被调用函数同为递归函数。

下面以求 3! 为例,说明执行调用及返回运算时工作栈中的数据变化状况,程序的执行过程如图 3-7 所示。

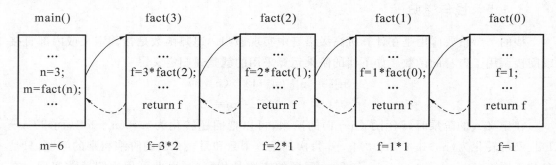

图 3-7　fact(3) 的执行过程

当主函数执行到 m＝fact(n)时,开始调用函数 fact(3),此时在栈顶为 fact(3)分配一块存储空间,保存函数调用的信息。对于 fact 函数,需要保存的信息有 4 个:n、f、fact(n－1)、r,分别表示实参、函数值、调用的递归函数值以及返回的地址。R1 为主函数调用 fact 时返回点的地址,R2 为 fact 函数中递归调用 fact(n－1)时返回点的地址。当 n＝3 时,调用fact(3)时,栈及栈中数据如图 3-8(a)所示,返回地址为 R1,fact(n－1)即 fact(2)的值未知。然后执行 fact(3),当执行到 f＝3 * fact(2)时,由于 fact(2)未知,递归调用函数 fact(2),这时系统又在栈顶为 fact(2)分配一块存储空间,fact(2)和 fact(3)都是 fact 函数,保存的信息相同,只不过对应的值不同。调用 fact(2)时,栈及栈中数据如图 3-8(b)所示,返回地址是 R2。同理,递归调用 fact(1)和 fact(0),栈及栈中数据如图 3-8(c)和图 3-8(d)所示。在执行fact(0)时,由于 n＝0,f＝1,函数已有返回值,当 fact(0)执行到 return f 时,函数调用结束,这时需要释放 fact(0)所占用的空间,栈顶元素出栈。根据返回地址 R2,返回主调函数fact(1),并把 fact(0)值传给 fact(1)。释放 fact(0)后栈顶正好是 fact(1)的数据空间。图 3-8(e)是 fact(0)出栈后继续执行 fact(1)但还未执行 return 语句时栈及栈中的数据情况,其中的 f 值正好是 n＝1 和返回的 fact(0)＝1 值的积。以此类推,fact(1)、fact(2)调用结束时依次出栈。当 fact(2)出栈后,栈顶是 fact(3),根据 n＝3 和 fact(2)＝2 计算出 f＝6,执行return f,结束调用,这时 fact(3)出栈,返回到 main()函数,把 fact(3)＝6 值传给 m,m＝6,从返回地址 R1 继续执行 main()函数。fact(1)～fact(3)出栈后及栈中数据情况如图 3-8(f)～图 3-8(h)所示。

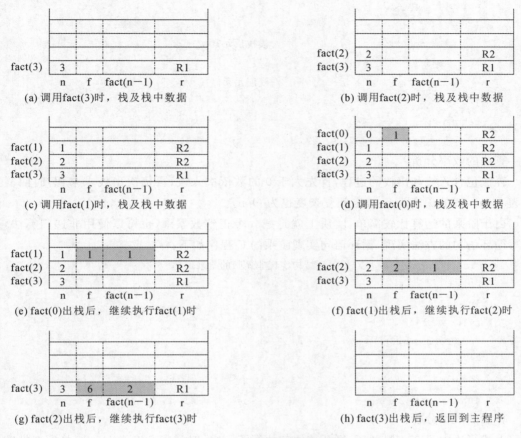

（a）调用fact(3)时，栈及栈中数据

（b）调用fact(2)时，栈及栈中数据

（c）调用fact(1)时，栈及栈中数据

（d）调用fact(0)时，栈及栈中数据

（e）fact(0)出栈后，继续执行fact(1)时

（f）fact(1)出栈后，继续执行fact(2)时

（g）fact(2)出栈后，继续执行fact(3)时

（h）fact(3)出栈后，返回到主程序

图 3-8　递归调用时栈中数据的变化

算法的效率分析：

上述递归调用 fact(n)，fact(n)，fact(n−1)，…，fact(0)依次入栈，栈的最大深度为 n+1，由于栈是辅助的存储结构，因此，空间复杂度为 O(n)。每次递归调用执行一次 if 语句，其时间复杂度为 O(1)，整个算法共进行了 n+1 次调用，其时间复杂度为 O(n)。

通过上述分析过程，不难分析，递归函数容易编写，但理解起来并不容易，且系统调用的过程相对复杂，另外在有些程序设计语言中不允许编写递归函数。因此，我们需要将递归函数转换为非递归函数。递归函数在实现的过程中，系统需要借助一个栈来实现，那么在非递归的算法中，用户可以自定义栈完成阶乘的非递归调用。非递归函数的 C 程序如下：

```
long  fact1(int n)              /*自定义栈实现非递归的阶乘运算*/
{  Seqstack *s=0;
   long f=1;
   int i=n;
   s=initSeqstack();            /*初始化空栈*/
   while(i>0)
   {
       push(s,i);               /*入栈*/
```

```
            i--;
    }
    while(! empty(s))
    {
            i=top(s);                    /*读栈顶元素*/
            f=f*i;
            pop(s);                      /*栈顶元素出栈*/
    }
    return f;
}
```

算法的效率分析：

算法包含入栈和出栈的过程，首先大于 0 的数依次入栈，再依次出栈求乘积，时间复杂度为 O(n)，栈的深度为 n，故空间复杂度也为 O(n)。

由于阶乘的运算比较简单，实质上就是把 n 个正整数累乘，也可以使用非递归算法，通过写循环语句的方法实现，循环语句实现阶乘的 C 程序如下：

```
long fact2(int n)          /*用循环结构实现非递归的阶乘运算*/
{   long f;
    int i;
    f=1;
    for (i=1;i<=n;i++)
      f=f*i;
    return f;
}
```

算法的效率分析：

上述算法中只有一层循环，循环体语句执行了 n 次，时间复杂度为 O(n)，并没有借助任何辅助空间，空间复杂度为 O(1)。

3.2　队列

◆ 3.2.1　队列的定义及运算

在生活中我们都有过排队的经历，比如排队乘车、排队结账、排队去银行办理业务等，我们把背后的数据结构称为队列，处于队头的人接受完服务后会离开队列，伴随着元素的删除，而新来的人会插到队列的末尾，伴随着元素的插入。

队列实质是线性表，我们把只允许在表的一端进行插入，而在表的另一端进行删除的数据结构称为队列。显然，队列也是一种运算受限的线性表。在队列中，把允许插入的一端叫队尾，把允许删除的一端叫队头。向队列中插入元素称为入队，从队列中删除元素称为出队。没有任何元素的队列称为空队列。队列中元素出队的顺序与其进入队列的顺序是一致的，其运算特点为先进先出。表 3-2 比较了队列、栈和线性表的特点。

表 3-2　队列、栈、线性表的比较

表	逻辑结构	存储结构	运算特点
队列	一对一	顺序存储、链接存储	先进先出,插入集中在队尾,删除集中在队头,没有查找运算
栈	一对一	顺序存储、链接存储	先进后出或后进先出,插入、删除集中在栈顶,没有查找运算
线性表	一对一	顺序存储、链接存储	表的任意位置均可插入、删除,可以按序号或按值查找

图 3-9 所示是一个有 5 个元素的队列(a_1,a_2,a_3,a_4,a_5),其中a_1是队头元素,a_5是队尾元素。在队列中,入队的顺序依次为a_1,a_2,a_3,a_4,a_5,出队的顺序依然是a_1,a_2,a_3,a_4,a_5,也就是说,只有在a_1

出队 ← | a_1 a_2 a_3 a_4 a_5 | ← 入队

图 3-9　队列图示

出队后,a_2才能出队,以此类推。队列在程序设计中也常出现,例如操作系统对作业的调度,需要接受服务的作业依次进队列,按照先到先服务的原则进行调度。在允许多道程序运行的计算机中,同时有几个作业运行,如果运行的结果都要通过通道输出,就要按请求输出的先后次序排队。我们将在第 6 章构造二叉链表的过程中使用队列作为辅助存储结构,第 7 章图的广度优先遍历算法中,也应用了队列这种数据结构。

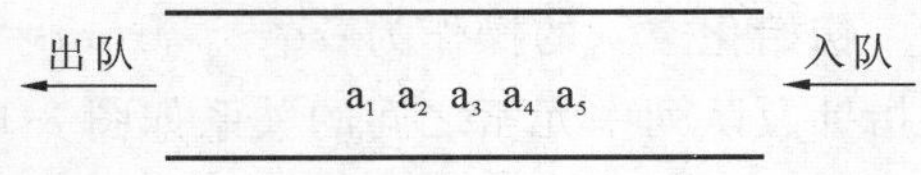

讨论了队列的逻辑结构及特点,就可以定义队列上的基本运算。与栈的基本运算类似,队列上对应地也有 5 个基本运算:

(1)队列初始化。

initQ(q):构造一个空队列。

(2)判断队列是否为空。

emptyQ(q):若为空队则返回值为 1,否则返回值为 0。

(3)入队。

enQ(q,x):对已存在的队列 q,插入一个元素 x 到队尾,队列发生变化。

(4)出队。

deQ(q,x):删除队头元素,并通过 x 返回其值,队列发生变化。

(5)读队头元素。

frontQ(q):读队头元素的值,并返回其值,队列不变。

需要注意的是,出队和读队头元素不同,出队是删除队头元素,而读队头元素读取了队头元素的值,并没有删除队头元素。与栈相同,队列也可以采用顺序存储和链接存储。对应顺序存储结构的队列称为顺序队列,对应链接存储结构的队列为链队列。

◆ 3.2.2　顺序队列及运算的实现

顺序队列即采用一维数组存储队列中的元素,由于入队运算集中在队尾,出队运算集中于队头,因此,需要设置队头指示变量和队尾指示变量。本书约定 front 指示队头的前一个位置,值为队头在数组中的下标减 1,这样设置是为了统一入队和出队的操作。当然读者也可以令 front 指示队头;rear 指示队尾,其值为队尾在数组中的下标。同样,我们假设队列的最大容量为1024，容量可以根据实际问题中数据的多少进行调整，假设队列中的数据元素类型为整型。

顺序队列存储结构C语言描述如下：

```
#define MAXSIZE 1024          /*队列的最大容量*/
typedef struct
{ int data[MAXSIZE];          /*存储队列的数据元素*/
  int rear,front;             /*队尾、队头指示变量*/
}SeQueue;
SeQueue *sq=0;                /*定义一个指向队列的指针变量 sq */
```

初始化空队的操作为：sq—＞front＝sq—＞rear＝－1。按照上述规定，入队、出队时头、尾指针及队列中元素之间的关系如图3-10所示（设 MAXSIZE＝6）。

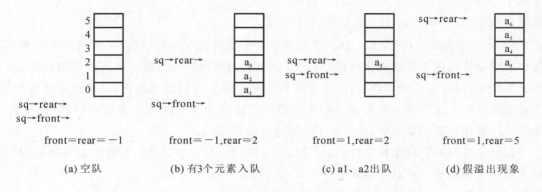

图 3-10 顺序队列入队和出队的示意图

在不考虑溢出的情况下，入队操作为：队尾指示变量加1，指向原队尾元素的下一个位置，然后在新位置上存储元素：

```
sq->rear=sq->rear+1;
sq->data[sq->rear]=x;
```

在不考虑队空的情况下，出队操作为：队头指示变量加1，指向原队头元素位置，表明队头元素出队，并把原队头元素保存在 x 中：

```
sq->front=sq->front+1;
x=sq->data[sq->front];
```

不难发现，入队时队尾指示变量加1后存入 x，而出队时队头指示变量加1后取出值赋给 x。即，首先指示变量加1，再存取值，这也回答了为什么要设置 front 指示队头的前一个位置，是为了统一入队和出队的运算。

图 3-10(b)所示，表示入队a_1，a_2，a_3后，指示变量的值发生变化；图 3-10(c)所示，表示出队a_1，a_2后，队列中只有一个元素a_3，队头和队尾都是a_3。随着入队、出队的进行，当出现图 3-10(d)所示的现象时，sq—＞rear＝MAXSIZE－1，队尾指示变量已经移到了最后，再有元素入队就会出现溢出现象。但从图 3-10(d)可以看出，队列并未占满，还有空闲的空间可供利用，这种现象称为假溢出。

解决假溢出的简单方法是，将队列的数据区假想成一个头尾相连的环形结构，如果 sq—＞rear＝＝MAXSIZE－1，再入队时，可以令 sq—＞rear＝0，进而利用空闲的单元存储数据。我们将这种队列称为循环队列,循环队列示意图如图 3-11 所示。

　　接下来,我们来看一个循环队列的例子。

　　图 3-12(a)所示的循环队列,具有a_3,a_4两个元素,队头元素是a_3,队尾元素是a_4,图 3-12(b)表示a_3,a_4相继出队后,队列为空,此时 sq—>front==sq—>rear=3;图 3-12 (c)表示a_5,a_6,a_7相继入队,当a_7入队后,sq—>rear 需要由 5 更新为 0,这样才能保证利用空闲单元,因此a_7存入 sq—>data[0]位置上;图 3-12(d)表示a_8,a_9,a_{10}相继入队,此时所有空间均被占用,队列为满,有 sq—>front==sq—>

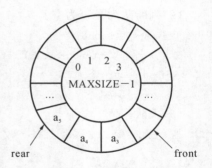

图 3-11　循环队列示意图

rear=3。由此可以看出,无论是在队空情况下还是在队满情况下均有 sq—>front==sq—>rear,仅通过这一个条件无法判断当前的队列是空队还是满队,使得算法具有不确定性。

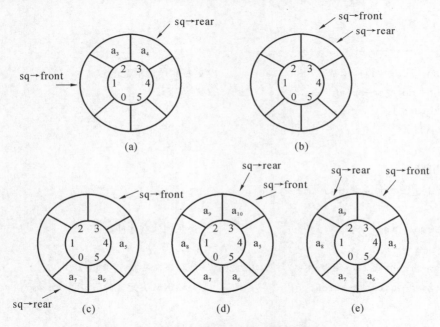

图 3-12　循环队列入队出队示意图

　　解决方法有两种:一种是附设一个指示变量以区别是队空还是队满,例如,可以设 num 表示队列中元素的个数,当 num 为 0 时队空,当 num=MAXSIZE 时队满。另一种方法是在循环队列中少用一个存储空间,即图 3-12(e)所示的情况就视为队满,此时的状态是队尾指示变量加 1 就会从后面赶上队头指示变量。我们采用后一种方法表示队满,循环队列的 5 种基本运算的 C 语言描述如下:

　　(1)初始化空队列。

```
SeQueue * initQ()
{ SeQueue q;
  sq=&q;                        /*sq 指向循环队列*/
  sq->front=sq->rear=MAXSIZE-1;  /*空队的条件*/
  return sq;
}
```

（2）判断队列是否为空。

```
int emptyQ(SeQueue *sq)
{ if (sq->front==sq->rear) return 1;   /*队列为空,返回值为1*/
  else return 0;
}
```

（3）入队。

```
int enQ(SeQueue *sq, int x)
{
    if ((sq->rear+1)%MAXSIZE==sq->front)   /*队满不能入队*/
    {
        printf("队满");
        return 0;
    }
    else
    {
        sq->rear=(sq->rear+1)%MAXSIZE;        /*更新队尾指示变量*/
        sq->data[sq->rear]=x;                 /*存入 x*/
        return 1;
    }
}
```

（4）出队。

```
void deQ (SeQueue *sq , int *x)
{
  if(emptyQ(sq) ==0)                          /*队列非空才能出队*/
{
    sq->front= (sq->front+1)%  MAXSIZE;      /*更新队头指示变量*/
    *x=sq->data[sq->front];                  /*取出队头元素的值,用指针 x 带回*/
  }
}
```

（5）读队头元素。

```
int frontQ(SeQueue *sq)
{
  int f;
  f=(sq->front+1)% MAXSIZE;        /*f 指示队头*/
  return sq ->data[front];
}
```

> **注意：**
> 　　读队头元素和出队虽然都有加1取余的过程,但读队头元素并没有更新队头指示变量,而出队更新
> 了队头指示变量。

队列中元素的个数为$(sq->rear - sq->front+MAXSIZE)\% MAXSIZE$。

◆ 3.2.3 链队列及运算的实现

链队列中的结点类型与单链表相同。定义如下：

```
typedef struct LQNode
{
  int data;
  struct LQNode * next;
}LQueue;
```

由于队列只允许在表头进行删除，在表尾进行插入，我们在第 2 章的最后讨论过，经常需要访问表头和表尾时，选择带尾指针的单循环链表更为合适。如图 3-13 所示，虽然只设了一个尾指针 r，但是找头结点非常容易，即 r—>next，队头元素的指针为 r—>next—>next，队空的判定条件是 r—>next==r。图 3-13(a)所示为非空的链队列，图 3-13(b)所示为空链队列，图 3-13(c)所示为只有一个结点的链队列。

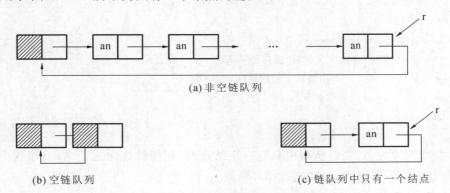

(a)非空链队列

(b) 空链队列　　　　　　　　　　　　　　(c) 链队列中只有一个结点

图 3-13　单循环链表链队列的示意图

下面是在链队列上实现队列基本运算的 C 语言描述：

（1）创建一个带头结点的空队。

```
LQueue *initLQ()
{ LQueue r=(LQueue *)malloc( sizeof(LQueue));
                    /*申请链队列头结点空间,且使 r 指向头结点*/
  r->next=r;                /*置空队*/
  return r;
}
```

（2）判断队列是否为空。

```
int emptyLQ( LQueue *r)
{ if (r->next==r) return 1;        /*队列为空返回值为1*/
  else return 0;
}
```

（3）入队。

```
LQueue *enLQ( LQueue *r ,int x)
{
  LQueue *p= ( LQueue * )malloc(sizeof(LQueue));
                              /*申请新结点空间*/
```

```
    p->data=x;                                        /*存入值 x*/
    p->next=r->next;
    r->next=p;                                        /*尾插法*/
    r=p;                              /*尾指针指向新入队的结点 p*/
    return r;
}
```

（4）出队。

```
LQueue *deLQ(LQueue *r, int *x)
{
LQueue *p=r->next->next;              /*p 指向队头元素*/
if（p==r)
                     /*只有一个元素时，出队后队空，此时要修改队尾指针使其指向头结点*/
  { r=r->next;            /*r 指向头结点*/
    r->next=r;            /*置空队*/
  }
  else r->next->next=p->next;
                  /*修改队头指针，指向原队头的下一个结点*/
  *x=p->data;            /*用指针 x 带回队头的值*/
  free(p);          /*删除队头*/
  return r;
}
```

出队操作需要注意：当链队列中只有一个结点时，尾指针指向这个结点；当这个结点删除后，尾指针应指示头结点，并构造成循环队列。

（5）读队头元素。

```
int frontLQ(LQueue * r)
{ return r->next ->next ->data;
}
```

针对无法预估队列的长度的场合，采用链队列更为恰当。

专创融合设计之约瑟夫环、猴子选大王

一群猴子，编号是 1,2,3,…,n,这群猴子（n 只）按照 1~n 的顺序围坐一圈。从第 1 只开始数数，每数到第 m 只，该猴子就要离开此圈，这样依次下来，最后一只出圈的猴子为大王。输入 n 和 m，输出猴子离开圈子的顺序，从中也可以看出最后为大王的是几号猴子。

 利用循环队列求解，不断在循环队列上删除结点，直至剩下最后一个结点。C 语言描述如下：

```
#include <stdio.h>
#include <stdlib.h>
#define n8
#define m3
typedef struct monkey
```

```c
{
int num;
struct monkey *next;
}Monkey;
int main()
{
Monkey *p=0,*head=0,*q=0;
int i;
head=p=q=(Monkey* )malloc(sizeof(Monkey));
  for(i=1;i<n;i++)          /*给 n 个结点分配空间*/
  {
  p=(Monkey* )malloc(sizeof(Monkey));
  q->next=p;
  q=p;
  }
  q->next=head;              /*建立循环链表*/
p=head;
printf("对猴子进行编号！\");
  for(i=1;i<=n;i++)           /*给 n 只猴子分别建立顺序编号*/
  {
  p->num=i;
  printf("%d 号猴子:%d\n",p->num,p->num);
  p= p->next;
  }
i=0;    /*初始化*/
p=head;
while(1)
{
  i++;
  printf("%d 号猴子报:%d\n",p->num,i);
  if(p->next==p) break;            /*判断还剩下最后一个结点时停止运行*/
  if(i==m)          /*报道 m 的猴子淘汰*/
  {
   i=0;
   printf("% d 号猴被淘汰\n",p->num);
   q->next= p->next;
   p=q->next;
   continue;   }
  else
  {
```

```
        if(i==m-1) q=p;
        p=p->next;
        }
    }
    printf("胜出:%d 号猴子",p->num);
    }
```

3.3 栈与队列的比较

栈和队列都是运算受限的线性表,它们之间有很多的相似之处,但也有区别,下面对这两种数据结构进行简单的比较。

1. 具有相同的逻辑结构

从逻辑关系上看,栈和队列都是线性表,数据元素间是线性的关系,同线性表具有相同的逻辑结构。

2. 可以采用相同的存储方法

栈和队列都可以采用顺序存储和链接存储,栈分别为顺序栈和链栈,队列为顺序队列和链队列。

3. 具有不同的运算特点

栈和队列的主要区别是在运算上。线性表可以在任何位置上进行插入、删除操作,也可以在给定序号或给定特定值的情况下进行插入和删除运算,因此线性表的运算涵盖了插入、删除和查找。栈和队列的插入和删除运算都受限,栈的插入、删除集中在线性表的一端——栈顶,而队列的插入在队尾进行,删除在队头进行。栈和队列的基本运算,时间复杂度均为O(1),效率比较高。

4. 都有广泛的应用价值

递归是栈的最典型的应用之一,栈还可以完成进制转换、括号匹配、序列逆转等操作。在实际的应用中,若检验数据是否具有对称性,一般也利用栈。队列的应用也很多,例如在操作系统中,经常使用先来先服务原则,具体实现时就是通过队列来完成的。

总而言之,要根据栈和队列的特点充分发挥它们在程序设计中的作用。我们在后面的章节中将会继续深入研究栈和队列。

本章小结

栈和队列是在解决实际问题中广泛使用的两种典型结构。从逻辑结构上看,它们都是一对一的线性结构;从存储结构上来看,它们均可以采用顺序存储和链接存储。栈的基本运算包括初始化空栈、判断栈是否为空、入栈、出栈及读栈顶元素,队列的基本运算包括初始化队列、判断队列是否为空、入队、出队及读队头元素。栈的经典题型是求出栈序列,而队列的经典题型是入队或出队几个元素后求队头指示变量和队尾指示变量的值。

本章习题

一、名词解释题

栈、队列、顺序栈、链队列。

二、选择题

1.设一个栈的输入序列是 1、2、3、4、5,进栈的同时允许出栈,则下列序列中,是栈的合法输出序列的是(　　)。

A.51234　　　　　　B.45132　　　　　　C.43215　　　　　　D.35241

2.设有一顺序栈,元素 1、2、3、4、5 依次进栈,如果出栈顺序是 24351,则栈的容量至少是(　　)。

A.1　　　　　　　　B.2　　　　　　　　C.3　　　　　　　　D.4

3.若用一个大小为 6 的数组来实现循环队列,且当前 rear 和 front 的值分别为 0 和 3,当入队一个元素,再出队两个元素后,rear 和 front 的值分别为(　　)。

A.1 和 5　　　　　　B.2 和 4　　　　　　C.4 和 2　　　　　　D.5 和 1

4.递归函数调用时,需要使用(　　)数据结构来处理参数、返回地址等信息。

A.队列　　　　　　B.多维数组　　　　　　C.栈　　　　　　D.线性表

三、填空题

1.栈和队列都是操作受限的线性表,栈的运算特点是_____,队列的运算特点是_____。

2.若序列 a、b、c、d、e 按顺序入栈,假设 P 表示入栈操作,S 表示出栈操作,则操作序列 PSPPSPSPSS 后得到的输出序列为_____。

3.已知一个顺序栈 ＊s,栈顶指针是 top,它的容量为 MAXSIZE,则判断栈空的条件为_____,判断栈满的条件是_____。

4.对于队列来说,允许进行删除的一端称为_____,允许进行插入的一端称为_____。

5.某循环队列的容量 MAXSIZE＝6,队头指针 front＝3,队尾指针 rear＝0,则该队列有_____个元素。

四、简答题

1.栈上的基本运算有哪些?

2.画出顺序队列的存储结构示意图并用 C 语言描述这个存储结构。

3.简述栈和队列的联系与区别。

五、算法设计题

1.通常称正读和反读都相同的字符序列为回文,例如,"abcdeedcba""abcdcba"是回文。若字符序列存储在一个单链表中,编写算法判断此字符序列是否为回文。(提示:将一半字符先依次进栈)

2.假设以数组 a[m]存放循环队列的元素,同时设变量 rear 和 length 分别作为队尾指针和队中元素个数,试给出判别此循环队列队满的条件,并写出相应入队和出队的算法。(提示:在出队的算法中要返回队头元素)

第 4 章 串

字符串简称为串,串是由字符元素构成的,其中元素的逻辑关系也是一种线性关系。串的处理在计算机非数值处理中占有重要的地位,信息检索系统、文字编辑等均以串数据作为处理对象。

本章介绍串的基本概念、串的存储结构、串的基本运算和模式匹配算法设计。

4.1 串的基本概念

串(string)是由零个或多个字符组成的有限序列。含零个字符的串称为空串。串中字符的个数称为该串的长度(或串长)。通常将一个串表示成"$a_1a_2\cdots a_n$"的形式,其中最外边的双引号(或单引号)不是串的内容,它们是串的标志,用于将串与标识符(如变量名等)加以区别。每个 a_i($1 \leq i \leq n$)代表一个字符,不同的机器和编程语言对合法字符(即允许使用的字符)有不同的规定。一般情况,英文字符、数字($0,1,\cdots,9$)和常用的标点符号以及空格等都是合法的字符。

当且仅当这两个串的长度相等并且各对应位置上的字符都相同时,两个串相等。一个串中任意连续的字符组成的序列称为该串的子串(substring),例如串"abcde"的子串有"a""ab""abc"和"abcd"等。为了表述清楚,在串中空格字符用"□"符号表示,例如"a□□b"是一个长度为 4 的串,其中含有两个空格字符。空串是不包含任何字符的串,其长度为 0,空串是任何串的子串。

串的抽象数据类型描述如下:

```
ADT String
{//数据对象
D= {a_i|1≤i≤n,n≥0,a_i 为 char 类型}
//数据关系
R= {< a_i,a_{i+1}> |a_i,a_{i+1}∈D,i= 1,2,…,n-1}
//基本运算
StrAssign(&s,cstr)//将字符串常量 cstr 赋给串 s,即生成其值等于 cstr 的串 s
StrCopy(&s,t)//串复制。将串 t 赋给串 s
StrEqual(s,t)//判断串相等。若两个串 s 与 t 相等则返回真;否则返回假
StrLength(s)//求串长。返回串 s 中字符个数
Concat(s,t)//串连接。返回由两个串 s 和 t 连接在一起形成的新串
SubStr(s,i,j)//求子串。返回串 s 中从第 i(1≤i≤n)个字符开始的由连续 j 个字符组成的子串
```

```
InsStr(s1,i,s2)//插入。将串 s2 插到串 s1 的第 i(1≤i≤n+ 1)个字符中,即将 s2 的第一个字符作为 s1 的第 i 个字符,并返回产生的新串
DelStr(s,i,j)//删除。从串 s 中删去从第 i(1≤i≤n)个字符开始的长度为 j 的子串,并返回产生的新串
RepStr(s,i,j,t)//替换。在串 s 中,将第 i(1≤i≤n)个字符开始的 j 个字符构成的子串用串 t 替换,并返回产生的新串
DispStr(s)//串输出。输出串 s 的所有元素值
}
```

4.2 串的存储结构

和线性表一样,串也有顺序存储结构和链式存储结构。前者简称为顺序串,后者简称为链串。

4.2.1 串的顺序存储结构——顺序串

顺序串中的字符被依次存放在一组连续的存储单元里,一般来说,一个字节(8 位)可以表示一个字符(存放其 ASCII 码)。而计算机内存是按字节编址的,即以字节为存储单位,一个存储单元表示的是一个字。而一个字可能包含多个字节,其包含的字节数随机器而异。

顺序串的存储方式有两种:一种是每个字只存一个字符,如图 4-1 所示(假设一个字包含 4 个字节),这称为非紧缩格式(其存储密度小);另一种是每个字存放多个字符,如图 4-2 所示,这称为紧缩格式(其存储密度大)。在这两个图中,有阴影的字节为空闲部分。

1001	A			
1002	B			
1003	C			
1004	D			
1005	E			
1006	F			
1007	G			
1008	H			
1009	I			
100a	J			

图 4-1 非紧缩格式示例

1001	A	B	C	D
1002	E	F	G	H
1003	J	I		

图 4-2 紧缩格式示例

串的紧缩格式节省存储空间,但处理单个字符不太方便,运算效率低,因为需要花费时间从同一个字中分离字符;相反,非紧缩格式比较浪费存储空间,但处理单个字符或者一组连续字符比较方便。本书主要讨论非紧缩格式。

对于非紧缩格式的顺序串,其类型声明如下:

```
type struct
{  char data[MAXSIZE];    //存放字符串
   int length;            //存放串长
}SqString;                //顺序串类型
```

下面讨论在顺序串上实现串基本运算的算法,其中顺序串参数采用直接传递顺序串

方法。

1）生成串 StrAssign(&s,cstr)

将一个 C/C++字符串常量 cstr(以'\0'字符标识结尾)赋给顺序串 s，即生成一个其值等于 cstr 的串 s。算法如下：

```
void StrAssign(SqString &s,char cstr[])       //s 为引用型参数
{  int i;
   for(i=0;cstr[i]!='\0';i++)
      s.data[i]=cstr[i];
   s.length=i;                                //设置串 s 的长度
}
```

2）销毁串 DestroyStr(&s)

由于本章的顺序串是采用顺序串本身来表示的，而不是采用顺序串指针来表示的，它的存储空间由操作系统管理，即由操作系统分配存储空间，并在超出作用域时释放存储空间，所以这里的销毁顺序串运算不包含任何操作。算法如下：

```
Void DestroyStr(SqString &s)
{}
```

3）串的复制 StrCopy(&s,t)

将顺序串 t 复制给顺序串 s。算法如下：

```
Void StrCopy(SqString &s,SqString t)           //s 为引用参数
{  int i;
   for(i=0;i<t.length;i++)                      //复制 t 的所有字符
      s.data[i]=t.data[i];
   s.length=t.length;                           //设置串 s 的长度
}
```

4）判断串相等 StrEqual(s,t)

若两个顺序串 s 与 t 相等返回真；否则返回假。算法如下：

```
bool StrEqual(SqString s,SqString t)
{  bool same=true; int i;
   if(s.length!=t.length)                       //长度不相等时返回假
      same=false;
   else
      for(i=0;i<s.length;i++)
         if(s.data[i]!=t.data[i])               //有一个对应字符不相同时返回假
         {  same=false;
            break;
         }
   return same;
}
```

5）求串长 StrLength(s)

返回顺序串 s 中字符个数。算法如下：

```
int StrLength(SqString s)
```

```
{
   Return s.length;
}
```

6）串的连接 Concat(s,t)

返回由两个顺序串 s 和 t 连接在一起形成的结果串。算法如下：

```
SqString Concat(SqString s,SqString t)
{  SqString str;                    //定义结果串
   int i;
   str.length=s.length+t.length;
   for(i=0;i<s.length;i++)          //将 s.data[0…s.length-1]复制到 str
       str.data[i]=s.data[i];
   for(i=0;i<t.length;i++)          //将 t.data[0…t.length-1]复制到 str
       str.data[s.length+i]=t.data[i];
   return str;
}
```

7）求子串 SubStr(s,i,j)

返回顺序串 s 中从第 i(1≤i≤n)个字符开始的由连续 j 个字符组成的子串。当参数不正确时返回一个空串。算法如下：

```
SqString SubStr(SqString s,int i,int j)
{  int k;
   SqString str;                //定义结果串
   str.length=0;                //设置 str 为空置
   if(i<=0 ‖ i>s.length ‖ j<0 ‖ i+j-1>s.length)
       return str;              //参数不正确时返回空串
   for(k=i-1;k<i+j-1;k++)       //将 s.data[i…i+j-1]复制到 str
       str.data[k-i+1]=s.data[k];
   str.length=j;
   return str;
}
```

8）子串的插入 InsStr(s1,i,s2)

将顺序串 s2 插到顺序串 s1 的第 i(1≤i≤n+1)个位置，并返回产生的结果串。当参数不正确时返回一个空串。算法如下：

```
SqString InsStr(SqString s1,int i,SqString s2)
{  int j;
   SqString str;                    //定义结果串
   str.length=0;                    //设置 str 为空串
   if(i<=0 ‖ i>s1.length+1)         //参数不正确时返回空串
       return str;
   for(j=0;j<i-1;j++)               //将 s1.data[0…i-2]复制到 str
       str.data[j]=s1.data[j];
   for(j=0;j<s2.length;j++)         //将 s2.data[0…s2.length-1]复制到 str
       str.data[i+j-1]=s2.data[j];
```

```
    for(j=i-1;j<s1.length;j++)              //将 s1.data[i-1…s1.length-1]复制到 str
        str.data[s2.length+j]=s1.data[j];
    str.length=s1.length+s2.length;
    return str;
}
```

9) 子串的删除 DelStr(s,i,j)

在顺序串 s 中删除从第 i(1≤i≤n)个字符开始的长度为 j 的子串，并返回产生的结果中。当参数不正确时返回一个空串。算法如下：

```
SqString DelStr(SqString s,int i,int j)
{   int k;
    SqString str;                      //定义结果串
    str.length=0;                      //设置 str 为空串
    if(i<=0 || i>s.length || i+j>s.length+1)
        return str;                    //参数不正确时返回空串
    for(k=0;k<i-1;k++)                 //将 s.data[0…i-2]复制到 str
        str.data[k]=s.data[k];
    for(k=i+j-1;k<s.length;k++)        //将 s.data[i+j-1…s.length-1]复制到 str
        str.data[k-j]=s.data[k];
    str.length=s.length-j;
    return str;
}
```

10) 子串的替换 RepStr(s,i,j,t)

在顺序串 s 中将第 i(1≤i≤n)个字符开始的连续 j 个字符构成的子串用顺序串 t 替换，并返回产生的结果串。当参数不正确时返回一个空串。算法如下：

```
SqString RepStr(SqString s,int i,int j,SqString t)
{   int k;
    SqString str;                      //定义结果串
    str.length=0;                      //设置 str 为空串
    if(i<=0 || i>s.length || i+j-1>s.length)
        return str;                    //参数不正确时返回空串
    for(k=0;k<i-1;k++)                 //将 s.data[0…i-2]复制到 str
        str.data[k]=s.data[k];
    for(k=0;k<t.length;k++)            //将 t.data[0…t.length- 1]复制到 str
        str.data[i+k-1]=t.data[k];
    for(k=i+j-1;k<s.length;k++)        //将 s.data[i+j-1…s.length-1]复制到 str
        str.data[t.length+k-j]=s.data[k];
    str.length=s.length-j+t.lenght;
    return str;
}
```

11) 输出串 DispStr(s)

输出顺序串 s 的所有元素值。算法如下：

```
void DispStr(SqString s)
```

```
{ int i;
  if(s.length>0)
  { for(i=0;i<s.length;i++)
      printf("%c",s.data[i]);
    printf("\n");
  }
}
```

例 4-1　设计顺序串上实现串比较运算 Strcmp(s,t)的算法。

解　本例的算法思路如下：

（1）比较 s 和 t 两个串共同长度范围内的对应字符：

① 若 s 的字符＞t 的字符，返回 1；

② 若 s 的字符＜t 的字符，返回－1；

③ 若 s 的字符＝t 的字符，按上述规则继续比较。

（2）当(1)中对应字符均相同时，比较 s 和 t 长度：

① 两者相等时，返回 0；

② s 的长度＞t 的长度，返回 1；

③ s 的长度＜t 的长度，返回－1。

对应的算法如下：

```
int Strcmp(SqString s,SqString t)
{
  int i,comlen;
  if (s.length<t.length) comlen=s.length;        //求 s 和 t 的共同长度
  else comlen=t.length;
  for (i=0;i<comlen;i++)          //在共同长度内逐个字符比较
      if (s.data[i]>t.data[i])
        return 1;
      else if (s.data[i]<t.data[i])
        return -1;
  if (s.length==t.length)          //s==t
      return 0;
  else if (s.length>t.length)        //s>t
      return 1;
  else  return -1;                //s<t
}
```

例 4-2　求串 s 中第一个最长的连续相同字符构成的平台。

解　用 index 保存最长的平台在 s 中的开始位置，maxlen 保存其长度，先将它们初始化为 0。扫描串 s，计算局部重复子串的长度 length，若比 maxlen 大，则更新 maxlen，并用 index 记下其开始位置。扫描结束后，s.data[index…index＋maxlen－1]为第一个最长的平台。

对应的算法如下：

```
        void LongestString(SqString s,int &index,int &maxlen)
        {
          int length,i=1,start;            //length 保存平台的长度
          index=0,maxlen=1;                //index 保存最长平台在 s 中的开始位置,maxlen 保存其长度
          while (i<s.length)
          {
              start=i-1;                   //查找局部重复子串
              length=1;
              while (i<s.length && s.data[i]==s.data[i-1])
              {
                         i++;
                  length++;
              }
              if (maxlen<length)           //当前平台长度更大,则更新 maxlen
              {
                  maxlen=length;
                  index=start;
              }
              i++;
          }
        }
```

◆ 　**4.2.2 串的链式存储结构——链串**

　　串采用链式存储结构存储时称为链串,这里采用带头结点的单链表作为链串。链串的组织形式与一般的单链表类似,主要区别在于链串中的一个结点可以存储多个字符。通常将链串中每个结点所存储的字符个数称为结点大小。图 4-3 和图 4-4 分别表示同一个串"ABCDEFGHIJKLMN"的结点大小为 4(存储密度大)和 1(存储密度小)时的链串结构。

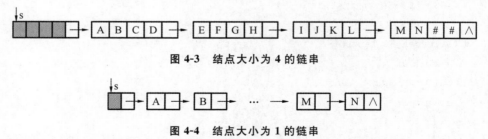

图 4-3　结点大小为 4 的链串

图 4-4　结点大小为 1 的链串

　　当结点大小大于 1(例如结点大小为 4)时,链串的尾结点的各个数据域不一定总能被字符占满,此时应在这些未占用的数据域里补上不属于字符集的特殊符号(例如♯字符),以示区别(参见图 4-3 中的尾结点)。

　　在链串中,结点越大,存储密度越大,但一些基本操作(如插入、删除、替换等)有所不便,且可能引起大量字符移动,因此它适合于串很少修改的情况;结点越小(如结点大小为 1 时),相关操作的实现越方便,但存储密度下降。为简便起见,这里规定链串结点大小均为 1。

链串的结点类型 LinkStrNode 的声明如下：

```
Typedef struct snode
{  char data;           //存放字符
   struct snode * next;           //指向下一个结点的指针
}LinkStrNode;           //链串的结点类型
```

1) 生成串 StrAssign(&s,cstr)

将一个 C/C++字符串常量 cstr（以'\0'标识结尾）赋给链串 s，即生成一个其值等于 cstr 的链串 s。以下算法采用尾插法建立链串 s。

```
void StrAssign(LinkStrNode *&s,char cstr[])
{  int i;
   LinkStrNode *r,*p;
   s=(LinkStrNode *  )malloc(sizeof(LinkStrNode));
   r=s;                 //r 始终指向尾结点
   for(i=0;cstr[i]!='\0';i++)
   {  p=(LinkStrNode * )malloc(sizeof(LinkStrNode));
      P->data=cstr[i];
      r->next=p;r=p;
   }
   r->next=NULL;           //尾结点的 next 域置为空
}
```

2) 销毁串 DestroyStr(&s)

该运算和销毁带头结点单链表运算的实现过程相同。算法如下：

```
void DestroyStr(LinkStrNode *&s)
{  LinkStrNode *pre=s, *p=s->next;      //pre 指向结点 p 的前驱结点
   while(p!=NULL)                  //扫描链串 s
   {  free(pre);                    //释放 pre 结点
      pre=p;                  //pre,p 同步后移一个结点
      p=pre->next;
   }
   free(pre);                  //循环结束时 p 为 NULL,pre 指向尾结点,释放尾结点
}
```

3) 串的复制 StrCopy(&s,t)

将链串 t 复制给链串 s。以下算法采用尾插法建立复制后的链串 s。

```
void StrCopy(LinkStrNode *&s, LinkStrNode *t)
{  LinkStrNode *p=t->next,*q,*r;
   s=( LinkStrNode * )malloc(sizeof(LinkStrNode));
   r=s;                 //r 始终指向尾结点
   while(p!=NULL)           //扫描链串 t 的所有结点
   {  q=( LinkStrNode * )malloc(sizeo(LinkStrNode));
      q->data=p->data;     //将 p 结点复制到 q 结点
      r->next=q;r=q;          //将 q 结点链接到链串 s 的末尾
      p=p->next;
```

```
    }
    r->next=NULL;              //尾结点的 next 域置为空
}
```

4）判断串相等 StrEqual(s,t)

若两个链串 s 与 t 的长度相等且对应位置的字符均相同,则返回真;否则返回假。算法如下：

```
bool StrEqual(LinkStrNode *s, LinkStrNode *t)
{  LinkStrNode *p=s->next, *q=t->next;      //p、q 分别扫描链串 s 和 t 的数据结点
   while(p!=NULL && q!=NULL && p->data==q->data)
   {  p=p->next;
      q=q->next;
   }
   if(p==NULL && q==NULL)             //s 和 t 的长度相等且对应位置的字符均相同
      return ture;
   else
      return false;
}
```

5）求串长 StrLength(s)

通过遍历链串 s 的所有数据结点求其个数并返回。算法如下：

```
int StrLength(LinkStrNode *s)
{  int i=0;                     //i 用于累计数据结点的个数
   LinkStrNode *p=s->next;      //p 指向链串 s 的首结点
   while(p!=NULL)               //扫描所有数据结点
   {  i++;
      p=p->next;
   }
   return i;
}
```

6）串的连接 Concat(s,t)

将两个链串 s 和 t 的数据结点连接在一起形成结果串。以下算法采用尾插法建立连接后的结果链串 str 并返回它。

```
LinkStrNode *Concat(LinkStrNode *s,LinkStrNode *t)
{  LinkStrNode *str,*p=s->next,*q,*r;
   str=(LinkStrNode * )malloc(sizeof(LinkStrNode));
   r=str;                       //r 指向结果串的尾结点
   while(p!=NULL)               //用 p 扫描 s 的所有数据结点
   {  q=(LinkStrNode * )malloc(sizeof(LinkStrNode));
      q->data=p->data;          //将 p 结点复制到 q 结点中
      r->next=q;r=q;            //将 q 结点链接到 str 的末尾
      p=p->next;
   }
   p=t->next;
```

```
    while(p!=NULL)              //用 p 扫描 t 的所有数据结点
    {  q=(LinkStrNode * )malloc(sizeof(LinkStrNode));
       q->data=p->data;         //将 p 结点复制到 q 结点中
       r->next=q;r=q;           //将 q 结点链接到 str 的末尾
       p=p->next;
    }
    r->next= NULL;              //尾结点的 next 域置为空
    return str;
}
```

7）求子串 SubStr(s,i,j)

返回链串 s 中从第 i(1≤i≤n)个字符开始的由连续 j 个字符组成的子串。当参数不正确时返回一个空串。以下采用尾插法建立结果链串 str 并返回它。

```
LinkStrNode *SubStr(LinkStrNode *s,int i,int j)
{  int k;
   LinkStrNode *str,*p=s->next,*q,*r;
   str=( LinkStrNode * )malloc(sizeof(LinkStrNode));
   str->next=NULL;             //置结果串 str 为空串
   r=str;                      //r 指向结果串的尾结点
   if(i<=0 ‖ i>StrLength(s) ‖ j<0 ‖ i+j-1> StrLength(s))
       return str;             //参数不正确时返回空串
   for(k=1;k<i;k++)            //让 p 指向链串 s 的第 i 个数据结构
       p=p->next;
   for(k=1;k<=j;k++)           //将 s 的从第 i 个结点开始的 j 个结点复制到 str
   {  q=(LinkStrNode *  )malloc(sizeof(LinkStrNode));
      q->data= p->data;
      r->next=q;r=q;
      p=p->next;
   }
   r->next=NULL;               //尾结点的 next 域置为空
   return str;
}
```

8）子串的插入 InsStr(s1,i,s2)

将链串 s2 插到链串 s1 的第 i(1≤i≤n+1)个位置上,并返回产生的结果串。当参数不正确时返回一个空串。以下采用尾插法建立结果链串 str 并返回它。

```
LinkStrNode *InsStr(LinkStrNode *s,int I, LinkStrNode *t)
{  int k;
   LinkStrNode *str,*p=s->next,*p1=t->next,*q,*r;
   str=(LinkStrNode * )malloc(sizeof(LinkStrNode));
   str->next=NULL;             //置结果串 str 为空串
   r=str;                      //r 指向结果串的尾结点
   if(i<=0 ‖ i>StrLength(s)+1)        //参数不正确时返回空串
       return str;
```

```
        for(k=1;k<i;k++)              //将 s 的前 i 个结点复制到 str
        { q=(LinkStrNode * )malloc (sizeof (LinkStrNode));
          q->data=p->data;
          r->next=q;r=q;
          p=p->next;
        }
        while(p1!=NULL)          //将 t 的所有结点复制到 str
        { q=(LinkStrNode * )malloc (sizeof (LinkStrNode));
          q->data=p1->data;
          r->next=q;r=q;
          p1=p1->next;
        }
        while(p!=NULL)            //将 p 结点及其后的结点复制到 str
        { q=(LinkStrNode * )malloc (sizeof (LinkStrNode));
          q->data=p->data;
          r->next=q;r=q;
          p=p->next;
        }
        r->next=NULL;            //尾结点的 next 域置为空
        return str;
    }
```

9) 子串的删除 DelStr(s,i,j)

在链串 s 中删除从第 i(1≤i≤n)个字符开始的长度为 j 的子串,并返回产生的结果串。当参数不正确时返回一个空串。以下采用尾插法建立结果链串 str 并返回它。

```
LinkStrNode *DelStr(LinkStrNode *s,int i,int j)
{  int k;
   LinkStrNode *str,*p=s->next,*q,*r;
   str=(LinkStrNode * ) malloc (sizeof (LinkStrNode));
   str->next=NULL;                  //置结果串 str 为空串
   r=str;                           //r 指向结果串的尾结点
   if(i<=0 || i>StrLength(s) || j<0 || i+j-1> StrLength(s))
       return str;                  //参数不正确时返回空串
   for(k=1;k<i;k++)                 //将 s 的前 i-1 个结点复制到 str
   { q=(LinkStrNode * )malloc (sizeof (LinkStrNode));
     q->data=p->data;
     r->next=q;r=q;
     p=p->next;
   }
   for(k=1;k<j;k++)                 //让 p 沿 next 跳 j 个结点
     p=p->next;
   while(p!=NULL)                   //将 p 结点及其后的结点复制到 str
   { q=(LinkStrNode * )malloc (sizeof (LinkStrNode));
```

```
        q->data=p->data;

        r->next=q;r=q;

        p=p->next;

    }

    r->next= NULL;

    return str;                    //尾结点的 next 域置为空

}
```

10）子串的替换 RepStr(s,i,j,t)

在链串 s 中将从第 i(1≤i≤n)个字符开始的 j 个字符构成的子串用链串 t 替换。参数不正确时返回一个空串。以下采用尾插法建立链串 str 并返回其地址。算法如下：

```
LinkStrNode *RepStr(LinkStrNode *s,int i,int j, LinkStrNode *t)
{  int k;
   LinkStrNode *str,*p=s->next,*p1=t->next,*q,*r;
   str=(LinkStrNode *  )malloc (sizeof (LinkStrNode));
   str->next=NULL;              //设置结果串 str 为空串
   r=str;                       //r 指向新建链表的尾结点
   if(i<=0 ‖ i>StrLength(s) ‖ j<0 ‖ i+j-1>StrLength(s))
       return str;              //参数不正确时返回空串
   for(k=0;k<i-1;k++)           //将 s 的前 i-1 个数据结点复制到 str
   {  q=(LinkStrNode *  )malloc (sizeof (LinkStrNode));
      q->data=p->data;q->next=NULL;
      r->next=q;r=q;
      p=p->next;
   }
   for(k=0;k<j;k++)             //让 t 的所有数据结点复制到 str
      p=p->next;
   while(p1!=NULL)
   {  q=(LinkStrNode *  )malloc (sizeof (LinkStrNode));
      q->data=p->data;q->next=NULL;
      r->next=q;r=q;
      p1=p1->next;
   }
   while(p!=NULL)               //将 p 所指结点及其后的结点复制到 str
   {  q=(LinkStrNode *  )malloc (sizeof (LinkStrNode));
      q->data=p->data;q->next=NULL;
      r->next=q;r=q;
      p=p->next;
   }
   r->next=NULL;                //尾结点的 next 域置为空
   return str;
}
```

11）输出串 DispStr(s)

输出串 s 的所有元素值。算法如下：

```
void DispStr(LinkStrNode *s)
{  LinkStrNode *p=s->next;              //p指向链串s的头结点
   while(p!=NULL)                       //扫描s的所有数据结点
   {  print("%c",p->data);             //输出p结点值
      p=p->next;
   }
   print("\n");
}
```

例 4-3　在链串中，设计一个算法把最先出现的子串"ab"改为"xyz"。

解　在串 s 中找到最先出现的子串"ab"，p 指向 data 域值为'a'的结点，其后为 data 域值为'b'的结点。将它们的 data 域值分别改为'x'和'z'，再创建一个 data 域值为'y'的结点，将其插到 * p 之后。

本例算法如下：

```
void Repl(LinkStrNode *&s)
{
    LinkStrNode *p=s->next,*q;
    int find=0;
    while (p->next!=NULL && find==0)//查找'ab'子串
{
    if (p->data=='a' && p->next->data=='b')    //找到了'ab'子串
    {
      p->data='x';p->next->data='z';          //将子串替换为 xyz
      q=(LinkStrNode * )malloc(sizeof(LinkStrNode));
      q->data='y';q->next=p->next;p->next=q;
      find=1;
    }
    else p= p->next;
  }
}
```

4.3　串的模式匹配

设有两个串 s 和 t，串 t 的定位就是要在串 s 中找到一个与 t 相等的子串。通常把 s 称为目标串（target string），把 t 称为模式串（pattern string），因此串定位查找也称为模式匹配（pattern matching）。模式匹配成功是指在目标串 s 中找到了一个模式串 t；不成功则是指目标串 s 中不存在模式串 t。

模式匹配是一个比较复杂的串操作，许多人对此提出了很多效率各不相同的算法。在此介绍两种算法，并设定串均采用顺序存储结构。

4.3.1 Brute-Force 算法

Brute-Force 算法简称 BF 算法,也称简单匹配算法,采用穷举方法,其基本思想是从目标串 s＝"$s_0 s_1 \cdots s_{n-1}$"的第一个字符开始和模式串 t＝"$t_0 t_1 \cdots t_{m-1}$"第一个字符比较,若相等,则继续逐个比较后续字符;否则从目标串 s 的第二个字符开始重新依次与模式串 t 的第一个字符进行比较。以此类推,若从模式串 s 的第 i 个字符开始,每个字符依次和目标串 t 中的对应字符相等,则匹配成功,该算法返回位置 i(表示此时 t 的第一个字符在 s 中出现的下标);否则匹配失败,即 t 不是 s 的子串,算法返回−1(这里为了简便,均使用物理下标)。

假设目标串 s＝"aaaaab",模式串 t＝"aaab",BF 模式匹配过程如图 4-5 所示:

```
s: a a a a a b
t: a a a b     从s的第1个字符开始匹配 ⇨ 失败
t:   a a a b   从s的第2个字符开始匹配 ⇨ 失败
t:     a a a b 从s的第3个字符开始匹配 ⇨ 成功
```

图 4-5　BF 模式匹配的直观过程

假设目标串 s 中含有 n 个字符,模式串 t 中含有 m 个字符,用 i 扫描目标串 s 的字符,用 j 扫描模式串 t 的字符:

(1) 第 l(l 从 1 开始)趟匹配是从 s 中的字符 s_{l-1} 与 t 中的第一个字符 t_0 比较开始的。

(2) 在某一趟匹配中出现 $s_i = t_j$,则 i、j 后移继续比较字符,即执行 i++,j++。

(3) 在某一趟匹配中出现 $s_i \neq t_j$(称为失配),如图 4-6 所示,则有 $s_{i-j} = t_0$,$s_{i-j+1} = t_1$,…,$s_{i-1} = t_{j-1}$,即 $t_0 \sim t_{j-1}$ 的 j 个字符依次与目标串 s 中的 s_i 之前的 j 个字符相同。也就是说,本趟匹配时从目标串 s 的 s_{i-j} 开始比较,即为第 i−j+1 趟匹配,由于匹配失败,下一趟匹配应该是第 i−j+2 趟匹配,即从目标串 s 中的 s_{i-j+1} 与 t_0 比较开始。所以,无论当前是第几趟匹配,只要出现失配,即 $s_i \neq t_j$,则执行 i=i−j+1(表示开始下一趟匹配,从目标串 s 中的 s_{i-j+1} 开始比较,即 i 回溯),j=0(每趟匹配都是从 t_0 开始的)。

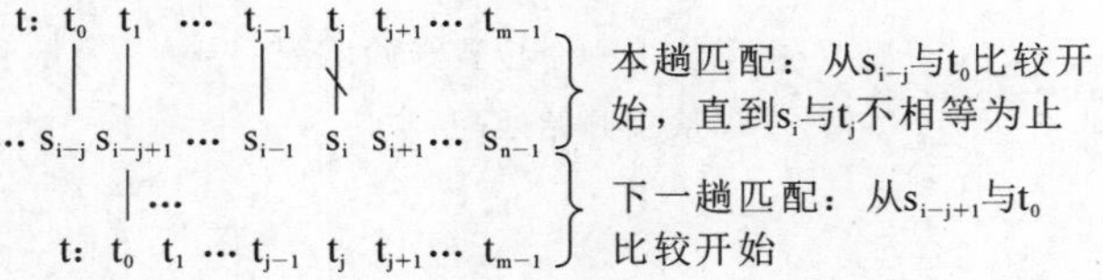

图 4-6　BF 模式匹配的一般性过程

(4)在匹配中一旦 j 超界(j=m),表示模式串 t 的所有字符与目标串 s 的对应字符均相同,则 t 是 s 的子串,即模式匹配成功,并且 t 在 s 中的位置是 i−m。

(5)如果按照上述过程匹配,出现 i 超界(i=n),表示模式匹配失败。

(6)BF 算法过程是从 l=1 开始的,若模式匹配成功则返回,否则 l=2,…。由于穷举了所有的情况,所以 BF 算法是正确的。

对于目标串 s＝"aaaaab",模式串 t＝"aaab",s 的长度 n＝6,t 的长度 m＝4。i、j 分别扫描目标串 s 和模式串 t。BF 模式匹配的过程如图 4-7 所示,总共需要 12 次字符比较(恰好为字符间纵向连接线条数)。

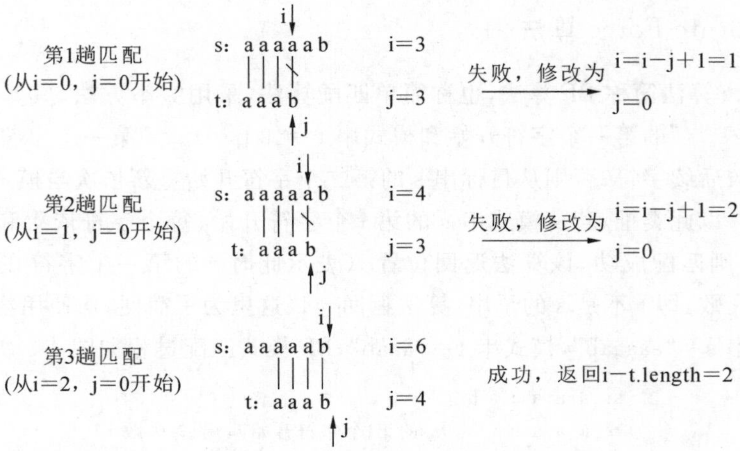

图 4-7 BF 模式匹配的过程

对应的 BF 算法如下：

```
intBF(SqString s,SqString t)
{
    int i=0,j=0;
    while (i<s.length && j<t.length)
    {
    if (s.data[i]==t.data[j])          //继续匹配下一个字符
    {
     i++;             //主串和子串依次匹配下一个字符
     j++;
    }
    else         //主串、子串指针回溯,重新开始下一次匹配
    {
     i=i-j+1;          //主串从下一个位置开始匹配
    j=0;              //子串从头开始匹配
    }
    }
    if (j>=t.length)
    return(i-t.length);   //返回匹配的第一个字符的下标
    else
    return(-1);          //模式匹配不成功
}
```

这个算法简单易于理解，但效率不高，主要原因是主串指针 i 在若干个字符比较相等后，若有一个字符比较不相等，就需回溯（即 i＝i−j＋1）。该算法在最好情况下的时间复杂度为 $O(m)$，即主串的前 m 个字符正好等于模式串的 m 个字符。在最坏情况下的时间复杂度为 $O(n \times m)$。可以证明其平均时间复杂度也是 $O(n \times m)$，也就是说，该算法的平均时间复杂度接近最坏的情况。

◆ 4.3.2 KPM 算法

KPM 算法是 D. E. Knuth、J. H. Morris 和 V. R. Pratt 共同提出的，称为 Knuth-Morris-Pratt 算法，简称 KPM 算法。该算法与 Brute-Force 算法相比有较大的改进，主要是消除了主串指针的回溯，从而使算法效率在一定程度上得到提高。

1. 从模式串 t 中提取加速匹配的信息

在 KPM 算法中，通过分析模式串 t 从中提取出加速匹配的有用信息。这种信息是对于 t 的每个字符 $t_j (0 \leqslant j \leqslant m-1)$ 存在一个整数 $k(k<j)$，使得模式串 t 中开头的 k 个字符 $(t_0 t_1 \cdots t_{k-1})$ 依次与 t_j 前面的 k 个字符 $(t_{j-k} t_{j-k+1} \cdots t_{j-1}$，这里第一个字符 t_{j-k} 最多从 t_1 开始，所以 $k<j)$ 相同。如果这样的有多个，取其中最大的一个。模式串 t 中的每个位置 j 的字符都有这种信息，采用 next 数组表示，即 next[j]＝MAX{k}。

例如模式串 t＝"aaab"，对于 j＝3，t_3＝"b"，有 $t_2 = t_0$＝"a"（即 t_3 的前面有两个字符和开头的一个字符相同），k＝1；又有 $t_2 t_1 = t_0 t_1$＝"aa"（即 t_3 的前面有两个字符和开头的字符相同），k＝2；所以，next[3]＝MAX{1,2}＝2。

归纳起来，求模式串的 next 数组的公式如下：

$$
next[j] = \begin{cases} -1 & \text{当 j＝0 时} \\ MAX\{k | 0<k<j \text{ 且} \\ \text{"}t_0 t_1 \cdots t_{k-1}\text{"＝"}t_{j-k} t_{j-k+1} \cdots t_{j-1}\text{"}\} & \text{当此集合非空时} \\ 0 & \text{其他情况} \end{cases}
$$

next 数组的求解过程如下：

（1）next[0]＝−1，next[1]＝0（j＝1，在 1～j−1 的位置上没有字符，属于其他情况）。

（2）如果 next[j]＝k，表示有"$t_0 t_1 \cdots t_{k-1}$"＝"$t_{j-k} t_{j-k+1} \cdots t_{j-1}$"：

若 $t_k = t_j$，即有"$t_0 t_1 \cdots t_{k-1}$"＝"$t_{j-k} t_{j-k+1} \cdots t_{j-1}$"，显然有 next[j+1]＝k+1。

若 $t_k \neq t_j$，说明 t_j 之前不存在长度为 next[j]＋1 的子串和以开头字符起始的子串相同，那么是否存在一个长度较短的子串和以开头字符起始的子串相同呢？设 k'＝next[k]（回退），则下一步应该将 $t_{k'}$ 与 t_j 比较；若 $t_{k'} = t_j$，则说明 t_j 之前存在长度为 next[k']＋1 的子串和以开头字符起始的子串相同；否则以此类推查找更短的子串，直到不存在可匹配的子串，置 next[j+1]＝0。所以，当 $t_k \neq t_j$ 时，置 k＝next[k]。

对应的求模式串 t 的 next 数组的算法如下：

```
void GetNext(SqString t,int next[])    //由模式串 t 求出 next 数组
{ int j,k;
    j=0;k=-1;                          //j 扫描 t,k 记录 t[j]之前与 t 开头相同的字符个数
next[0]=-1;                            //设置 next[0]值
while(j<t.length-1)                    //求 t 所有位置的 next 值
{ if(k==-1 || t.data[j]==t.data[k])    //k 为-1 或比较的字符相等时
    j++;k++;                           //j、k 依次移动到下一个字符
    next[j]=k;                         //设置 next[j]为 k
}
else k=next[k];                        //k 回退
}
```

例 4-4 求模式串 t＝"aaaab"的 next 数组。

解 next[0]＝−1,next[1]＝0。

j＝2 时,1～j−1 的位置上只有一个字符"a"与 t 的开头字符相同,所以 next[2]＝1。

j＝3 时,1～j−1 的位置上 t_3 的前面有字符串"a"和"aa"均与 t 的开头字符串相同,所 next[3]＝2。

j＝4 时,1～j−1 的位置上 t_4 的前面有字符串"a""aa"和"aaa"均与 t 的开头字符串相同, 所 next[4]＝3。

归纳起来,模式串 t 的 next 数组如表 4-1 所示。

表 4-1 模式串 t 的 next 数组

j	0	1	2	3	4
t[j]	a	a	a	a	b
next[j]	−1	0	1	2	3

2. KPM 算法的模式匹配过程

当求出模式串 t 的 next 数组表示的信息后,就可以用来消除主串指针的回溯。这里仍以目标串 s＝"aaaaab",模式串 t＝"aaab"为例说明。

第 1 趟匹配是从 i＝0、j＝0 开始的,失配处为 i＝3,j＝3。尽管本趟匹配失败了,但得到这样的"部分匹配"信息:s_1s_2 与 t_1t_2 相同,如图 4-8(a)所示。

而模式串 t 中有 next[3]＝2,表明 $t_1t_2＝t_0t_1$,所以有 $s_1s_2＝t_0t_1$,如图 4-8(b)所示。

在 BF 算法中,第 2 趟匹配是从 i＝1、j＝0 开始的,即需要回溯。现在既然有 $s_1s_2＝ t_0t_1$ 成立,第 2 趟匹配可以从 i＝3、j＝2(＝next[3])开始,如图 4-8(c)所示,即保持主串指针 i 不变,模式串 t 右滑 1(＝j−next[j])个位置,让 s_i 和 $t_{next[j]}$ 对齐进行比较。

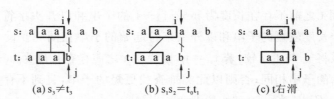

(a)$s_3 \neq t_3$ (b)$s_1s_2＝t_0t_1$ (c)t右滑

图 4-8 利用 next 值消除主串指针的回溯

下面讨论一般情况,设目标串 s＝"$s_0s_1 \cdots s_{n-1}$",模式串 t＝"$t_0t_1 \cdots t_{m-1}$",在进行第 i−j＋1 趟匹配(从 s_{i-j} 开始)时出现如图 4-9 所示的失配情况($s_i \neq t_j$)。

目标串s: $s_0s_1 \cdots s_{i-j}$ $s_{i-j+1} \cdots s_{i-1}$ s_i $s_{i+1} \cdots s_{n-1}$

模式串t: t_0 $t_1 \cdots$ t_{j-1} t_j $t_{j+1} \cdots t_{m-1}$

图 4-9 目标串和模式匹配串匹配的一般过程

这时的部分匹配是"$t_0t_1 \cdots t_{k-1}$"＝"$s_{i-k}s_{i-k+1} \cdots s_{i-1}$",显然当 k＜j 时有:

$$"t_{j-k}t_{j-k+1} \cdots t_{j-1}"＝"s_{i-k}s_{i-k+1} \cdots s_{i-1}"$$

因为 next[j]＝k,即

$$"t_0t_1 \cdots t_{k-1}"＝"t_{j-k}t_{j-k+1} \cdots t_{j-1}"$$

由以上两式说明"$t_0t_1 \cdots t_{k-1}$"＝"$s_{i-k}s_{i-k+1} \cdots s_{i-1}$"成立。下一趟就不再从 s_{i-j+1} 开始匹

配,而是从 s_{i-k} 开始匹配,并且直接将 s_i 和 t_k 进行比较,这样可以把 $i-j+1$ 趟比较"失配"时的模式串 t 从当前位置直接右滑 $j-k$ 个字符,如图 4-10 所示。

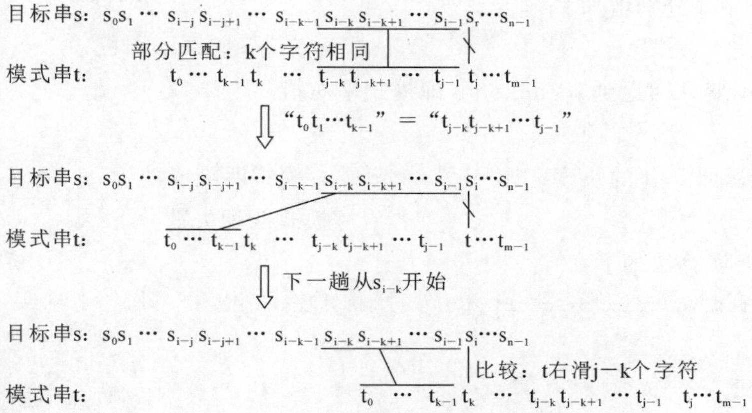

图 4-10　模式串右滑 j－k 个字符

上述过程中,从第 $i-j+1$ 趟匹配(从 s_{i-j} 开始)直接转到第 $i-k+1$ 趟匹配(从 s_{i-j} 开始),中间可能遗漏一些匹配趟数(即第 $i-j+2$ 趟~第 $i-k$ 趟),那么 KPM 算法是否正确呢? 实际上,因为 next[j]＝k,容易证明中间的匹配趟数是不必要的。

通过一个示例进行验证。设目标串 s＝"$s_0 s_1 s_2 s_3 s_4 s_5 s_6$",模式串 t＝"$t_0 t_1 t_2 t_3 t_4 t_5$",next[5]＝2。

从 s_1 开始匹配(第 2 趟),失配出为 $s_6 \neq t_5$,这里 i＝6,k＝2,下面说明 $i-j+2$(＝3)~第 $i-k$(＝4)趟是不必要的。

如图 4-11 所示,部分匹配信息有"$t_1 t_2 t_3 t_4$"＝"$s_2 s_3 s_4 s_5$"。因为 next[5]＝2,有"$t_1 t_2$"＝"$t_3 t_4$",同时有"$t_0 t_1 t_2 t_3$"$\neq$"$t_1 t_2 t_3 t_4$"(若相等,则 next[5]＝4 而不是 2),从而推出"$s_2 s_3 s_4 s_5$"$\neq$"$t_0 t_1 t_2 t_3$"。所以从 s_2 开始匹配(第 3 趟)是不必要的。

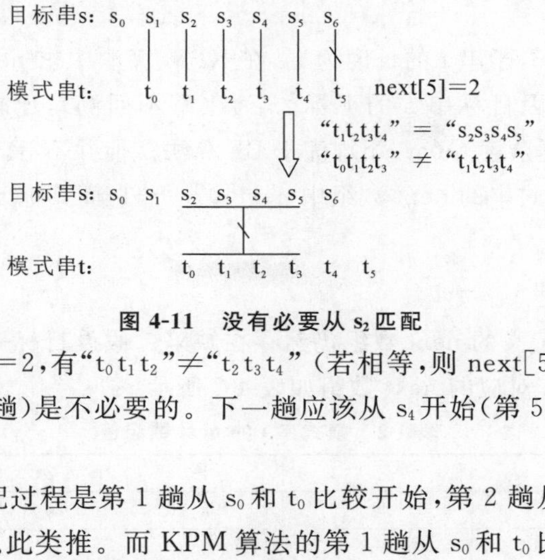

图 4-11　没有必要从 s_2 匹配

同样,因为 next[5]＝2,有"$t_0 t_1 t_2$"$\neq$"$t_2 t_3 t_4$"(若相等,则 next[5]＝3 而不是 2),从而推出,从 s_3 开始匹配(第 4 趟)是不必要的。下一趟应该从 s_4 开始(第 5 趟),直接将 s_6 与 t_2 进行比较。

另外 BF 算法的匹配过程是第 1 趟从 s_0 和 t_0 比较开始,第 2 趟从 s_1 和 t_0 比较开始,第 3 趟从 s_2 和 t_0 比较开始,以此类推。而 KPM 算法的第 1 趟从 s_0 和 t_0 比较开始,第 2 趟不一定从 s_1 开始,所以 KPM 算法可能会减少匹配的趟数。

因此 KPM 过程如下:

i＝0;j＝0;

while(s 和 t 都没有扫描完)

{ if(j＝－1 或者它们所指的字符相同)

　　　　i 和 j 分别增加 1；

　　else

　　　　i 不变,j 回退到 j＝next[j]（即模式串右滑）

}

if(j 超界)返回 i－t 的长度；　　　　　　　//模式匹配成功

else 返回－1；　　　　　　　　　　//模式匹配失败

对应的 KPM 算法如下：

```
int KMPIndex(SqString s,SqString t)  //KMP 算法
{
    int next[MAXSIZE],i=0,j=0;
    GetNext(t,next);
    while (i<s.length && j<t.length)
    {
    if(j==-1 ‖ s.data[i]==t.data[j])
    {
      i++;j++;            //i,j 各增加 1
    }
    else j=next[j];         //i 不变,j 后退
    }
    if (j>=t.length)
    return(i-t.length);   //返回匹配模式串的首字符下标
    else
    return(-1);            //返回不匹配标志
}
```

设主串 s 的长度为 n,子串 t 的长度为 m,在 KPM 算法中求 next 数组的时间复杂度为 $O(m)$,在后面的匹配中因目标串 s 的下标 i 不减（即不回溯）,比较次数可以记为 n,所以 KPM 算法的平均时间复杂度 $O(m+n)$,优于 BF 算法。但并不等于说任何情况下 KPM 算法都优于 BF 算法,当模式串的 next 数组中 next[0]＝－1,而其他元素均为 0 时,KPM 算法退化为 BF 算法。

3. 改进的 KPM 算法

上述 KPM 算法中定义的 next 数组仍然存在缺陷。假设目标串 s 为"aaabaaaab",模式串 t 为"aaaab",模式串 t 对应的 next 数组如表 4-2 所示。

表 4-2　模式串 t 的 next 数组值

j	0	1	2	3	4
t[j]	a	a	a	a	b
next[j]	－1	0	1	2	3

这两个串匹配过程如图 4-12 所示,可以看到,当 i＝3,j＝3 时,$s_3 \neq t_3$,由 next[j]可知还需要进行 i＝3/j＝2,i＝3/j＝1,i＝3/j＝0 的 3 次比较,总共需要 12 次字符比较。

实际上,因为模式串 t 中 $t_0=t_1=t_2=t_3$,所以不需要再和目标串中的 s_3 进行比较,可以将模式串一次向右滑动 4 个字符的位置,即直接进行 i=4/j=0 的字符比较,对应图 4-12(a)和图 4-12(d),总共需要 9 次字符比较。

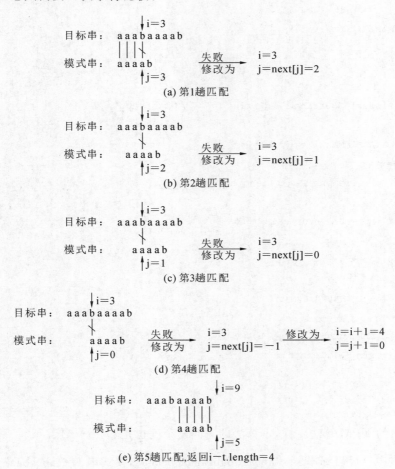

图 4-12 KPM 算法的模式匹配过程

这就是说,若按前面的定义得到 next[j]=k,在模式串中有 $t_j=t_k$,当目标串中的字符 s_i 和模式串中字符 t_j 不相同时,s_i 一定和 t_k 也不相同,所以没有必要将 s_i 和 t_k 进行比较,而是直接将 s_i 和 $t_{next[k]}$ 进行比较。为此将 next[j] 修正为 nextval[j]。

用 nextval[j] 取代 next,得到改进的 KPM 算法如下:

```
void GetNextval(SqString t,int nextval[])   //由模式串 t 求出 nextval 值
{
    int j=0,k=-1;
    nextval[0]=-1;
    while (j<t.length)
    {
        if (k==-1 || t.data[j]==t.data[k])
        {
            j++;k++;
            if (t.data[j]!=t.data[k])
```

```
                nextval[j]=k;
            else
                nextval[j]=nextval[k];
        }
        else  k=nextval[k];
    }


}
int KMPIndex1(SqString s,SqString t)      //修正的 KMP 算法
{
    int nextval[MaxSize],i=0,j=0;
    GetNextval(t,nextval);
    while (i<s.length && j<t.length)
    {
        if (j==-1 || s.data[i]==t.data[j])
        {
            i++;j++;
        }
        else j=nextval[j];
    }
    if (j>=t.length)
        return(i-t.length);
    else
        return(-1);
}
```

与改进前的 KPM 算法一样,本算法的时间复杂度也是 O(m+n)。

▍**例 4-5**　设目标串 s＝"abcaabbabcabaacbacba",模式串 t＝"abcabaa",计算模式串 t 的 nextval 函数值,并给出利用改进 KPM 算法进行模式匹配的过程示意图。

▍**解**　模式串 t 的 nextval 值如表 4-3 所示。

表 4-3　例 4-5 表

j	t[j]	next[j]	nextval[j]
0	a	−1	−1
1	b	0	0
2	b	0	0
3	a	0	−1
4	b	1	0
5	a	2	2
6	a	1	1

利用改进的 KPM 算法的匹配过程如图 4-13 所示。

第1趟匹配　s: a b c a a b b a b c a b a a c b a c b a
　　　　　　　｜｜｜｜｜
　　　　　t: a b c a b a a
　　　　　　　　　　　　i＝4　　失败　　i＝4
　　　　　　　　　　　　j＝4　　修改为　j＝nextval[4]＝0

第2趟匹配　s: a b c a a b b a b c a b a a c b a c b a
　　　　　　　　　　　｜｜｜
　　　　　　t: a b c a b a a
　　　　　　　　　　　　i＝6　　失败　　i＝6
　　　　　　　　　　　　j＝2　　修改为　j＝nextval[2]＝0

第3趟匹配　s: a b c a a b b a b c a b a a c b a c b a
　　　　　　　　　　　｜
　　　　　　t: a b c a b a a
　　　　　　　　　　　　i＝6　　失败　　i＝6　　　　　　　修改为　i＝i＋1＝7
　　　　　　　　　　　　j＝0　　修改为　j＝nextval[0]＝−1　　　　　j＝j＋1＝0

第4趟匹配　s: a b c a a b b a b c a b a a c b a c b a
　　　　　　　　　　　　　　｜｜｜｜｜｜｜
　　　　　　t: a b c a b a a
　　　　　　　　　　　　i＝14
　　　　　　　　　　　　j＝7　　成功，返回i−t.length＝7

图 4-13　改进 KPM 算法的匹配过程

本章小结

本章的基本学习要点如下：

(1) 理解串和一般线性表之间的差异。

(2) 掌握在顺序串上和链串上实现串的基本运算算法设计。

(3) 掌握串的简单匹配算法，理解 KPM 算法的高效匹配过程。

(4) 灵活地运用串这种数据结构解决一些综合应用问题。

本章习题

一、选择题

1. 串是一种特殊的线性表，其特殊性体现在(　　)。

A. 可以顺序存储　　　　　　　　　　　B. 数据元素是单个字符

C. 可以链接存储　　　　　　　　　　　D. 数据元素可以是多个字符

2. 下列关于串的叙述中，不正确的是(　　)。

A. 串是字符的有限序列　　　　　　　　B. 空串是由空格构成的串

C. 模式匹配是串的一种重要运算　　　　D. 串既可以采用顺序存储，也可以采用链接存储

3. 串"ababaaababaa"的 next 数组为(　　)。

A. 012345678999　　　B. 012121111212　　　C. 011234223456　　　D. 0123012322345

4. 串"ababaabab"的 nextval 为(　　)。

A. 010104101　　　B. 010102101　　　C. 010100011　　　D. 010101011

5. 串的长度是指(　　)。

A. 串中所含不同字母的个数　　　　　　B. 串中所含字符的个数

C. 串中所含不同字符的个数　　　　　　D. 串中所含非空格字符的个数

二、应用题

1. 串是一种特殊的线性表，请从存储和运算两方面分析它的特殊之处。

2. 给出以下模式串的 next 值和 nextval 值：

（1）ababaa；

（2）Abaabaab。

3. 设计一个算法，在顺序串 s 中从后向前查找子串 t，即求 t 在 s 中最后一次出现的位置。

4. 采用顺序结构存储串，设计一个算法求串 s 中出现的第一个最长重复子串的下标和长度。

第5章 多维数组与广义表

前几章介绍的数据结构都是线性结构,数据元素的类型相同(均是整型、字符型、实型或结构体类型),数据元素都属于原子类型,其值不分解使用。

本章讨论的多维数组和广义表是线性结构的推广,数据元素不再限定于原子类型,也可以包含其他的类型,即,数据元素的类型可以不同,可以是原子,也可以是表。

5.1 多维数组

在计算机高级语言中,数组是比较常用的一种数据类型。数组中的元素具有相同的类型,且数组元素的下标从 0 起至 MAXSIZE$-$1(假设数组的最大长度为 MAXSIZE),数组中一维数组和二维数组的用途最为广泛。其中,二维数组可以对应数学中的矩阵,还可以推广至三维数组,……,n 维数组(线性代数中的 n 维向量空间)等。

本节以二维数组为重点,分析多维数组的逻辑结构和存储结构。

从逻辑结构上看,二维数组是一维数组的推广,二维数组可以看成是由多个一维数组组成的,同理,三维数组可以看成是多个二维数组构成的,……。如图 5-1 所示的矩阵 A_{mn}(二维数组),既可看成是由 m 个行向量组成的线性表,也可看成是由 n 个列向量组成的线性表。数组下标从 00 起,第一个元素为 a_{00},第一个行向量为(a_{00},a_{01},…,$a_{0,n-1}$),第一个列向量为(a_{00},a_{10},…,$a_{m-1,0}$)。

二维数组的逻辑结构具有如下特征:a_{00} 为开始结点,它没有直接前驱,$a_{m-1,n-1}$ 为终端结点,它没有直接后继;结点 $a_{0,n-1}$ 和 $a_{m-1,0}$ 都有 1 个直接前驱和 1 个直接后继。除以上 4 个结点外,第一行和第一列的元素都有 1 个直接前驱和 2 个直接后继;最后一行和最后一列的元素都有 2 个直接前驱和 1 个直接后继;其余的非边界元素 a_{ij},同时处于第 i$+$1 行的行向量中和第 j$+$1 列的列向量中,都有 2 个直接前驱和 2 个直接后继。即,二维数组中的数据元素,不再像线性结构那样,有且仅有 1 个直接前驱 1 个直接后继,元素的前驱和后继的情况较多,因为二维数组包含了行和列的概念,处于行列交叉位置的元素,会有 2 个直接前驱和 2 个直接后继。

对于二维数组,我们一般很少研究插入和删除运算,而只研究针对二维数组的加、减、乘积等运算。在研究具体的运算前,先来研究二维数组的存储结构。因为很少进行插入和删除,二维数组一般采用顺序存储方式。但由于内存单元是一维的线性结构,而二维数组中元素之间的关系是非线性的,所以需要将二维数组中的元素按照某种原则排列成线性序列,然后再依次存放到连续的存储单元中。通常二维数组有行优先和列优先两种排列原则。大多

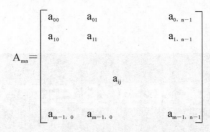

(a) 数组A_{mn}的矩阵形式

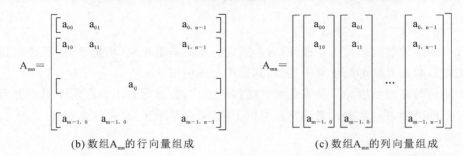

(b) 数组A_{mn}的行向量组成　　　　　(c) 数组A_{mn}的列向量组成

图 5-1　二维数组A_{mn}的图示

数计算机高级语言中的二维数组都采用行优先原则,但 C 语言中的数组采用的是列优先原则。

(1) 行优先原则是指先排列二维数组的第一行中的数据元素,再排列第二行中的数据元素,……,以此类推。

(2) 列优先原则是指先排列二维数组的第一列中的数据元素,再排列第二列中的数据元素,……,以此类推。

一维数组能够实现元素的随机存储,二维数组是否也具有同样的性质?按照行优先或列优先的原则,对二维数组进行顺序存储后,数据元素的存储地址可以根据数组的首地址元素的存储空间大小及元素的下标计算出来,即,二维数组同样可以进行随机存取。

若二维数组A_{mn}按行优先原则排列,其线性序列为

$$a_{00},a_{01},\cdots,a_{0,n-1},a_{10},\cdots,a_{1,n-1},\cdots,a_{m-1,0},\cdots,a_{m-1,n-1}$$

存储后的内存状态如图 5-2 所示。

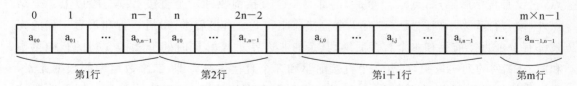

图 5-2　行优先顺序存储二维数组A_{mn}时的内存状态

地址的换算关系:

a_{ij}处于第 $i+1$ 行、第 $j+1$ 列,a_{ij}前面共有 i 行,需要排 $i\times n$ 个元素,第 $j+1$ 列前面还有 j 个元素,故a_{ij}前需要排 $i\times n+j$ 个元素,若每个元素占 d 个字节,元素的首地址为 $LOC(a_{00})$,则a_{ij}的地址为

$$LOC(a_{ij})=LOC(a_{00})+(i\times n+j)\times d$$

若二维数组A_{mn}按列优先原则排列,其线性序列为

$$a_{00}, a_{10}, \cdots, a_{m-1,0}, a_{01}, \cdots, a_{m-1,1}, \cdots, a_{0,n-1}, \cdots, a_{m-1,n-1}$$

存储后的内存状态如图 5-3 所示。

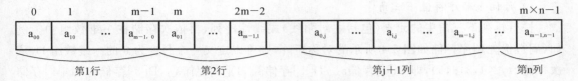

图 5-3　列优先顺序存储二维数组 A_{mn} 时的内存状态

地址的换算关系：

a_{ij} 处于第 $i+1$ 行、第 $j+1$ 列，a_{ij} 前面共有 j 列，需要排 $j \times m$ 个元素，第 $i+1$ 行前面还有 i 个元素，故 a_{ij} 前需要排 $j \times m + i$ 个元素，若每个元素占 d 个字节，元素的首地址为 $\text{LOC}(a_{00})$，则 a_{ij} 的地址为

$$\text{LOC}(a_{ij}) = \text{LOC}(a_{00}) + (j \times m + i) \times d$$

上面数组元素的地址公式,给定某数据元素的下标 i,j,就可以计算出元素的存储地址,从而实现元素的随机存取,提高了数据的访问效率。

熟悉了二维数组的逻辑特征和存储方法后,可以很容易地推广到多维数组。同样,行优先原则和列优先原则也可以推广到多维数组,按行优先原则时先排最右的下标,按列优先原则时先排最左的下标。得到行优先或列优先序列后,可以把它们依次存放在连续的存储空间中,这就是多维数组的顺序存储,同样可实现随机存取。多维数组的地址公式大家可自行推导。

5.2　矩阵的压缩存储

实际问题中的矩阵往往阶数较大,而有效数据(非零元素)相对较少,若采用二维数组存储,会造成存储空间的浪费。如果能把矩阵进行压缩存储,只存储有效数据,而不存储无效数据,这样就可以提高存储空间的利用率。

下面以特殊矩阵和稀疏矩阵为例,讨论矩阵的压缩存储。

◆ 5.2.1　特殊矩阵

特殊矩阵是指数据元素的分布具有一定规律的矩阵。例如,对称矩阵、三角矩阵(上三角阵、下三角阵)及对角矩阵等都属于特殊矩阵,这些特殊矩阵都是 n 阶方阵,可以根据非零元素的分布规律来进行压缩存储。当然,非零元素的分布规律不同,压缩存储的方法也不同。

1. 对称矩阵

满足 $a_{ij} = a_{ji}$；$(0 \leqslant i, j \leqslant n-1)$ 的 n 阶方阵称为对称矩阵。图 5-4 所示为一个 3 阶的对称矩阵。

$$\begin{bmatrix} 1 & 2 & 3 \\ 2 & 4 & 8 \\ 3 & 8 & 5 \end{bmatrix}$$

显然在对称矩阵中,数据元素是按主对角线对称的,上三角与下三角的数据相同,只需存储下三角或上三角中的元素即可,这样可以节省一半的存储空间。我们可以按照行优先或列优先原则将上三角或下三角中的元素排成序列,然后依次存储在连续的存储空间中。由此可得,对称矩阵的顺序存储结构通常有 4 种方法:行优先顺序存储下三角、列优先顺序存储下三角、行优先顺序

图 5-4　3 阶对称矩阵

存储上三角、列优先顺序存储上三角。每种方法中元素的存储地址都可以通过公式计算出来，且具有随机存取的特点。

1）行优先顺序存储下三角

按行排列下三角中的元素（包括主对角线）成线性序列，再依次存储在一维数组中。例如，用行优先顺序存储如图5-4所示的对称矩阵，则可以定义一个长度为6的一维数组D，依次存储（1,2,4,3,8,5），即D[0]存储a_{00}，D[1]存储a_{10}，D[2]存储a_{11}，D[3]存储a_{20}，D[4]存储a_{21}，D[5]存储a_{22}，其他重复的元素则不需要存储。

下面分析一般情况，以图5-5(a)所示的 n 阶对称矩阵为例，行优先顺序存储下三角元素时，元素的排列顺序如图5-5(b)所示，存储在如图5-5(c)所示的一维数组中。

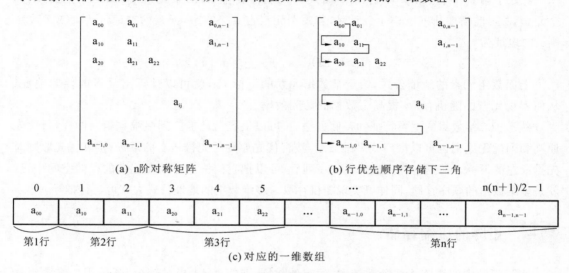

(a) n阶对称矩阵　　　　　　　　(b) 行优先顺序存储下三角

(c) 对应的一维数组

图 5-5　n 阶对称矩阵的压缩存储图示

下三角（包括对角线）中共有 $1+2+3+\cdots+n=n(n+1)/2$ 个数据元素，所以不妨设长度为 $n(n+1)/2$ 的数组 D 存储下三角中的元素。设矩阵下三角中的某一个元素$a_{ij}(i\geqslant j)$对应存储在一维数组的下标变量 D[k] 中，下面的问题就是要找到 k 与 i、j 之间的关系。

a_{ij}处于第 i+1 行、第 j+1 列，a_{ij}前面共有 i 行，需要排 $1+2+\cdots+i=i(i+1)/2$ 个元素，第 j+1 列前面还有 j 个元素，故a_{ij}前需要排 $i(i+1)/2+j$ 个元素，则a_{ij}对应到数组 D 中的下标为 $i(i+1)/2+j$，若要访问上三角中的元素，根据$a_{ij}=a_{ji}$，只需在下三角的基础上，将 i、j 互换即可，由此可以得出下标转换公式：

$$k=\begin{cases}\dfrac{i(i+1)}{2}+j & i\geqslant j（下三角）\\[2mm]\dfrac{j(j+1)}{2}+i & i<j（上三角）\end{cases}$$

例如，前面给出的三阶方阵，下三角中的a_{21}的存储地址代入上述公式得 $k=2\times3/2+1=4$，即a_{21}将存储于 4 号单元，与前面讨论的 D[4] 存储a_{21}是一致的。

2）列优先顺序存储下三角

列优先顺序存储下三角的原理是，将下三角元素按照列优先顺序排列，然后依次存储在长度为 $n(n+1)/2$ 的数组 D 中，先存储第一列，再存储第二列主对角线元素向下的元素，至最后一列的$a_{m-1,n-1}$。

a_{ij} 处于第 $i+1$ 行、第 $j+1$ 列，a_{ij} 前面共有 j 列，需要排 $n+(n-1)+(n-2)+(n-j+1)=j(2n-j+1)/2$ 个元素，第 $i+1$ 行前面还有 $i-j$ 个元素，故 a_{ij} 前需要排 $j(2n-j+1)/2+i-j$ 个元素。若访问上三角中的元素，还可以将 i、j 互换。

$$k=\begin{cases}\dfrac{j(2n-j+1)}{2}+i-j & i\geqslant j（下三角）\\[2mm]\dfrac{i(2n-i+1)}{2}+j-i & i<j（上三角）\end{cases}$$

3）行优先顺序存储上三角

行优先顺序存储上三角与列优先顺序存储下三角对称，因此地址公式相似。

$$k=\begin{cases}\dfrac{i(2n-i+1)}{2}+j-i & i\leqslant j（上三角）\\[2mm]\dfrac{j(2n-j+1)}{2}+i-j & i>j（下三角）\end{cases}$$

4）列优先顺序存储上三角

列优先顺序存储上三角与行优先存储下三角对称，地址公式与其他相似，如下：

$$k=\begin{cases}\dfrac{j(j+1)}{2}+i & i\leqslant j（上三角）\\[2mm]\dfrac{i(i+1)}{2}+j & i>j（下三角）\end{cases}$$

2. 三角矩阵

三角矩阵包括上三角阵和下三角阵两种。上三角阵的主对角线以下（不包括对角线）元素均为常数 C，通常为 0。而下三角阵主对角线以上（不包括对角线）元素均为常数 C，通常为 0。利用压缩存储的原理，只为矩阵中下三角的相同元素 C 分配一个存储单元，且当常数 C 为 0 时，不分配存储空间。

需要为图 5-6 所示的上三角阵定义一个长度 $n(n+1)/2+1$ 的 D 数组，前 $n(n+1)/2$ 个单元用来存储上三角中的元素，最后一个单元存储常数 C。

$$\begin{bmatrix} a_{00} & a_{01} & & & a_{0,n-1} \\ C & a_{11} & a_{12} & & a_{1,n-1} \\ C & C & a_{22} & & \\ & & & \cdots & \\ C & & \cdots & C & a_{n-1,n-1} \end{bmatrix}$$

图 5-6　上三角阵

若上三角阵以行优先顺序存储，则地址公式与对称矩阵的行优先顺序存储上三角的地址公式相似。即上三角阵中的任意一个元素的下标 k 应为

$$k=\begin{cases}\dfrac{i(2n-i+1)}{2}+j-i & i\leqslant j（上三角）\\[2mm]\dfrac{n(n+1)}{2} & i>j（下三角）\end{cases}$$

若上三角阵以列优先顺序存储，则地址公式与对称矩阵的列优先顺序存储上三角的地址公式相似，任意一个元素的下标 k 为

$$k=\begin{cases}\dfrac{j(j+1)}{2}+i & i\leqslant j（上三角）\\[2mm]\dfrac{n(n+1)}{2} & i>j（下三角）\end{cases}$$

同理，对下三角阵也需要定义一个长度为 $n(n+1)/2+1$ 的数组 D 来存储，前 $n(n+1)/2$

个单元用来存储下三角中的元素,最后一个单元用来存储常数 C。

行优先顺序存储与对称矩阵的行优先顺序存储下三角相似,地址公式为

$$k=\begin{cases} \dfrac{i(i+1)}{2}+j & i\geqslant j(下三角) \\[2mm] \dfrac{n(n+1)}{2} & i<j(上三角) \end{cases}$$

列优先顺序存储与对称矩阵的列优先顺序存储下三角相似,地址公式为

$$k=\begin{cases} \dfrac{j(2n-j+1)}{2}+i-j & i\geqslant j(下三角) \\[2mm] \dfrac{n(n+1)}{2} & i<j(上三角) \end{cases}$$

3. 三对角矩阵

$$\begin{bmatrix} a_{00} & a_{01} & 0 & 0 & 0 \\ a_{10} & a_{11} & a_{12} & 0 & 0 \\ 0 & a_{21} & a_{22} & a_{23} & 0 \\ 0 & 0 & a_{32} & a_{33} & a_{34} \\ 0 & 0 & 0 & a_{43} & a_{44} \end{bmatrix}$$

图 5-7　5 阶三对角矩阵

所有非零元素都集中在主对角线及主对角线两侧对称的带状区域,其余部分全部为零的 n 阶方阵为对角矩阵。常见的对角矩阵有三对角矩阵,对角矩阵可以按照行优先顺序、列优先顺序或对角线顺序来存储,每一种存储顺序下都存在非零元素的下标与一维数组中下标之间的对应关系。图 5-7 表示一个 5 阶的三对角矩阵:

以行优先顺序为例,n 阶三对角阵以行优先顺序存储的一维数组如表 5-1 所示。

表 5-1　三对角阵对应的一维数组

0	1	2	3	4	…	12	…	3n−3
a_{00}	a_{01}	a_{10}	a_{11}	a_{12}	…	a_{44}	…	a_{m-1n-1}

在三对角矩阵中,除了第一行和最后一行中有 2 个非零元素外,其余每行都有 3 个非零元素。元素 a_{ij},位于第 i+1 行、第 j+1 列,则排在它前面的 i 行中共有 2+(i−1)3=3i−1 个元素;第 3 行 i=2,有 1 个零元素;第 4 行,i=3 时,有 2 个零元素;在第 i+1 行中,会有 i−1 个零元素,排在它前面的还有 j−(i−1)=j−i+1 个元素。因此,下标 k=(3i−1)+(j−i+1)=2i+j。

总的来说,上述讨论的几种特殊矩阵中的元素排列都是有规律的,因此,可以利用这些规律来进行压缩存储。由于非零元素的下标与一维数组中的下标之间存在一定的换算关系,所以可以实现随机存取。但若非零元素的分布没有规律可循,是否还具有随机存取的性质呢?下面来分析稀疏矩阵的压缩存储。

◆ 5.2.2 稀疏矩阵

在一个矩阵中,若非零元素的个数远远小于矩阵元素的总个数,则该矩阵称为稀疏矩阵。稀疏矩阵中非零元素少,且排列没有规律,如图 5-8 所示。

为了节省存储空间,稀疏矩阵也可以压缩存储,通常采用只存储非零元素的方法。由于非零元素的分布没有规律,所以在存储非零元素值的同时,还需要存储非零元素的位置,即行号和列号。因此,矩阵中的每一个非零元素需要存储的信息有行号 i、列号 j、非零值 v。我们将这种存储稀疏矩阵的方法称为三元组法。

$$A_{6\times7}=\begin{bmatrix} 0 & 11 & 0 & 0 & 0 & 0 & 0 \\ 0 & 0 & 0 & 0 & 0 & 0 & 0 \\ -3 & 0 & 0 & 0 & 0 & 7 & 0 \\ 0 & 0 & 0 & 6 & 0 & 0 & 0 \\ 0 & 0 & 0 & 0 & 0 & 0 & 0 \\ 0 & 0 & 5 & 0 & 0 & 0 & 0 \end{bmatrix} \qquad B_{6\times7}=\begin{bmatrix} 4 & 0 & 0 & 0 & 0 & 0 & 0 \\ 0 & 0 & 0 & 9 & 0 & 0 & 0 \\ 2 & 0 & 0 & 0 & 0 & 0 & 0 \\ 0 & 0 & 0 & 0 & 0 & 0 & 0 \\ 0 & 0 & 0 & 0 & 0 & 0 & 0 \\ 0 & 0 & 0 & 0 & 0 & 0 & 0 \end{bmatrix}$$

图 5-8 所示的矩阵

矩阵 B 中的非零元素有 3 个,则应存储为(1,1,4),(2,4,9),(3,1,2)。

稀疏矩阵的三元组可以采用顺序存储或链接存储,对应稀疏矩阵的三元组顺序表和十字链表。

1.三元组顺序表

采用数组存储每个非零元素,将三元组表中的三元组按照行优先的顺序排列成一个序列。表 5-2 所示是矩阵 A 的三元组顺序表。

表 5-2 矩阵 A 的三元组顺序表

信息	0	1	2	3	4
i	1	3	3	4	6
j	2	1	6	4	3
v	11	−3	7	6	5

为了运算方便,定义三元组时,还需要存储矩阵的行数和列数及非零元素的个数。

三元组顺序表存储结构的 C 语言描述如下:

```
#define  MAX  16   /*非零元素的个数*/
typedef  struct
{  int i,j;/*非零元素所在的行、列*/
int  v;            /*非零元素值*/
}Node;            /*三元组类型 */
typedef  struct
{  int m,n,t;/*矩阵的行、列及非零元素的个数 */
     Node  data[MAX];   /*三元组表 */
}Matrix;         /*三元组顺序表的存储类型 */
Matrix A,B;
```

稀疏矩阵的压缩存储节约了存储空间,但无法实现随机存取,矩阵运算的算法较复杂。

下面以矩阵的加法为例,分析在三元组顺序表上的算法实现。

设有同构的两个稀疏矩阵 A 和 B,求矩阵 Q＝A＋B。三个矩阵都采用三元组顺序表进行存储。该算法的具体思想如下:

(1)分别从矩阵 A 和 B 中取出编号最小的两个非零元素(见表 5-3、表 5-4),并比较二者编号。

(2)若两个编号相等(行号、列号都相等),则求两个非零元素的和 v,若 v 不等于零,则存入 Q。

（3）若 A 中当前元素的编号较小（行号较小，或行号相等列号较小），则将 A 中当前元素存入 Q；否则将 B 中当前元素存入 Q。

（4）若 A、B 其中一个矩阵中的元素全部存入 Q，则将另外一个矩阵中剩余元素依次存入 Q 中，如表 5-5 所示。

表 5-3　矩阵 A 的三元组表

	i	j	v
0	1	2	11
1	3	1	−3
2	3	6	7
3	4	4	6
4	6	3	5
...			
MAX−1			

表 5-4　矩阵 B 的三元组表

	i	j	v
0	1	1	4
1	2	4	9
2	3	1	2
3			
4			
...			
MAX−1			

表 5-5　矩阵 Q 的三元组表

	i	j	v
0	1	1	4
1	1	2	11
2	2	4	9
3	3	1	−3
4	3	6	7
5	4	4	6
6	6	3	5
...			
MAX−1			

在矩阵求和的过程中，原矩阵中的非零元素有可能在结果矩阵中变成零元素，零元素有可能变成非零元素，所以若结果矩阵的值直接保存在 A 或 B 中，算法比较简单，但效率较低，时间复杂度为 O(m+n)。可以另设一个矩阵 Q 来保存结果，提高了时间效率，但算法相对要复杂一些。

算法的 C 语言描述如下：

```c
void add(Matrix A, Matrix B, Matrix *Q)
{ int m=0,n=0,k=0;
  int flag;
  /*定义标签变量,比较时,若 A 的下标较小,其值为-1,B 的下标较小时,值为 1,若相等,值为 0*/
  while((m<A.t)&&(n<B.t))
      /*将矩阵 A、B 中的非零元素按编号大小依次进行比较*/
  { if(A.data[m].i ==B.data[n].i)   /*行号相等*/
      if(A.data[m].j==B.data[n].j)  /*列号也相等*/
        flag=0;          /*置标签变量为 0*/
      else if (A.data[m].j<B.data[n].j)        /*A 中当前元素列号较小*/
        flag=-1;         /*置标签变量为-1*/
      else flag=1;                 /*B 中当前元素列号较小*/
    else if (A.data[m].i<B.data[n].i) /*A 的行号小,置标签为-1*/
      flag=-1;
        else flag=1;                 /*B 的行号小,置标签为 1*/
    if(flag ==0)         /*行号、列号相等时*/
    {Q->data[k].v=A.data[m].v+B.data[n].v;
      if(Q->data[k].v)              /*非零元素需要存储*/
      {Q->data[k].i=A.data[m].i;
      Q->data[k].j=A.data[m].j;
      k++;
      }
    else if(flag ==-1)          /*A 中元素下标小,复制到 Q 中*/
      {Q->data[k].i=A.data[m].i;
      Q->data[k].j=A.data[m].j;
      Q->data[k].v=A.data[m].v;
      k++; m++;
      }
    else          /*B 中当前元素编号较小时,将 B 中当前元素存入 Q*/
      {Q->data[k].i=B.data[n].i
      Q->data[k].j=B.data[n].j;
      Q->data[k].v=B.data[n].v;
      k++; n++;
      }
  }
  while(m<A.t)    /*A 中剩余的元素依次存入 Q 中*/
  { Q->data[k].i=A.data[m].i;
    Q->data[k].j=A.data[m].j;
    Q->data[ k].v=A.data[m].v;
    k++;m++;
    }
```

数据结构
（C语言版）

```
    while(m<B.t)    /*将 B 中的剩余元素依次存入 Q 中*/
    { Q->data[k].i=B.data[n].i;
      Q->data[k].j=B.data[n].j;
      Q->data[k].v=B.data[n].v;
      k++; n++;
    }
    Q->m=A.m;
    Q->n=A.n;
    Q->t=k;
}
```

三元组能够对矩阵进行加、减运算，但不适合于乘法运算，针对需要移动元素的问题，一般采用链接存储。

2. 十字链表

十字链表是稀疏矩阵的链接存储结构。在插入、删除操作时，不需要移动元素，效率较高。

十字链表存储稀疏矩阵的基本思想是，将稀疏矩阵中的每个非零元素都用一个包含五

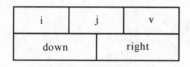

图 5-9 十字链表的结点结构

个域的结点来表示，存储非零元素所在行的行号 i、非零元素所在列的列号 j、非零元素值 v，以及行指针 right 和列指针 down，两指针分别指向同一行中的下一个非零元素结点和同一列中的下一个非零元素结点。十字链表的结点结构如图 5-9 所示。

在十字链表中，同一行中的非零元素通过 right 指针链接在一个链表中，同一列中的非零元素通过 down 指针也链接在一个单链表中，每个非零元素既处于某行链表中，也处于某列链表中，就形成了交叉的十字链表。

通常，为了运算方便，将行号和列号相同的单链表附加一个头结点（right 指向行头结点，down 指向列头结点），使得行、列都成为一个带表头结点的单循环链表。注意：这里行列链表共用一个头结点。

然后再将第 i 行（列）的头结点的值域指向第 i+1 行（列）的头结点，以此类推，形成一个头结点的单循环链表。给这个循环链表设一个总头结点，总头结点的 i 和 j 域存储矩阵的行数和列数。

从图 5-10 中，容易发现总头结点、头结点与非零元素结点的结构相同。每一行链表可以通过 right 指针找下一个非零元素，每一列链表可以通过 down 指针找下一个非零元素。比如，在稀疏矩阵 A 的十字链表存储结构中共包含 7 个头结点，其中 HA 为总头结点，其余 6 个头结点 H1、…、H6 是行（列）单循环链表的头结点。为了让读者看清楚单循环链表的结构，头结点 H1、…、H6 重复画了两遍，但实际上只存储一遍。当稀疏矩阵的行数和列数不等时，头结点的个数应该取行数和列数的最大值。头结点与非零结点的区别在于，非零结点的值 v 是整型的变量，而头结点的值 v 为指针类型，所以，可以使用一个共用体类型来表示。

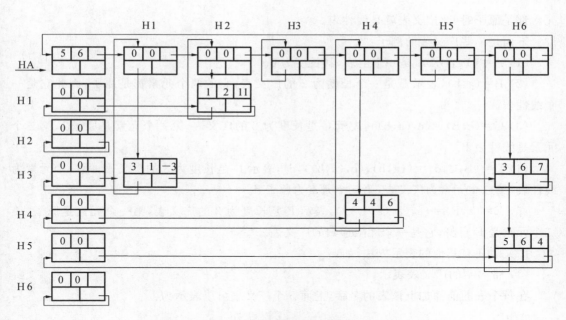

图 5-10 矩阵 A 的十字链表

十字链表结点的存储结构用 C 语言描述如下：

```
typedef struct Node
{ int i,j;                    /*非零元素所在的行、列*/
  struct Node *down,*right;   /*行指针和列指针*
  union v_ next;              /*共用体类型*/
  { int v;                    /*非零元素的非零值*/
    struct Node *next;        /*指向下一个头结点*/
  }
}LNode;          /*十字链表中结点的类型*/
```

十字链表能够实现非零元素的插入和删除，只需要修改指针即可。由于不能随机存取，运算的时间主要消耗在查找上。

5.3 广义表

广义表是线性表的推广，线性表中的每个元素讨论的都是基本的数据类型，如整型、实型等，而广义表允许表中的元素可以是表。

◆ 5.3.1 广义表的定义

一般地，我们令小写字母表示普通的数据类型（称为原子类型，不可再分），大写字母表示线性表或广义表（可以包含其他原子类型）。先来看一个广义表的例子，如 LS＝(a,(b,c))，广义表 L 包含两个数据元素，第一个数据元素是原子 a，第二个数据元素是线性表(b,c)。

广义表是 $n(n \geqslant 0)$ 个元素 $(a_1, a_2, \cdots, a_n)$ 构成的有限序列，元素 a_i 可以是原子也可以是广义表。数据元素的个数 n 为广义表的长度，n＝0 时称为空表，即表中不含任何元素。显然，广义表是一种递归的定义，因为广义表中的数据元素还可以是广义表。当广义表中的所有元素都是原子时,此广义表就是线性表。

下面是一些广义表的例子:

(1) A＝(),表示 A 是一个空表,其长度为0。

(2) B＝(a,b),表示 B 是一个长度为 2 的广义表,它的两个元素都是原子,因此它是一个线性表。

(3) C＝(c,B)＝(c,(a,b)),表示 C 是长度为 2 的广义表,第一个元素是原子 c,第二个元素是线性表 B。

(4) D＝(B,C,d)＝((a,b),(c,(a,b)),d),表示 D 是长度为 3 的广义表,第一个元素为线性表,第二个元素为广义表,第三个元素为原子 d。

(5) E＝(a,E)＝(a,(a,(a…))),表示 E 是长度为 2 的广义表,第一个元素是原子,第二个元素是 E 自身,它是一个无限递归的广义表。

广义表还有其他的表示方法,如:

(1) 带名字的广义表表示。

在每个表的前面加上该表的名字,上面 5 个广义表可以表示为:

A()

B(a,b)

C(c,B(a,b))

D(B(a,b),C(c,(a,b)),d)

E(a,E(a,E(a,E(…))))

(2) 广义表的图形表示。

用非分支结点表示原子,用分支结点表示广义表(空表除外,空表中不含元素,所以也用非分支结点表示)。

如图 5-11 所示,元素间的包含关系用箭头表示,A 中没有箭头,即 A 不包含任何元素,故 A 为空表;B 包含两个原子 a、b,故 B 为线性表;C 包含原子 c 和线性表 B;D 包含原子 d,线性表 B 和广义表 C;E 包含原子 a 和广义表 E。

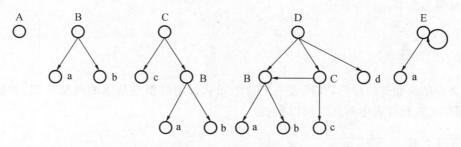

图 5-11　广义表的图形表示

当广义表中的元素全部都是原子时,广义表就是线性表,因此也可以说线性表是特殊的广义表。若广义表中既包含原子,又包含广义表,但没有共享和递归,如广义表 C,则此时的广义表就是一棵树,我们称这种广义表为纯表。允许结点的共享但不允许递归的广义表为再入表,图 5-11 中的广义表 D 为再入表,对应为图形结构。允许递归的表称为递归表,图 5-11中的广义表 E 为递归表,表 E 是其自身的子表。递归表、再入表、纯表、线性表的关系满足:

递归表⊇再入表⊇纯表⊇线性表

◆ **5.3.2　广义表的运算**

广义表主要有以下四个特殊的运算：求表头 Head(LS)、求表尾 Tail(LS)、求表深、求表长。

1. 广义表的表头（Head）

广义表的表头为广义表的第一个元素。例如：

Head((a,b))＝a，注意这里的广义表 LS＝(a,b)，其第一个元素为 a。

Head((a))＝a，这里的广义表 LS＝(a)，故表头也为 a。

2. 广义表的表尾

广义表的表尾（Tail）为广义表中除第一个元素外，剩下所有的元素组成的广义表。例如：

Tail((a,b))＝(b)，表头外的剩余元素为 b，但千万不要忘了，剩余元素构成的表，需要人为加"( )"，故表尾为(b)。

Tail(((a,b),c,(a,b)))＝(c,(a,b)))，剩余元素为 c,(a,b)，表尾为(c,(a,b))。

3. 广义表的表深

表深指广义表嵌套括号的最大层数。如(a,b)的深度为 1,((a,b),c,(a,b))的深度为 2，E＝(a,E)，广义表 E 的深度为无穷大。

4. 广义表的表长

表长指广义表中数据元素的个数。如(a,b)的表长为 2,((a,b),c,(a,b))的表长为 3。

任何一个非空广义表 LS ＝$(a_1,a_2,\cdots,a_n)$均可分解为表头和表尾两个部分。反之，一对表头和表尾也可唯一确定一个广义表。根据表头、表尾的定义可知：任何一个非空广义表的表头是表中第一个元素，它可以是原子，也可以是表，但表尾必定是表。

请读者注意区分：广义表( )和(( ))不同。前者是长度为 0 的空表，其表头和表尾均为( )，而后者是长度为 1 的非空表，其表头和表尾均是空表( )。

本章小结

本章以二维数组为例，介绍了多维数组的存储结构。多维数组可以按照行优先和列优先进行存储，具有随机存取的特性。特殊矩阵如对称矩阵、三角阵等由于其元素的分布具有规律，因此能够进行压缩存储，且保留了随机存取的特性。虽然稀疏矩阵也可以进行压缩存储，但由于数据元素的分布不具有规律性，因此稀疏矩阵失去了随机存取的特性。最后，讨论了广义表的定义及广义表的运算，广义表具有求表头、表尾、表深、表长 4 种特殊运算。

本章习题

一、名词解释题

三元组表、十字链表、广义表。

二、选择题

下面说法正确的是（　　）。

A. 广义表的表尾通常是一个广义表，但有时也可以是一个原子

B. 广义表的表尾总是一个广义表

C. 广义表的表头总是一个广义表

D. 广义表的表头总是一个原子

三、填空题

1. 二维数组在采用顺序存储时，元素的排列方式有_____和_____两种。

2. 在特殊矩阵和稀疏矩阵中，经过压缩存储后会失去随机存取的特性的是_____。

3. 设有一个10阶的对称矩阵A，以行优先顺序存储下三角元素，其中 a_{00} 为第一元素，其存储地址为1，每个元素占一个字节，则 a_{85} 的地址为_____；若 a_{11} 为第一元素，那么 a_{85} 的地址为_____。

4. 广义表常分成四类，分别是_____、_____、再入表和_____。

5. 广义表((a,b),(c,d))的表头是_____，表尾是_____，表长是_____，表深是_____。

四、简答题

请画出下列广义表的图形表示。

A＝(a,b,c)

B＝(A,d)

C＝(x,A,B)

第6章 树

树是树形结构的简称,是一种经典的非线性结构。树形结构与自然界中的树非常相似,结点之间有分支和层次关系。区别在于:自然界中的树根在最下面,向上依次是分支和叶子,而计算机中的树形结构根结点一般在最上面,向下依次是分支和叶子。也就是说,计算机中的树是倒着的。树在实际应用中比较广泛,如企业的组织机构、家族的族谱、计算机中字符的二进制编码等。

树形结构的逻辑特征是:有且仅有一个开始结点,称为根,根有若干个后继结点,其余的内部结点都有且仅有一个前驱结点,若干个后继结点。在树形结构中,某结点和其后继结点的关系是一对一或一对多。

本章首先简单介绍树的基本概念,然后重点介绍二叉树的相关概念、二叉树的逻辑结构、二叉树的存储结构及二叉树的遍历,随后讨论线索二叉树及如何在线索二叉树上实现遍历运算。为进一步研究树的存储结构,还讨论了森林、树与二叉树之间的相互转换问题。最后针对另外一种特殊的二叉树——哈夫曼树,详细探讨了哈夫曼树的建立、哈夫曼编码及译码。

6.1 树的定义

下面给出一个树形结构的例子。该树采用二元组表示如下:

设 tree=(N,S)。r∈s,N={A,B,C,D,E,F,G,H,I,J}

r={<A,B>,<A,C>,<A,D>,<B,E>,<B,F>,<D,G>,<G,H>,<G,I>,<I,J>}

树的图示形式如图 6-1 所示。

用二元组来定义树的逻辑结构如下。

设 tree=(N,S)。其中 N 是结点的非空有限集合,S 是 N 中结点之间关系的集合。

设关系 r∈S,满足如下条件。

(1) N 中有且仅有一个开始结点,称为树的根;

(2) 除根结点外,N 中其余的结点有且仅有一个前驱结点;

(3) 从根出发均能访问其余任何一个结点。

满足以上条件的结构为树形结构。

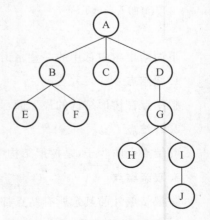

图 6-1　树的图示形式

由图 6-1,不难发现根结点为 A,根结点有三个后继结点,分别为 B、C、D;B 有一个前驱结点 A,有两个后继结点 E、F;D 有一个前驱结点 A,有一个后继结点 G;G 有一个前驱结点 D,有两个后继结点 H、I;J 有一个前驱结点 I,没有后继结点。

下面我们可以将线性结构与树形结构做一个比较,如表 6-1 所示。

表 6-1　树形结构与线性结构的比较

结构类型	开始结点个数	终端结点个数	结点之间的关系
线性结构	1	1	一对一
树形结构	1	多个	一对一,一对多

由此可以看出,树形结构在线性结构的基础上,放宽了对后继结点的限制,即结点不再只有一个后继结点,而是有多个后继结点。

从图 6-1 中还能看出,若去掉根结点 A 后,剩余了三棵树,第一棵树以 B 为根结点,第二棵树以 C 为根结点,第三棵树以 D 为根结点,即一棵树由根结点加若干棵子树构成。下面给出树的递归定义:

树是 n(n≥0)个结点的有限集合(记作 T),它满足两个条件:

(1) 有且仅有一个开始结点,称之为根;

(2) 其余的结点可分为 m(m≥0)个互不相交的有限集合 T_1,T_2,…,T_m,其中每个集合又是一棵树,称其为根的子树。

树的表示方法有多种,除了前面介绍的二元组表示法和图示法外,还有其他三种常用的表示方法:凹入表表示法、嵌套集合表示法和广义表表示法,如图 6-2 所示。

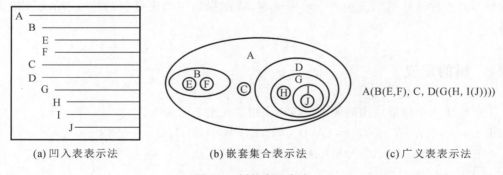

　　(a)凹入表表示法　　　　　　　　(b)嵌套集合表示法　　　　　　　(c)广义表表示法

图 6-2　树的表示方法

下面给出树中常用的一些术语,有助于加深读者对树形结构的理解。

1. 根结点

根结点在树形结构的最上面,是唯一的一个开始结点。

2. 叶结点

叶结点也叫叶子,是树形结构中的终端结点,即叶子不再有分支。

3. 双亲结点

除根结点外的其余所有结点都有且仅有一个前驱结点,称为该结点的双亲结点。

4. 孩子结点

某结点的若干个后继结点称为该结点的孩子结点。

5. 兄弟结点

双亲相同的结点互为兄弟结点。在图 6-1 所示的树中，A 为根结点，它无前驱结点，且 A 是树的开始结点，B、C、D 是 A 的孩子结点，它们处于同一层次，且互为兄弟结点。

6. 层数

约定根结点的层数为 1，其余结点的层数等于双亲结点的层数加 1。而树中层数最大的结点的层数定义为树的高度或树的深度。在图 6-1 所示的树中，A 的层数为 1，B、C、D 的层数为 2，E、F、G 的层数为 3，H、I 的层数为 4，J 的层数是 5，树的高度为 5 或树的深度为 5。

7. 度数

每个结点分支的个数，称为该结点的度，树中度最大的结点的度数称为该树的度。例如，在图 6-1 所示的树中，A 的度数为 3，B、G 的度数为 2，D 的度数为 1。度不为 0 的结点 A、B、D、G、I 又称为分支结点，其余结点 E、F、C、H、J 的度数为 0，都是叶子结点。因为最大的度为 3，因此该树的度为 3，也称该树为度为 3 的树，或 3 度树或 3 叉树。

8. 路径

路径是树中结点的序列，设结点序列为 $b_1, b_2, \cdots, b_m$，若序列中任意两个相邻结点都满足 b_i 是 b_{i+1} 的双亲（$1 \leq i \leq m-1$），则称该结点序列为从 b_1 到 b_m 的路径。

路径长度为序列中结点数减 1，即所经过的边的数目。若树中存在一条从 b_1 到 b_m 的路径，则称 $b_1, b_2, \cdots, b_{m-1}$ 为 b_m 的祖先，而 b_m 是 $b_1, b_2, \cdots, b_{m-1}$ 的子孙。某个结点的祖先是从根结点到该结点的路径上经过的所有结点，即路径上排在该结点前面的所有结点均是该结点的祖先，而路径上排在某结点后面的任意一个结点都是该结点的子孙。

9. 有序树与无序树

如果树中所有子树都看成是以从左到右的次序排列，且次序不能改变，则称这样的树为有序树。

若子树的位置并没有固定的排序，这样的树为无序树。

一般用图示法表示的树都认为是有序树，而用二元组表示的树可以看成是无序树。

10. 森林

森林是 $m(m \geq 0)$ 棵互不相交的树的集合。特殊地，森林可以只包含一棵树，但一般的森林包含若干棵树。

树和森林的概念有直接的联系：一棵树可以看成是一个根结点加若干棵子树构成的森林，而将若干棵树构成的森林中添加一个根结点，会使得森林变成一棵树。

从上面的讨论中可以看出，树中每个结点可以有多个后继，如何设计一个合适的存储结构并体现结点间一对多的关系，是研究树的基本运算的前提。若采用顺序存储结构，很难表示一对多的关系；若采用链接存储结构，每个结点中需要包含多个后继指针，造成存储空间的浪费。

6.2 二叉树

二叉树是一种特殊的树形结构，也是比较重要的树形结构，即一个结点的度最多为 2，由于一个结点最多有两个分支，所以在链接存储结构中，只要设计两个指针域即可，不会造成太大的存储空间浪费。一般的树能够很容易地转化为二叉树,一般树的运算也可以通过转化为对应的二叉树来进行;另外,计算机中的数据以二进制的形式表示,对应到二叉树上,可以用 0 表示左分支,用 1 表示右分支。综上所述,二叉树具有广泛的应用价值。

◆ 6.2.1 二叉树的定义及性质

二叉树(binary tree)是 n(n≥0)个结点的有限集合,满足如下条件。

(1) 当 n＝0 时,为空二叉树;

(2) 当 n＞0 时,是由一个根结点及两棵互不相交的分别称作根的左子树和右子树组成的二叉树。

从上面的定义可以看出,二叉树的定义也是递归的,即二叉树可以为空,也可以由根和左、右子树组成,左、右子树也是二叉树,它们也可以为空。这样,二叉树可以有 5 种基本形态(见图 6-3)。

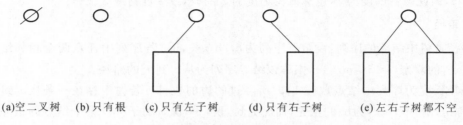

(a)空二叉树　(b)只有根　(c)只有左子树　　(d)只有右子树　　(e)左右子树都不空

图 6-3　二叉树的 5 种基本形态

只有左子树或右子树的二叉树是最极端的情况,对应称为左单支树或右单支树。

在二叉树中,每个结点左子树的根称为该结点的左孩子,右子树的根称为该结点的右孩子。

在如图 6-4 所示的二叉树中,结点 A 的左孩子为 B,右孩子为 D;结点 B 的左孩子为 C,右孩子为 F;结点 C 的左孩子为 E;结点 D 的左孩子为 H,右孩子为 G;结点 H 的右孩子为 I。二叉树与一般树的区别在于,二叉树是有序树,对于某个结点,若其只有一棵子树,也需要区分是左子树还是右子树(见图 6-5),而一般树若只有一棵子树,则无须区别左、右,一般树以垂直的子树表示树只有一个分支的情况。另外,二叉树可以为空,但一般树不可以为空。

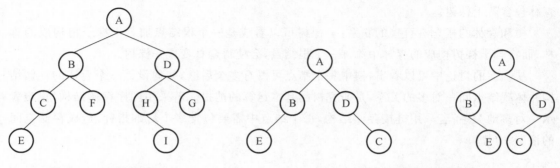

图 6-4　二叉树的图示　　　　　**图 6-5　两棵不同的二叉树**

请大家注意区分二叉树与度为 2 的树,二叉树中结点的度最多为 2,包含 5 种形态,若只有根结点,其度为 0;若有左单支或右单支,其度为 1。因此,二叉树是度最多为 2 的树。度为 2 的树中需要至少包含一个度为 2 的结点,即度为 2 的树必有一个结点的度为 2,而二叉树则不一定包含度为 2 的结点。

二叉树具有以下重要的性质。

性质 1 二叉树第 i 层上最多有 $2^{i-1}(i\geqslant 1)$ 个结点。

证明 采用数学归纳法证明。

当 i＝1 时，二叉树的第一层只有一个根结点，将 i＝1 代入公式，$2^{i-1}=2^{1-1}=2^0=1$，当 i＝1 时，上述式子成立。

假设 $\forall j$，令 $1<j<i$，第 j 层满足上述式子，有 2^{j-1} 个结点，则 2^{j-1} 个结点在第 j＋1 层上每个结点至多有 2 个分支，会引出 2 个结点，即，第 j＋1 层上最多有 $2^j(=2\times 2^{j-1}=2^{(j+1)-1})$ 个结点。

故假设成立，得证。

性质 2 深度为 k 的二叉树最多有 $2^k-1(k\geqslant 1)$ 个结点。

证明 深度为 k 的二叉树共有 k 层，由性质 1 可得，结点数最多为 $2^0+2^1+\cdots+2^{k-1}=\dfrac{1-2^k}{1-2}=2^k-1$，得证。

性质 3 在任意一棵二叉树中，若叶子结点数为 n_0，度为 2 的结点数为 n_2，则 $n_0=n_2+1$。

证明 令二叉树共有 n 个结点，因为二叉树中的结点共分为 3 类：度为 0 的结点（个数为 n_0），度为 1 的结点（个数为 n_1），度为 2 的结点（个数为 n_2），故有下式成立：

$$n = n_0 + n_1 + n_2 \tag{1}$$

而二叉树中，每一个度为 2 的结点会引出 2 个结点，每一个度为 1 的结点会引出 1 个结点，度为 0 的结点不会引出结点，需要注意的是根结点不会被任意一个结点引出，因此下式成立。

$$n = 1 + 1\times n_1 + 2\times n_2 \tag{2}$$

联立(1)(2)可得，$n_0=n_2+1$，得证。

性质 3 还可以进行推广，读者可以进行类比，证明三叉树、四叉树……的性质。

若二叉树的深度为 k，前 k 层全部排满，我们称这样的二叉树为满二叉树。

设一棵二叉树的深度为 k，若前 k－1 层为满二叉树，但第 k 层不满，且所有的结点依次从左向右排列，我们称这样的二叉树为完全二叉树。若最后一层的结点不是从左至右排列的，则称这样的二叉树为类似完全二叉树。具体如图 6-6 所示。

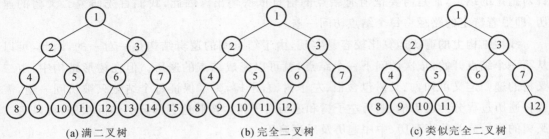

(a) 满二叉树　　　　　　　(b) 完全二叉树　　　　　　(c) 类似完全二叉树

图 6-6　特殊形态的二叉树

显然，满二叉树是完全二叉树，但完全二叉树不一定是满二叉树，需要看最后一层结点的情况，若最后一层排满，则为满二叉树，最后一层结点没有排满，则为完全二叉树。

■ 性质 4 具有 n 个结点的完全二叉树的深度为 $\log_2 n \downarrow + 1$ 或 $\log_2(n+1) \uparrow$。

■ 证明 设具有 n 个结点的完全二叉树的深度为 k，由完全二叉树的定义可知，前 k−1 层为满二叉树，由性质 2 可得，前 k−1 层共有 $2^{k-1}-1$ 个结点，第 k 层最少有 1 个结点，最多有 2^{k-1} 个结点（性质 1），则该完全二叉树的结点数满足下面的式子：

$$2^{k-1}-1+1 \leqslant n \leqslant 2^{k-1}-1+2^{k-1}$$
$$2^{k-1} \leqslant n \leqslant 2^k - 1$$
$$k-1 \leqslant \log_2 n < k$$

$k = \log_2 n \downarrow + 1$，或 $k = \log_2(n+1) \uparrow$，其中，↓ 表示向下取整，↑ 表示向上取整，得证。

■ 性质 5 对一棵具有 n 个结点的完全二叉树，按照从上到下、从左至右的次序将所有结点依次编号，其中根结点的序号为 1，其余结点的序号按层顺序编排。

序号为 i 的结点即为结点 i：

（1）若结点 i 有双亲（即 i>1），则双亲的序号为 $i/2 \downarrow$。

（2）若结点 i 有左孩子（即 $2i \leqslant n$ 时），则左孩子编号为 2i，即某结点的左孩子的序号一定为偶数。

（3）若结点 i 有右孩子（即 $2i+1 \leqslant n$ 时），则右孩子为 2i+1，即某结点的右孩子的序号一定为奇数。

（4）当 i 为偶数且 i≠n 时，它有右兄弟，右兄弟为 i+1；当 i 为奇数且 i≠1 时，它有左兄弟，左兄弟为 i−1。

例如，根结点的序号为 1，则其左孩子的序号为 2，右孩子的序号为 3，对于序号为 10 的结点，则其双亲结点的序号为 5，该结点是双亲的左孩子，其右兄弟的序号为 11。

由性质 5 可知，在由 n 个结点构成的二叉树中，完全二叉树的深度最小，所有的结点均是紧密排列的，最坏的情况是左单支或右单支，深度为 n，每个结点都占一个层。故 n 个结点构成的二叉树的深度 k 的取值范围为

$$\log_2 n \downarrow + 1 \leqslant k \leqslant n$$

完全二叉树中结点的序号及深度在后续的章节中还会继续讨论，请读者加深理解。

◆ 6.2.2　二叉树上运算的定义

任何一种数据结构都涉及查找、插入、删除、排序等基本运算，在二叉树中的查找，并不针对指定的结点，而是需要把所有结点的信息依次输出。因此，我们首先研究二叉树的遍历，即沿着特定的路径将每个结点访问一遍。

线性结构上的遍历运算比较容易实现，由于结点间的逻辑结构是一对一的，因此，可以从第一个结点开始，依次访问下一个结点，就可以完成结点的遍历。但在树形结构中，由二叉树的递归定义可知，二叉树包含根、左子树、右子树，为了保证每个结点只被访问一遍，需要将遍历过程分为遍历根、遍历左子树和遍历右子树。按照这三部分的访问次序，可以将二叉树的遍历分为前序遍历、中序遍历及后序遍历。

1. 二叉树的递归遍历算法

（1）前序遍历。若二叉树非空，则遍历次序如下：

① 访问根结点；

② 前序遍历左子树；

③ 前序遍历右子树。

简化为根－左－右。

（2）中序遍历。若二叉树非空,则遍历次序如下：

① 中序遍历左子树；

② 访问根结点；

③ 中序遍历右子树。

简化为左－根－右。

（3）后序遍历。若二叉树非空,则遍历次序如下：

① 后序遍历左子树；

② 后序遍历右子树；

③ 访问根结点。

简化为左－右－根。

二叉树的遍历实质上是把非线性的结构以线性结构的形式输出,不同的遍历算法,得到的遍历序列不同。

图 6-7 所示是一棵二叉树,其遍历序列为

前序遍历：ABCFGDE。

中序遍历：CBGFADE。

后序遍历：CGFBEDA。

下面说明遍历的过程：

整个二叉树分为三部分：根结点 A,左子树 BCFG,右子树 DE。左、右子树均是二叉树。

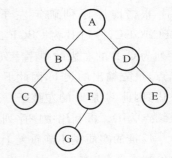

图 6-7 一棵二叉树

前序遍历：按照根－左－右的次序进行遍历。首先访问根结点 A,然后访问前序左子树 BCFG,因为是递归算法,还是先访问左子树的根 B,再访问前序左子树,B 的左子树只有一个结点 C,故访问 C,这样 B 的左子树访问完,前序 B 的右子树 FG,先访问 FG 的根 F,再前序 F 的左子树 G,这样 B 的左、右子树均访问完,即 A 的左子树遍历完。接着前序 A 的右子树 DE,首先访问根 D,前序 D 的左子树（空）,再前序 D 的右子树 E,因此最终的前序遍历序列为 ABCFGDE。

中序遍历：按照左－根－右的次序进行遍历。首先中序左子树 BCFG,BCFG 分成根 B、左子树 C、右子树 FG,因此先访问 C,再访问 B,再中序 FG,其包含根 F,左子树 G,所以依次访问 G、F,这样 A 的左子树访问完,访问根 A,再中序 A 的右子树 DE,其包含根 D,右子树 E,因此依次访问 D、E。中序遍历序列为 CBGFADE。

后序遍历：按照左－右－根的次序进行遍历。首先后序左子树 BCFG,其包含根 B、左子树 C、右子树 FG,因此首先访问 C,再后序 FG,其包含根 F,左子树 G,因此依次访问 G、F,这样 B 的左、右子树遍历完,访问根 B,此时 A 的左子树遍历完,再后序 A 的右子树 DE,其包含根 D,右子树 E,因此依次访问 E、D,最后访问根结点 A。最终得到后序遍历序列为：CGFBEDA。

总结：前序遍历顺着根到叶子的路径,相对比较简单,中序和后序遍历要稍复杂一点,首先都需要访问最左下的结点（假设左子树不空）,中序按照左－根－右的次序,后序按照左－

右—根的次序,在遍历右子树时,同样需要首先访问最左下的结点（假设左子树不空）,直至所有结点都被访问完。

2. 根据遍历序列反推二叉树

对于一棵二叉树,三种遍历的序列是唯一的。因此,可以根据给定的遍历序列反推二叉树,下面分两组情况进行讨论:

1) 给定二叉树的前序和中序序列

假设给定前序序列 ABCFGDE,中序序列 CBGFADE,则反推二叉树的步骤如下。

(1) 由前序序列确定根结点。

前序序列 ABCFGDE 中的第一个遍历出来的结点 A 即为根。

(2) 由中序序列划分左、右子树。

根据已经确定的根结点 A 到中序序列里划分出左子树,A 的左边的中序序列 CBGF 即为 A 的左子树,A 的右边的中序序列 DE 为 A 的右子树。

(3) 重复步骤(1)和步骤(2),至左、右子树为空或最多包含一个结点。

根据前序序列确定左子树 CBGF 的根结点,最先输出的为根结点,由前序序列 ABCFGDE,得到 B 为 CBGF 的根结点。再利用中序序列划分左、右子树,B 的左边的中序序列为 C,B 的右边的中序序列为 GF,因此 C 为 B 的左孩子。再根据前序序列确定 GF 的根结点,最先输出的是 F,因此 F 为 GF 的根结点。再利用中序序列划分左、右子树,G 在 F 的左边,因此 G 是 F 的左孩子。这样 A 的左子树绘制完毕。利用前序序列确定右子树 DE 的根结点为 D。再利用中序序列划分左、右子树,E 在 D 的右边,所以 E 为 D 的右孩子。

反推的实质是不断重复上述步骤,即利用前序序列确定根结点,利用中序序列划分左、右子树。

2) 给定二叉树的后序和中序序列

与前序序列确定根结点类似,给定二叉树的后序序列,仍然可以确定根结点,最后遍历出来的结点为根结点,利用中序序列划分左、右子树,通过不断重复上述步骤,可以绘制出二叉树的形态,具体的过程读者可以自行推导。

6.2.3 二叉树的存储

与线性表采用的两种存储结构类似,二叉树也可以采用顺序存储结构及链接存储结构。

1. 顺序存储

二叉树中一个结点最多有两个后继,需要根据一定的原则把后继排列成线性序列,这样才能映射到一维数组中,且映射后的结果仍然要体现出树形结构的关系,即双亲结点、左孩子和右孩子的关系。前面我们提到过完全二叉树,利用性质 5 我们可以得出,若某结点的序号为 i,则其双亲结点的序号为 i/2↓,左孩子的序号为 2i,右孩子的序号为 2i+1。若将序号作为数组的下标,即完成了结点到一维数组的映射,如图 6-8 所示。根结点存储在 1 号单元,其余结点按层依次存储,如表 6-2 所示。二叉树的顺序存储结构的前提是

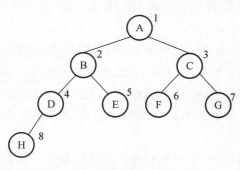

图 6-8 完全二叉树中结点的序号

该二叉树为完全二叉树。因此,需要将非完全二叉树转换为完全二叉树,才能利用完全二叉树的序号进行存储。

表 6-2　完全二叉树中结点之间关系

下标	0	1	2	3	4	5	6	7	8
结点		A	B	C	D	E	F	G	H

当需要将非完全二叉树对应到完全二叉树上时,我们可以将其缺少的结点补成虚点♯,如图 6-9 所示。

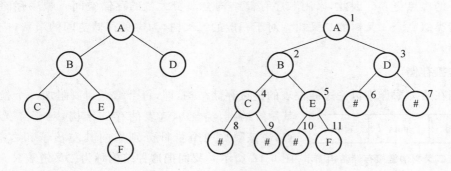

图 6-9　非完全二叉树补成完全二叉树

完全二叉树顺序结构的 C 语言描述:

```
# define N 10
char bt[N+1];          /*N为完全二叉树的结点数,下标为 0 的单元不用*/
```

0 号单元不用,从 1 号单元开始存,存储单元的序号对应完全二叉树的结点序号,这样,仍然能保留结点间的相互关系,虚点♯也要存进对应的单元,如表 6-3 所示。

表 6-3　非完全二叉树的存储结构

下标	0	1	2	3	4	5	6	7	8	9	10	11
结点		A	B	D	C	E	♯	♯	♯	♯	♯	F

若一棵二叉树已经类似完全二叉树,转换成完全二叉树后,需要补的虚点较少;最坏的情况是,原来的二叉树是左单支或右单支,此时需要补的虚点比较多。

首先讨论具有 n 个结点的左单支树的情况,如图 6-10 所示。

n 个结点的左单支树深度为 n,前 n−1 层需要补成满二叉树,第 n 层只有一个结点,由性质 2 可知,具有 n−1 层的满二叉树共有 $2^{n-1}-1$ 个结点,即共有 $2^{n-1}(=2^{n-1}-1+1)$ 个结点,但只有 n 个结点是实际结点,此时补的虚点个数为 $2^{n-1}-n$。

再讨论具有 n 个结点的右单支树的情况,如图 6-11 所示。

n 个结点的右单支树深度为 n,前 n 层需要补成满二叉树,由性质 2 可知,具有 n 层的满二叉树共有 $2^{n}-1$ 个结点,但只有 n 个结点是实际的结点,此时补的虚点个数为 $2^{n}-1-n$。

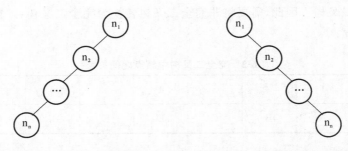

图 6-10　n 个结点的左单支树　　　图 6-11　n 个结点的右单支树

不难发现，无论左单支树还是右单支树，需要补的虚点的个数较多，均为指数数量级，右单支树补的虚点更多。因此，采用顺序存储结构会浪费大量的存储空间。顺序存储结构只适合存储类似完全二叉树的二叉树。对于一般的二叉树，为避免存储空间的浪费，应该采用链接存储。

2. 链接存储

我们在第 2 章详细讨论过线性表的链接存储结构，即，每个结点需要附加一个指针指向

| lchild | data | rchild |

图 6-12　二叉树的链接存储结构图示

其后继结点，类比单链表的存储结构，对于二叉树的结点，应该附加两个指针分别指向其左孩子和右孩子，如图 6-12 所示。我们把这种结构称为二叉链表。

二叉链表存储结构的 C 语言描述如下。

```
typedef struct Node
{ char data;
  struct Node *lchild, *rchild;
}Bitree;
Bitree *root= 0;      /*根结点的指针*/
```

二叉链表中每个结点的类型均为 Bitree 类型，数据域为 data，有两个指针域，lchild 指向左孩子，rchild 指向右孩子。叶子结点的 lchild 和 rchild 为空，如图 6-13 所示。

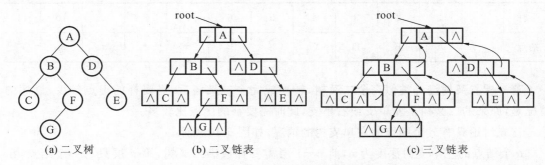

(a) 二叉树　　　　　　(b) 二叉链表　　　　　　(c) 三叉链表

图 6-13　二叉树、二叉链表、三叉链表的存储结构

从二叉链表的定义可得，具有 n 个结点的二叉链表，共有 2n 个指针域。除根结点外，其余任何一个结点（共 n−1 个）均由双亲结点的 lchild 或 rchild 指示，即 2n 个指针域中有 n−1 个非空，其余的 n+1 个指针为空。如何更好地利用这些空指针域，让它们指示一些有用的信息，这就是线索，我们将在线索二叉树中进一步研究。

在二叉链表的存储结构上，实现二叉树的前序、中序、后序遍历运算，需要解决以下两个问题：

（1）如何输入结点序列。

输入各结点的同时，还应该体现结点间的关系，由二叉树的顺序存储结构可知，当把普通的二叉树转换成完全二叉树后，结点间的关系即可通过序号体现，因此，我们需要将普通二叉树补成完全二叉树，并按照完全二叉树的序号依次输入各结点。

例如，建立图 6-13(a)所示二叉树对应的二叉链表，需要从键盘输入层序序列 ABDCF♯E♯♯G@，其中♯表示虚点，@为结束标志。

（2）如何建立结点间的关系。

当读取一个新结点时，若该结点不是虚点，需要判断该结点是其双亲结点的左孩子还是右孩子，因为按照完全二叉树的序号依次输入各结点，双亲结点总是先于孩子结点生成，那么如何得到当前结点的双亲结点呢？需要将结点的指针入队列保存下来，因此，需要借助一个辅助的存储结构——指针队列（存储结点的地址）。

算法的基本思想为：依次读取各结点的数据，若该结点不是虚点，则建立一个新结点。第一个非虚点为根结点，除根结点外的其余新结点建立后，还需要判断当前结点是双亲结点的左孩子还是右孩子，并完成指针的修改。若该结点是虚点，则无须建立新结点。无论当前结点是否是虚点都需要将结点的地址入队列。如此重复，直到遇到结束标志符@。具体的步骤如下。

（1）初始化队列和二叉链表。

（2）读取用户输入的结点信息。若不是虚点，则建立一个新结点，同时将结点的地址入队列。

（3）新结点若为第一个结点，则用根指针 root 指示根结点。否则，从队头中取出双亲结点的指针，若当前结点的编号为偶数，则其为双亲结点的左孩子，否则为双亲结点的右孩子。当一个结点的左、右孩子都已链接完毕，表示当前的双亲结点已处理完毕，队头元素出队。

（4）重复步骤（2）和（3），直到遇到结束标志符@。

二叉树的建立算法的 C 函数描述如下：

```
# define MAXSIZE 100
typedef struct{                /*顺序队列的定义*/
Bitree *data[MAXSIZE];         /*数组 data 用于存储结点的地址*/
int front, rear;               /*front 指示队头，rear 指示队尾*/
} SeQueue;
Bitree *createTree( )
{ SeQueue Q, *q=&Q;            /*q 指示顺序队列*/
Bitree *root=0, *s=0;
char ch;
q->front=1;
q->rear=0;                     /*队列初始化*/
ch=getchar();                  /*输入一个字符*/
while(ch! ='@')                /*循环控制条件，@为结束符*/
{
if(ch! ='#')                   /*当前结点不是虚点*/
  {s=(Bitree *)malloc(sizeof(Bitree));
                               /*申请一个二叉链表的空间，用 s 指示*/
  s->data=ch;                  /*字符存入数据域*/
  s->lchild=0;                 /*左孩子指针赋为空*/
  s->rchild=0;                 /*右孩子指针赋为空*/
  }
```

```
    q->rear++;                    /*入队列*/
    q->data[q->rear]=s;           /*新结点地址或虚点地址入队列*/
    if(root ==0) root=s;          /*用 root 指示第一个结点*/
    else
       {if (s)                    /*新结点不是虚点时,将新结点链接到双亲结点上*/
         {
         if(q->rear%2 ==0)
         q->data[q->front]->lchild=s;
                                  /*新结点的序号为偶数,作为左孩子链接到双亲结点上*/
         else
         q->data[q->front]->rchild=s;
                                  /*新结点作为右孩子链接到双亲结点上*/
         }
       if(q->rear%2==1)
       q->front ++;
                                  /*左右孩子处理完毕后,当前的双亲结点出队列*/
       }
    ch=getchar();                 /*输入下一个字符*/
    }
    return root;
    }
```

二叉树的建立算法会返回根结点的指针,若想验证算法的正确性,需要对该二叉树进行遍历,根据前面的讨论,二叉树有前序、中序、后序遍历。下一小节我们将着重讨论二叉树遍历算法的 C 函数。

◆ 6.2.4 二叉链表上实现二叉树的遍历运算

二叉树的递归遍历算法比较简单,因为二叉树的定义本身就是递归的,因此,递归遍历算法也可以分为三部分,即访问根、递归左子树、递归右子树,只不过在不同的遍历中,算法的递归次序不同。

需要注意的是,递归不能无限制地调用下去,递归算法需要写好调用的出口。在二叉树的递归遍历中,二叉树为空即为递归调用的出口。二叉树的递归遍历算法的 C 函数如下:

```
void PreOrder(Bitree *p)          /*前序递归遍历二叉树*/
{if (p)                           /*当二叉树为空时,遍历运算结束*/
    {  printf("%c",p->data);      /*访问根结点*/
       PreOrder(p->lchild);       /*前序遍历左子树*/
       PreOrder(p->rchild);       /*前序遍历右子树*/
    }
}
```

与前序遍历类似,中序和后序遍历的递归算法如下:

```
void InOrder (Bitree *p)          /*中序递归遍历二叉树*/
{if (p)
    {  InOrder (p->lchild);       /*中序遍历左子树*/
       printf("%c",p->data);      /*访问根结点*/
```

```
        InOrder (p->rchild);/*中序遍历右子树*/
    }
}
void PostOrder (Bitree *p)/*后序递归遍历二叉树*/
{ if(p)
    {   PostOrder (p->lchild);/*后序遍历左子树*/
        PostOrder (p->rchild);/*后序遍历右子树*/
        printf("% c",p->data);/*访问根结点*/
    }
}
```

我们不难发现,递归算法的语句比较少,且结构类似,非常容易编写,区别在于访问根的位置不同,前序遍历遵循访问根－前序左子树－前序右子树的次序,中序遍历遵循中序左子树－访问根－中序右子树的次序,而后序遍历遵循后序左子树－后序右子树－访问根的次序。递归的算法容易编写,但系统执行的过程,需要借助栈来保存递归调用过程的地址、参数、返回值等信息,图 6-14 所示的遍历执行过程和图 6-15 所示遍历系统栈的变化可以帮助读者更好地理解递归调用过程,其中,实线表示递归调用,虚线表示调用的返回结果。为了方便,栈中只保存了调用的参数,即结点的地址,省略了其他信息。

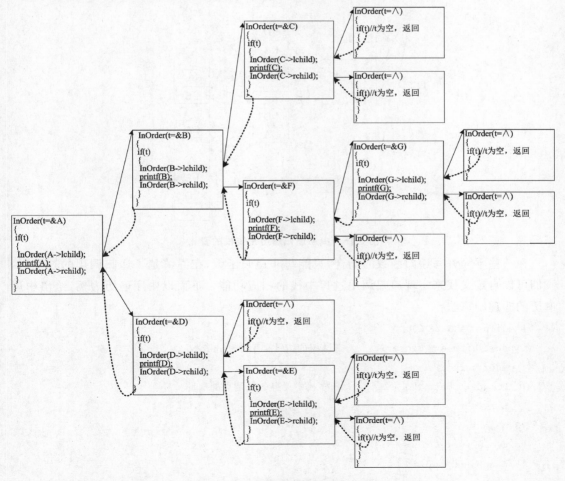

图 6-14　中序递归遍历的执行过程

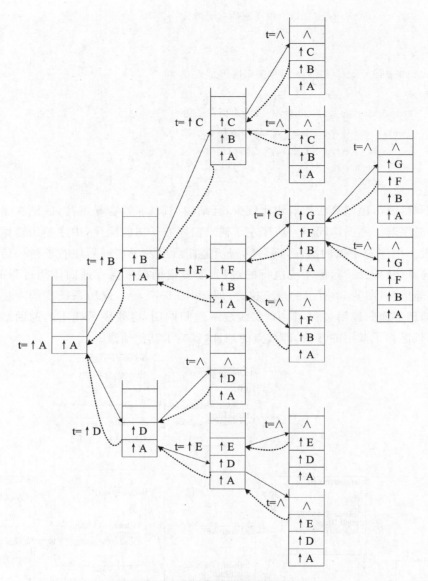

图 6-15　中序递归遍历系统栈的变化

在一些不允许写递归函数的场合，只能写非递归函数，在弄清楚了递归调用的过程后，我们可以自定义栈来实现递归调用过程中栈的相应功能。下面以中序遍历为例，给出中序遍历的非递归算法：

```
# define MAXSIZE 100
typedef Bitree *Pointer;        /*二叉树的指针类型 Pointer*/
typedef struct
{  Pointer  data[MAXSIZE];   /*顺序栈中保存的是结点的地址 */
   int top;
}SeqStack;
void  InOrder2(Bitree *p)
{  SeqStack *s=0;
   s=initSeqStack();              /*初始化顺序栈为空 */
```

```
        while(1)                    /*永真循环*/
        {       while(p)
        {push(s,p);       /*非空结点的地址入栈*/
        p=p->lchild;         /*找最左下结点*/
        }
        if(empty(s))  break;   /*栈空则退出*/
        p=top(s);                 /*读栈顶元素*/
        pop(s);                   /*出栈*/
        printf("%c", p->data);
        p=p->rchild;              /*访问右子树*/
        }
        }
```

与中序遍历的非递归算法类似,前序遍历的非递归算法只是改变了访问根结点的操作位置。因此,只需要适当修改部分语句即可,前序遍历的非递归算法如下:

```
void PreOrder2(Bitree *p)
{ SeqStack *s=0;
  s=initSeqStack();        /*初始化顺序栈为空*/
  while(1)                    /*永真循环*/
  {
      while(p)
      {
      printf("%c", p->data);   /*先访问根结点*/
      push(s,p);                /*指针 p 入栈*/
      p=p->lchild;              /*访问左子树*/
      }
      if(empty(s)) break;       /*栈空则退出*/
      p=top(s);
      pop(s);                   /*读栈顶元素,出栈*/
      p=p->rchild;              /*访问右子树*/
  }
}
```

后序遍历的非递归算法与前序遍历和中序遍历的非递归算法相比,略复杂一些,具体算法请读者自行思考。

6.3 线索二叉树

采用二叉链表存储二叉树时,在含有 n 个结点的二叉链表中,根据前面的讨论,共有 n+1个空指针域。能否利用这些空指针域来提高二叉树上的遍历运算效率呢? 据此本节课重点要研究的内容为线索二叉树。

就二叉树的遍历算法而言,无论递归算法还是非递归算法,每个结点均需要被访问,时间复杂度都是 O(n)。由于借助了栈作为辅助的存储结构,栈的深度又依赖于二叉树的深度,二叉树的深度最好情况下为 $\log_2 n$,最坏为单支树的情况,其深度为 n,因此平均空间复杂度是 O($\log_2 n$)。若能用二叉链表中的 n＋1 个空指针域代替辅助栈的空间，就能使算法的空间复杂度由 O($\log_2 n$)下降为常量级 O(1)，进而提高运算的效率。

具体的做法是利用二叉链表中的 n＋1 个空指针域，若某结点的 lchild 为空，则令 lchild 指示某种遍历下的前驱，若 rchild 为空，则令 rchild 指示某种遍历下的后继，即"左空指前驱，右空指后继"，我们将指向前驱或后继的指针称为线索，将带线索的二叉链表称为线索二叉链表，给二叉链表加入线索的过程称为线索化。对应二叉树的遍历，线索也有三种，即前序线索、中序线索和后序线索。因为修改了空指针，令其指示了某种遍历的前驱或后继，这样的非空指针，例如 lchild，就无法区分其指示左孩子还是前驱，也无法判断 rchild 指示右孩子还是后继，为了区分它们，我们在每个结点增设两个标签——ltag 和 rtag，取值为{0,1}，当标签的值为 1 时，表示建立了线索，当标签的值为 0 时，表示指向左、右孩子，如图 6-16 所示。

$$ltag = \begin{cases} 0 & \text{lchild 中保存该结点的左孩子指针} \\ 1 & \text{lchild 中保存该结点的前驱指针（左线索）} \end{cases}$$

$$rtag = \begin{cases} 0 & \text{rchild 中保存该结点的右孩子指针} \\ 1 & \text{rchild 中保存该结点的后继指针（右线索）} \end{cases}$$

图 6-16　标签 ltag 和 rtag 的值

线索二叉链表的结构如图 6-17 所示。

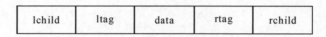

| lchild | ltag | data | rtag | rchild |

图 6-17　线索二叉链表的结点结构

线索二叉链表存储结构的 C 语言描述如下：

```
typedef struct Node
{   char data;
    struct Node *lchild;*rchild;
    int ltag;rtag;
}Bithtree;
```

◆ 6.3.1　中序线索二叉链表

在二叉树的三种遍历算法中，中序遍历具有良好的对称性，往往被重点讨论。下面说明中序线索二叉链表及中序线索化的过程。

图 6-18(a)所示实线表示指针，指向左、右孩子，虚线表示线索指向中序前驱或中序后继。例如，值为 E 的结点，rtag 为 0 表示 rchild 指向右孩子，其右孩子的值为 I，ltag 为 1 表示建立了左线索，lchild 指向 E 的中序前驱 B。需要特别说明的是，结点 G 的 ltag 为 1，同样建立了左线索，但左线索为空，表示 G 没有中序前驱；另外一个结点 K，其 rtag 为 1，表示建立了右线索，但右线索为空，表示 K 没有中序后继。

线索二叉树的存储结构和二叉链表类似，只不过增设了 ltag、rtag 两个标签而已，如图 6-18(b)所示。

对二叉树进行中序线索化时，每个结点均要采用线索二叉链表的存储结构，二叉树的建立前面已经讨论过了，区别在于初始化时将每个结点的 ltag、rtag 标签均置为 0(见图 6-19)，表示并没有建立线索。

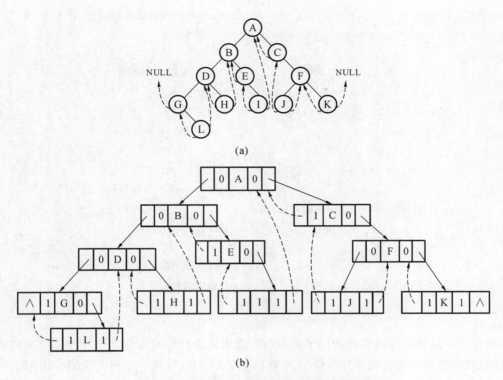

图 6-18　中序线索二叉树及中序线索二叉链表

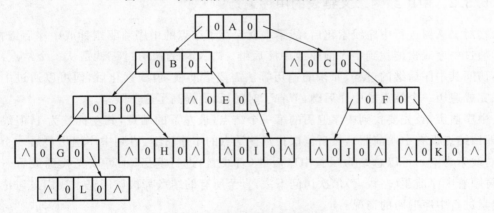

图 6-19　初始化线索二叉链表

中序线索化的过程,只需要按照中序遍历的过程修改线索即可,令指针 pre 始终指向刚刚访问过的结点,指针 p 指向当前正在访问的结点。中序线索化的具体方法如下。

(1) 若结点 * p 有空指针,则将相应的标签置为 1。

(2) 若结点 * p 有中序前驱结点 * pre(pre! =0),则

① 若结点 * pre 的右标签为 1(pre—>rtag==1),则令 pre—>rchild 指向其中序后继 * p,即 pre—>rchild=p,建立右线索;

② 若结点 * p 的左标签为 1(p—>ltag==1),则令 p—>lchild 指向其中序前驱 * pre,即 p—>lchild=pre,建立左线索。

(3) 将刚刚访问过的结点 * p 赋给 * pre,即 pre=p,保留前驱结点指针。

中序线索化算法的 C 语言描述如下:

```
Bithtree *pre=0;                          /*pre 指向当前结点*p 的前驱*/
void Inthread(Bithtree *p)                /*中序线索化*/
{  if(p)
    {  inthread(p->lchild);               /*中序线索左子树*/
        if(p->lchild ==0)   p->ltag=1;    /*建立左线索*/
        if(p->rchild ==0)   p->rtag=1;    /*建立右线索*/
        if(pre!=NULL)                     /*当前结点*p 有前驱*/
          {
            if(pre->rtag==1) pre->rchild=p;
                                          /*修改*pre 的右线索*/
            if(p->ltag==1) p->lchild=pre;
                                          /*修改*p 的左线索*/
          }
        pre=p;                            /*将刚刚访问的结点指针赋给 pre*/
        Inthread(p->rchild);              /*中序线索右子树*/
    }
}
```

读者可以仿照中序线索化的例子进行前序线索化和后序线索化。中序线索二叉树建立好之后，我们要继续讨论在中序线索二叉树上的遍历运算，并进一步研究线索的作用。

◆   6.3.2   中序线索二叉链表的中序遍历

在对二叉树进行中序线索化后，线索中就保存了结点的中序前驱指针或中序后继指针，这样通过中序线索能找到中序前驱或中序后继。二叉树的遍历过程就是从一个结点出发，不断访问其中序后继的过程，原来的遍历算法需要借助栈，但线索化后，便可以通过中序线索来完成遍历一个结点的中序后继，节省了时间，因而提高了遍历效率。

中序遍历，首先要找到中序遍历的第一个结点（最左下的结点，其左标签为 1，但线索为空，即该结点没有中序前驱），然后依次找到该结点的中序后继，直到中序遍历最后一个结点（其右线索为空），可以总结为顺着中序后继（右线索）进行遍历，也可以先找到最后一个结点，再顺着中序前驱（左线索）依次访问下去，直至所有的结点都被访问完。我们只讨论顺着右线索进行中序遍历的情况。

在中序线索下查找 *p 结点的中序后继有两种情况：

（1）若 * p 的右标签为 1（p－＞rtag＝＝1，建立了右线索，rchild 指向中序后继），则 p－＞rchild 指向 * p 结点的中序后继；

（2）若 * p 的右标签为 0（p－＞rtag＝＝0，没建立右线索，rchild 指向右子树的根结点），则 * p 的中序后继为其右子树的最左下结点。也就是从 * p 的右孩子开始，沿左指针往下找，直到找到一个没有左孩子的结点 * q（q－＞ltag ＝＝1），则 * q 就是 * p 的中序后继。由此可得中序线索二叉链表上的中序遍历算法。

在中序线索二叉链表上进行中序遍历算法的 C 函数如下：

```
void InOrderthread(Bithtree * p)          /*中序线索下的中序遍历*/
{  while(p->ltag==0)
    p=p->lchild;             /*找最左下的结点*/
```

```
    while(p)
    {  printf("%c",p->data);        /*输出结点*/
       if(p->rtag==1) p=p->rchild;
                            /*建立了右线索,右线索即为中序后继*/
       else
       {      p=p->rchild;
              while(p->ltag==0)
              p=p->lchild;        /*访问右子树最左下的结点*/
       }
    }
}
```

通过不断地查找中序后继可以完成中序遍历,在提高遍历效率的同时,并没有占用额外的存储空间,使得空间复杂度降低为 O(1)。

◆ 6.3.3 利用中序线索实现前序遍历和后序遍历

利用中序线索不但能方便地进行中序遍历,还可以方便地进行前序和后序遍历。

若可以利用中序线索找到每个结点在前序遍历下的前驱或后继,便可以进行前序遍历。由于前序遍历的次序为根－左－右,利用中序线索找 *p 结点前序遍历下的后继的方法如下:

(1) 若 *p 有左孩子,则左孩子为前序后继;

(2) 若 *p 无左孩子但有右孩子,则右孩子为前序后继;

(3) 若 *p 既无左孩子也无右孩子,则沿着 *p 结点的右线索(q－>rtag==1)一直向上走,直到找到 *q 结点,q－>rchild 不是线索是指针(q－>rtag==0),此时 *(q－>rchild)结点就是 *p 的前序后继。

利用中序线索进行前序遍历算法的 C 函数如下:

```
void PreOrderthread(Bithtree *p)            /*中序线索下的前序遍历*/
{   while(p)                                /*不断找前序后继*/
    {   printf("%c",p->data);              /*输出结点*/
        if(p->ltag ==0)
            p=p->lchild;                    /*左孩子为前序后继*/
        else if(p->rtag ==0)
                p=p->rchild;                /*右孩子为前序后继*/
             else
        {  while(p&&p->rtag==1) p=p->rchild;
                                /*不断找中序后继*/
           if(p)   p=p->rchild;        /*其右孩子为前序后继*/
        }
    }
}
```

同理,根据中序线索可以找到每个结点后序遍历下的前驱,从而进行后序遍历。利用中序线索找 *p 结点后序前驱的方法如下:

（1）若＊p有右孩子,则右孩子为后序前驱；

（2）若＊p无右孩子但有左孩子,则左孩子为后序前驱；

（3）若＊p既无右孩子也无左孩子,则沿着＊p结点的左线索（q—＞ltag＝＝1）一直向上走,直到找到＊q结点,q—＞lchild不是线索是指针（q—＞ltag＝＝0）,此时＊（q—＞lchild）结点就是＊p的后序前驱。

利用中序线索进行后序遍历算法的C函数如下：

```
void PostOrderthread(Bithtree * p)            /*中序线索下的后序遍历*/
{   while(p)                                /*不断找后序前驱*/
  {   printf("%c",p->data);
      if(p->rtag ==0) p=p->rchild;
                                /*右孩子的根为后序前驱*/
      else
      {   while(p&&p->ltag ==1) p=p->lchild;
          if(p)      p=p->lchild;
                                /*不断找左线索至该结点不再有左线索*/
      }
    }
}
```

上述算法中,首先输出根结点,然后不断找后序前驱,可知输出的序列和后序遍历的次序恰好相反,因此可以将输出的序列依次入栈,再依次读栈顶元素并出栈,最后得到后序遍历序列。

综上所述,在建立了中序线索后,不仅可以提高中序遍历的效率,也能进行前序遍历和后序遍历,即利用中序线索可以找到中序遍历的前驱和后继结点,还可以找到前序遍历的后继结点及后序遍历的前驱结点,因此中序线索通常作为研究的重点。

6.4　哈夫曼树

树形结构中,以二叉树的应用最为广泛,本次课将研究的哈夫曼树是特殊的二叉树,我们将着重讲解哈夫曼树的建立算法、哈夫曼编码和哈夫曼译码。哈夫曼编码在字符的编码中有着非常重要的应用。

6.4.1　哈夫曼树的定义及建立

实际问题中对字符进行编码,需要考虑字符的使用频率。就英文字符而言,A、C、E、I等字符使用得比较频繁,而X、Z等字符则使用得不频繁。一般地,我们给每一个字符按使用的频率赋予一个权重,这样,若要将一组字符以电文的形式发送,每一个字符编码的位数为编码长度,传输的总长度就转换为所有字符编码的位数与权重的乘积求和,传输的总长度直接影响传输的时间和传输的费用,因此,我们的问题是如何使这个传输总长度最小。

本章关于树的概念中,前面讨论过结点的路径长度,即从根结点到该结点的路径上经过的结点数减1或路径的边数。我们会在路径边上给字符赋予编码（在后面内容中会具体解释）,这样,路径长度即映射为该字符的编码长度,若给每个字符赋予一个权重,则某结点的

带权路径长度定义为

$$WPL_i = w_i \times L_i$$

其中,WPL_i 表示第 i 个叶子结点的带权路径长度,w_i 表示叶子结点的权重,L_i 表示路径长度。

树的带权路径长度可以定义为

$$WPL = \sum_{i=1}^{n} WPL_i = \sum_{i=1}^{n} w_i \times L_i$$

其中,n 表示叶子结点的个数,WPL 表示树的带权路径长度。

若给定 n 个带有权重的叶子结点,由这些叶子结点构成的二叉树有很多种。例如,现有 A、B、C、D 四个叶子结点,权重分别为 2、3、6、8,则二叉树的形态可以有多种,如图 6-20 所示。

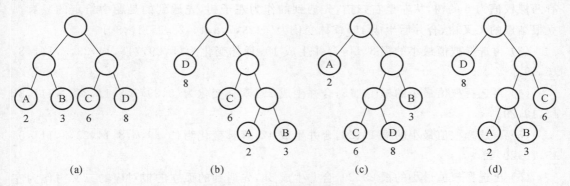

图 6-20 具有不同 WPL 的二叉树

$$WPL_a = 2 \times 2 + 3 \times 2 + 6 \times 2 + 8 \times 2 = 38$$
$$WPL_b = 8 \times 1 + 6 \times 2 + 2 \times 3 + 3 \times 3 = 35$$
$$WPL_c = 2 \times 1 + 6 \times 3 + 8 \times 3 + 3 \times 2 = 50$$
$$WPL_d = 8 \times 1 + 2 \times 3 + 3 \times 3 + 6 \times 2 = 35$$

据此,我们可以给出哈夫曼树的定义:

哈夫曼树又称最优二叉树,是在含有 n 个叶子结点,权值分别为$w_1,w_2,\cdots,w_n$的所有二叉树中,带权路径长度(WPL)最小的二叉树。

由图 6-20 可知,带权路径长度最小的二叉树为图 6-20(b)和图 6-20(d)所示的二叉树,即二者均为哈夫曼树,从哈夫曼树的形态可知,权重最大的叶子距离根最近(路径长度短),权重最小的叶子距离根最远(路径长度长),只有这样才能保证总的带权路径长度最小。那么,接下来的问题就是如何构造哈夫曼树了,哈夫曼在 20 世纪 50 年代提出了一个非常简单的算法,算法的步骤如下。

(1)将给定的 n 个权值$\{w_1,w_2,\cdots,w_n\}$作为 n 个根结点的权值,构造一个具有 n 棵二叉树的森林$\{T_1,T_2,\cdots,T_n\}$,其中每棵二叉树只有一个根结点。

(2)在森林中选取权值最小的根对应的树分别作为新的二叉树的左、右子树,增加一个新结点作为根,从而将两棵树合并成一棵树,新根结点的权值为左右子树根结点权值之和。森林中因此也减少了一棵树。

(3)重复步骤(2)的处理过程,直到森林中只有一棵二叉树,这棵二叉树就是哈夫曼树。

从哈夫曼树的形态容易发现,哈夫曼树具有以下特点:

(1)哈夫曼树不唯一。

（2）哈夫曼树中只包含度为 0 和度为 2 的结点。

（3）树中权值越大的叶子结点离根结点越近。

哈夫曼树具有不唯一的特点，在算法中，我们为了生成唯一的哈夫曼树，一般约定 lchild 指向最小权值对应的树，rchild 指向次小权值对应的树。

例 6-1　假设树中叶子结点的权值为 $\{5,29,7,8,14,23,3,11\}$，构造一棵哈夫曼树。

分析　（1）两个权值最小的根为 3、5，3 为左子树的根，5 为右子树的根，进行第一次合并，新的二叉树的根为 8，可以将合并了的结点加下划线标注，新生成的二叉树放在最后，森林变化为 $\{\underline{5},29,7,8,14,23,\underline{3},11\}$，8。

（2）再选择权值最小的两棵树进行合并，最小值为 7，次小值为 8，此时需要注意，森林中有两棵权值为 8 的树，从左至右扫描，先遇到的作为左子树，先遇到的是题中给定的只有孤立根结点的二叉树，合并后生成 15，森林变化为 $\{\underline{5},29,\underline{7},\underline{8},14,23,\underline{3},11\}$，8，15。

（3）再选择权值最小的根 8、11，合并生成 19，森林变化为 $\{\underline{5},29,\underline{7},\underline{8},14,23,\underline{3},\underline{11}\}$，8，15，19。

（4）再选择权值最小的根 14、15，合并生成 29，森林变化为 $\{\underline{5},29,\underline{7},\underline{8},\underline{14},23,\underline{3},\underline{11}\}$，8，15，19，29。

（5）再选择权值最小的根 19、23，合并生成 42，森林变化为 $\{\underline{5},29,\underline{7},\underline{8},\underline{14},\underline{23},\underline{3},\underline{11}\}$，8，15，19，29，42。

（6）再选择权值最小的根 29、29，合并生成 58，先遇到的孤立的根对应的二叉树作为左子树。森林变化为 $\{\underline{5},\underline{29},\underline{7},\underline{8},\underline{14},\underline{23},\underline{3},\underline{11}\}$，8，15，19，29，42，58。

（7）最后一次合并，只剩下两棵树，权值分别为 42，58，合并生成 100，森林变化为一棵树 $\{\underline{5},\underline{29},\underline{7},\underline{8},\underline{14},\underline{23},\underline{3},\underline{11}\}$，8，15，19，29，42，58，100。

图 6-21 所示是用上述 8 个权值作为叶子结点权值构成的哈夫曼树，它的带权路径长度为

$$WPL=(23+29)\times 2+(11+14)\times 3+(3+5+7+8)\times 4=271$$

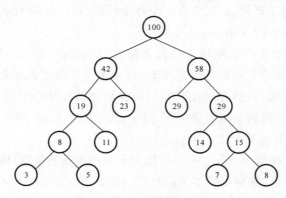

图 6-21　哈夫曼树的建立过程

在哈夫曼树的构造过程中，需要频繁地访问双亲和左、右孩子，因此，需要对二叉链表进行改造，即在原来的基础上增加双亲域，如图 6-22 所示。

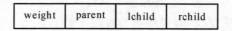

图 6-22　哈夫曼树结点的结构

其中,weight 为结点的权值,lchild、rchild、parent 分别为左、右孩子和双亲结点的指示变量(在数组中的下标)。

由哈夫曼树的构造过程可知,每一次将两棵树合并成一棵树,森林中将会减少一棵树,最后生成的哈夫曼树是森林中唯一的一棵树,即,若含有 N 个叶子结点的哈夫曼树,需要进行 N−1 次合并,合并过程中生成 N−1 个结点,哈夫曼树中共有结点数为 M。

$$M=N+N-1=2N-1$$

由此可定义一个长度为 2N−1 的数组 tree 来存储哈夫曼树,下标从 1 开始,0 号单元不用。

哈夫曼树的存储结构用 C 语言描述为:

```
#define N 7        /*N 表示叶子结点数*/
#define M 2*N-1        /*M 表示哈夫曼树的结点总数*/
typedef struct
{  float weight;      /*结点的权值*/
   int parent;        /*双亲在数组中的下标*/
   int lchild,rchild;              /*左、右孩子在数组中的下标,
                             叶子结点的 lchild,rchild 为 0*/
}Huf;              /*定义哈夫曼树*/
Huf tree[M+1];          /*用 tree 数组存储哈夫曼树,0 号单元空出*/
```

在建立哈夫曼树时,需要从当前森林中选取根结点权值最小的两棵树。若要实现这个操作,则需要判断哪些是根结点,根结点与其余结点的区别在于,根结点没有双亲结点,而其他结点有双亲结点。为了区分根结点与其他结点,将根结点的 parent 置为 0,其他结点的 parent 置为非 0。

在上述存储结构上实现哈夫曼算法的过程如下:

(1) 初始化。将哈夫曼树中各结点的 weight 域、parent 域、lchild 域、rchild 域均置为 0。

(2) 存入权值。读入 N 个叶子结点的权值,分别存入数组 tree[i](1≤i≤N)的权值域(weight)中,森林中包含 N 棵树,每棵树只有一个根结点。

(3) 进行 N−1 次合并。循环 N−1 次,产生 N−1 个新结点,依次放入数组 tree[i]中(N+1≤i≤2N−1)。每次合并的步骤如下:

① 在当前森林的所有结点 tree[j](1≤j≤i−1)中,选取具有最小权值和次小权值的两个根结点(parent 域为 0 的结点),分别用 p1 和 p2 记住这两个根结点在数组 tree 中的下标。

② 将根为 tree[p1]和 tree[p2]的两棵树合并,使其成为新结点 tree[i]的左、右孩子,得到一棵以新结点 tree[i]为根的二叉树。将 tree[i].weight 赋值为 tree[p1].weight 和 tree[p2].weight 之和,tree[i]的左指针赋值为 p1;tree[i]的右指针赋值为 p2;同时将 tree[p1]和 tree[p2]的双亲域均赋值为 i,使其指向新结点 tree[i],即它们在当前森林中已不再是根结点。

 说明:
　　算法的核心在于合并的过程,首先需要查找最小值和次小值,其次需要留意合并的过程,即进行相应指示变量的修改。第 i 次合并时,生成的结点序号为 i,因此需要修改 tree[i]的 lchild 域、rchild 域和 weight 域,而合并的两棵树 tree[p1]和 tree[p2],需要修改它们的 parent 域,令其为 i。

构造哈夫曼树的 C 语言描述如下：

```
# define Maxval 32767
CreateHuff(Huf tree[])
{ int i,j,p1,p2;          /*p1 为最小值的下标,p2 为次小值的下标*/
  int s1, s2;             /*s1 存最小值,s2 存次小值*/
  for(i=1; i<=M; i++)     /*初始化,所有结点的相应域均赋为 0*/
    tree[i].weight=tree[i].parent=tree[i].lchild=tree[i].rchild=0;
  for(i=1; i<=N; i++)     /*存入 N 个叶子结点的权值 */
    scanf("%d",&tree[i].weight);
  for(i=N+1; i<=M; i++)   /*进行 N-1 次合并*/
  { p1=p2=1;
    s1=s2=Maxval;         /*初始时,最小值和次小值均为最大值 32767*/
    for(j=1;j<=i-1; j++)
      if(tree[j].parent ==0) /*从根结点中选择权值最小的两棵树*/
        if(tree[j].weight<s1)  /*当前结点的权值比最小值小*/
        {s2=s1; p2=p1;          /*将最小值赋给次小值*/
         s1=tree[j].weight; p1=j;   /*更新最小值*/
         }
        else if(tree[j].weight<s2) /*当前结点的权值比次小值小*/
        {s2=tree[j].weight;   /*更新次小值*/
            p2=j;
         }
    tree[i].weight=tree[p1].weight+tree[p2].weight;
    tree[i].lchild=p1;
    tree[i].rchild=p2;  /*修改 tree[i]的 weight 域、lchild 域、rchild 域*/
    tree[p1].parent=i;  /*修改 tree[p1]、tree[p2]的 parent 域*/
    tree[p2].parent=i;
  }
}
```

下面说明哈夫曼树构造过程中数组的变化。

现有 4 个叶子,权值为{2,3,6,8},需要进行 3 次合并,初始化时,数组中下标从 1 到 7 的单元,相应的 parent 域、lchild 域、rchild 域、weight 域均置为 0;输入叶子结点的权值后,下标从 1 到 4 的单元的 weight 域为 2,3,6,8;第一次合并 i＝5,针对 5 号单元,选取权值最小的两个结点,分别对应 1 号单元(p1＝1)、2 号单元(p2＝2),因此需要修改 5 号单元的 weight 域为 2＋3＝5,其 lchild 域为 1,rchild 域为 2,相应也需要修改 1 号单元和 2 号单元的 parent 域为 5。剩余两次合并的过程类似,请读者参照图 6-23 所示构造过程仔细理解。

哈夫曼树虽然不唯一,但哈夫曼算法保证了哈夫曼树的唯一性,在合并的过程中,最小值作为左子树的根结点,次小值作为右子树的根结点,即,遵循了左小右大的原则。读者在构造二叉树的过程中,请按照哈夫曼算法构造唯一的哈夫曼树。

	W	P	L	R		W	P	L	R		W	P	L	R		W	P	L	R
0					0					0					0				
1	2	0	0	0	1	2	5	0	0	1	2	5	0	0	1	2	5	0	0
2	3	0	0	0	2	3	5	0	0	2	3	5	0	0	2	3	5	0	0
3	6	0	0	0	3	6	0	0	0	3	6	6	0	0	3	6	6	0	0
4	8	0	0	0	4	8	0	0	0	4	8	0	0	0	4	8	7	0	0
5	0	0	0	0	5	5	0	1	2	5	5	6	1	2	5	5	6	1	2
6	0	0	0	0	6	0	0	0	0	6	11	0	5	3	6	11	7	5	3
7	0	0	0	0	7	0	0	0	0	7	0	0	0	0	7	19	0	4	6
(a) 初始森林					(b) 第一次合并					(c) 第二次合并					(d) 第三次合并				

图 6-23　哈夫曼树的构造过程

6.4.2　哈夫曼编码及译码

哈夫曼树的建立是为了进行哈夫曼编码和译码,本节我们将重点讨论对字符的编码。

在进行文字传输时,数据通信的发送方需要将原文中的每一个文字转换成对应的二进制 0、1 序列(编码)进行发送,接收方接收到二进制的 0、1 序列后再还原成原文(译码)。其编码和译码的过程如下:

原文→电文(二进制的 0、1 序列)→原文

常用的编码方式有两种:等长编码和不等长编码。

等长编码:ASCII 码,其特点是每个字符的编码长度相同。编码简单且具有唯一性,当字符集中的字符在电文中出现的频率相等时,它是最优的编码。

例如,现需要对字符集合{A,B,C,D,E,F,G,H}共 8 个字符进行编码,若采用等长编码,则需要 3 位二进制编码($2^3=8$,共有 8 种编码,每种编码对应一个字符);若有 26 个字符,则需要 5 位二进制编码,因为 $2^5=32$,共有 32 种编码,给 26 个字符编码还有剩余编码。这里需要注意,编码的个数必须大于等于字符的个数。8 个字符的编码方案如表 6-4 所示。

表 6-4　8 个字符的等长编码

字符	编码	字符	编码
A	000	E	100
B	001	F	101
C	010	G	110
D	011	H	111

与等长编码相反的是不等长编码,即字符的编码长度不等。

实际的问题中,字符使用的频率是不相等的,如何设计编码,确定每个字符的编码长度,使得报文的总长最短?比较合理的想法是给予使用频率高的字符一个比较短的编码,而赋予使用频率低的字符一个比较长的编码,这种编码即为不等长编码。

例如,同样还是只含有 8 个字符的字符集{A,B,C,D,E,F,G,H},可以为这 8 个字符分别编码为{1,000,01,10,0,101,110,111},并可将电文 FACE 用相应的编码 1011010 发送,

总的编码长度为 7 位,若采用等长编码传输 FACE 则需要 12 位。不难发现,不等长编码可以使总的编码长度减少,但带来了一个新的问题是,接收方接到这段电文后无法进行译码,因为无法断定序列中的 101 是 F,还是 AEA 或 AC,我们把这种译码不唯一的现象,称为歧义。原因是,字符 A 的编码 1,为字符 F 的编码的一部分,因此,在编码的过程中,这种编码是不允许出现的。

为了使译码唯一,则要求字符集中任意一个字符的编码都不是其他字符编码的前部分,这种编码叫作前缀(编)码。

那么如何根据使用频率构造字符的不等长前缀编码,且使报文总长最短呢?

此时可以使用哈夫曼树来进行编码,哈夫曼树是特殊的二叉树,最多有两个分支,可以将左分支编为 0,右分支编为 1。这样若叶子结点表示需要编码的字符,则该字符的编码为从根结点到该叶子结点的路径上的 0、1 序列。我们称这种编码为哈夫曼编码,哈夫曼编码一定是前缀码,因为任何一个叶子结点不会在其他叶子结点的路径上,即从根到叶子结点的路径,都不会经过其他叶子结点,从而保证了哈夫曼编码必是前缀码。

设共有 N 个字符,它们的使用频率分别为 $w_1, w_2, \cdots, w_n$,编码的码长分别为 $l_1, l_2, \cdots, l_n$,则报文总长度为

$$w_1 \times l_1 + w_2 \times l_2 + \cdots + w_N \times l_N = \sum_{i=1}^{N} w_i \times l_i$$

字符的编码长度为根结点到该字符的路径长度,这样,报文总长度恰好为树的带权路径长度。从而利用哈夫曼编码解决了使报文总长度最短的问题。

哈夫曼编码的实现步骤如下:

(1) 利用字符集中的字符串中每个字符的使用频率作为权值构造一棵哈夫曼树;

(2) 从根结点开始,每个左分支上标注 0,右分支上标注 1;

(3) 由根到某叶子结点的路径上的 0、1 序列构成该叶子结点的编码。

例 6-2　假设有一个字符集包含 8 个字符{a,b,c,d,e,f,g,h},每个字符的使用频率(权值)分别为{5,29,7,8,14,23,3,11},为每个字符设计哈夫曼编码。

分析　由各叶子结点及其权值构造一棵哈夫曼树,并分别在左孩子连线上标注 0,右孩子连线上标注 1,如图 6-24 所示。

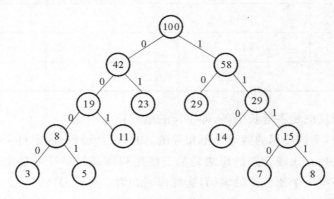

图 6-24　哈夫曼编码过程

首先根据字符的权值构建哈夫曼树,然后从每个叶子结点开始不断地向上搜索双亲结点,一直搜索到根结点,得出字符的哈夫曼编码,如表 6-5 所示。

表 6-5　哈夫曼编码表

字符	编码	字符	编码
a	0001	e	110
b	10	f	01
c	1110	g	0000
d	1111	h	001

编码的存储结构及实现算法的 C 函数描述如下:

```c
typedef struct
{  char bits[N];      /*保存字符的编码*/
   int start;       /*编码的起始下标*/
   char ch;       /*对应的字符*/
}HufCode ;        /*哈夫曼编码的存储结构*/
HufCode code[N+1];      /*定义数组存储 N 个字符的编码*/
hufCode(Huf tree[],HufCode code[])
{  int i,c,p;            /*c 指示叶子,p 指示双亲*/
   for(i=1;i<=N;i++)          /*N 次循环,每次生成 1 个字符的编码*/
   {  code[i].start=N;        /*从数组的最后一个单元开始*/
      c=i;            /*当前字符的下标赋给 c*/
      p=tree[i].parent;    /*获取该字符的双亲*/
      while(p!=0)      /*一直往上层查找,直到根结束*/
      {  code[i].start--;
         if(tree[p].1child==c)   code[i].bits[code[i].start] ='0';
              /*若当前结点是其双亲的左孩子,存入编码 0*/
         else      code[i].bits[code[i].start] ='1';
              /*若当前结点是双亲的右孩子,存入编码 1*/
         c=p;          /*当前的双亲赋给叶子*/
         p=tree[p].parent;   /*继续寻找双亲的双亲*/
      }
   }
}
```

例子中从根结点开始向下依次进行编码,左分支编 0,右分支编 1。但实现哈夫曼编码的算法中,不能从根结点出发,因为无法判断走哪一条路径才能访问到叶子,这样需要从某一字符出发,依次向上查找根结点,相应的编码是逆序的。因此字符编码数组是从最后一个单元开始存储的,也需要确定字符编码在数组中的起始位置 start,编码数组的长度不会超过叶子结点的个数 N,如表 6-6 所示。

表6-6　字符编码的存储结构

	bits								ch	start
0										
1					0	0	0	1	a	4
2							1	0	b	6
3					1	1	1	0	c	4
4					1	1	1	1	d	4
5						1	1	0	e	5
6							0	1	f	6
7					0	0	0	0	g	4
8						0	0	1	h	5
	0	1	2	3	4	5	6	7		

　　译码的过程与编码过程相反,译码过程是从哈夫曼树的根结点出发,逐个读入电文中的二进制码,若读入0,则走向左孩子,否则走向右孩子,一旦达到叶子结点,便译出相应的字符。然后,重新从根结点出发继续译码,直到二进制电文结束,输出的字符即为译码。

　　哈夫曼译码的实现算法的C函数如下:

```
decode(Huf tree[],HufCode code[])
{       /*输入哈夫曼树和哈夫曼编码,对输入的二进制序列进行译码*/
    int i=M,b;     /*i=M表示根结点,哈夫曼树最后一次合并生成的结点M为根结点 */
    int done;      /*标识是否译出一个字符*/
    scanf("%d",&b); /*获取输入的第一个二进制编码*/
    while(b!=-1)    /*输入-1表示结束*/
                          /*依次输出译出的字符,直到遇到结束符*/
    {   done =0;        /*尚未译出字符*/
        if(b==0)   i=tree[i].lchild;  /*读入0,找左孩子*/
        else       i=tree[i].rchild;  /*读入1,找右孩子*/
        if(tree[i].lchild==0)         /*当前结点为叶子,译出字符*/
        {   printf("%c",code[i].ch);
            i=m;       /*重新从根点出发,继续译下一个字符*/
            done=1;      /*译出了一个字符*/
        }
        scanf("%d",&b);  /*读入下一个字符*/
    }
    if(done!=1)  printf( "\nERROR\n");/*提示输入错误*/
}
```

　　说明,用户输入二进制序列后以-1结束,"done为0"表示还有字符没有译出,若二进制序列处理完毕且仍有字符未被译出,说明输入的二进制序列有误。

　　例如,用户输入 0100011110110-1,输出 face。

6.5 树和森林

前面讨论了二叉树的存储及遍历,对于一般的树和森林如何进行存储和遍历运算呢?首先需要找到树和森林与二叉树之间逻辑上的对应关系,这样就可以先将树和森林从逻辑结构上转化为二叉树,然后用二叉树的存储及遍历运算的方法来解决树和森林的相关问题。本节重点讨论如何完成树和森林与二叉树之间的转换。

◆ 6.5.1 树和森林的遍历

一般的树和二叉树不同,二叉树最多有两个分支,而一般树的子树的情况较复杂,可能有多棵子树,如图 6-25 所示。因此,不能像二叉树的遍历一样,分为前序、中序、后序遍历,只能按照根和各子树访问的先后次序,分为先根遍历和后根遍历两种。森林由若干棵树组成,只有从左至右依次先根或后根遍历各棵树才可完成对森林的遍历。

树的先根遍历定义为:若树非空,先访问根结点,再从左到右依次先根遍历每棵子树。

树的后根遍历定义为:若树非空,从左到右依次后根遍历每棵子树,最后访问根结点。

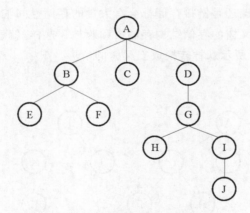

图 6-25 树

对图 6-25 所示树进行遍历得到:

先根遍历序列为 ABEFCDGHIJ;

后根遍历序列为 EFBCHJIGDA。

先根遍历与后根遍历的区别在于根的访问次序不同,显然,树的先根遍历和后根遍历过程都是递归过程。

理解了树的遍历后,可以进行森林的先根遍历和后根遍历。

先根遍历森林定义为:若森林非空,则首先先根遍历森林中的第一棵树,然后从左到右依次先根遍历森林中剩余的其他树。

后根遍历森林定义为:若森林非空,则首先后根遍历森林中的第一棵树,然后从左到右依次后根遍历森林中剩余的其他树。

同样,森林的先根遍历和后根遍历都是递归过程。

若对图 6-26 所示森林进行先根和后根遍历。可得到遍历序列如下。

先根遍历序列：ABFDCGEHIJKLMNOP。

后根遍历序列：FBDGHECAJLKIPONM。

还可以按层次次序进行森林或树的遍历。

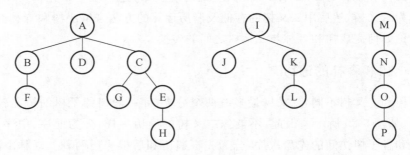

图 6-26　森林

◆ **6.5.2　森林与二叉树的转换**

有了树和森林遍历运算的定义，还需要定义合适的存储结构，方能实现树和森林的遍历。但树和森林的子树可能有多棵，即每个结点可能有多个后继，因此，设计通用的存储结构较复杂，无论是顺序存储还是链接存储都会有大量的存储空间浪费，若能将树和森林转换成二叉树，则可以利用二叉树的存储结构存储树和森林。这样，就解决了树和森林的存储问题。首先，讨论将图 6-27 所示森林转换成二叉树的情形。

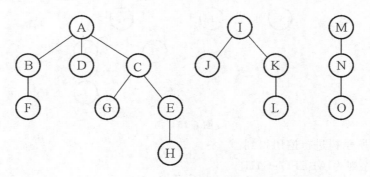

图 6-27　一个森林

森林转化为二叉树的定义如下。

（1）若森林为空，则二叉树为空。

（2）若森林不空，则森林中第一棵树的根为转换后二叉树的根，第一棵树中除根结点以外的其余结点转换为二叉树的左子树，森林中除第一棵树外的其他树将转换为二叉树的右子树。

森林转换为二叉树的转换规则如下：

（1）连线。森林中所有兄弟之间添加一条连线，所有的根结点认为是兄弟结点。

（2）删线。保留双亲结点与第一个孩子之间的连线，去掉双亲结点与其他孩子之间的连线。

（3）旋转。将树中的水平连线和垂直连线顺时针旋转 45°，旋转成二叉树中的左、右孩子。

将如图 6-27 所示第一棵树转换为二叉树的过程如图 6-28 所示。将森林转换为二叉树的过程请读者自行画出，转换后的二叉树如图 6-29 所示。

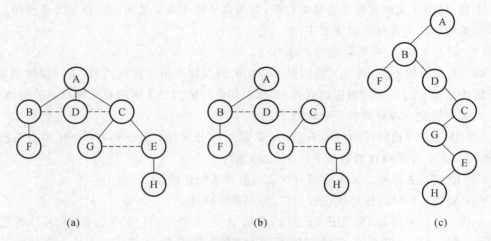

图 6-28　树转换为二叉树的示意图

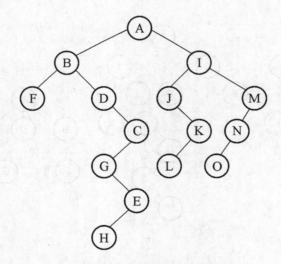

图 6-29　转换后的二叉树

从森林到二叉树的转换规则和转换后的结果来看，有以下几点需要说明：

（1）森林中某结点只有一棵子树时，转换后会变为左孩子；

（2）森林中的兄弟结点转换后会变为右孩子；

（3）森林中若某结点存在左孩子，转换后仍为左孩子。

显然，当森林中只有一棵树时，转化成的二叉树只有根结点和左子树；仅当森林中包含两棵及两棵以上的树时，转化成的二叉树才能有右子树。

在如图 6-27 所示森林转换成如图 6-28 所示二叉树后，对二叉树进行前序、中序遍历，可以得到如下序列：

前序序列：ABFDCGEHIJKLMNO。

中序序列：FBDGHECAJLKIONM。

通过对照，二叉树的前序序列对应森林的先根序列，而二叉树的中序序列对应森林的后根序列。这样，森林的存储和遍历问题都转换为二叉树的存储和遍历问题。

下面，讨论二叉树转化为森林的过程，它与森林转化为二叉树的过程互为逆过程。

二叉树转化为森林的定义如下。

（1）若二叉树为空，则对应的森林为空。

（2）若二叉树不空，则二叉树的根为转化成的森林中第一棵树的根，第一棵树的根的各个子树为二叉树的左子树对应的森林；森林中其余的树为二叉树的右子树对应的森林。

二叉树转化为森林的转换规则如下：

（1）连线。寻找这样的左孩子 c，c 的双亲为 p，若 c 有右孩子 r，右孩子 r 也有右孩子 s，…，连接双亲 p 与所有这些右孩子(r，s…)的连线。

（2）删线。去掉原二叉树中所有双亲与右孩子的连线。

（3）旋转。将结点按层次进行调整，即可得到森林。

如图 6-30(a)所示，首先进行连线，B 是 A 的左孩子，且 B 有右孩子 D，D 有右孩子 C，所以连接 AD、AC；G 是 C 的左孩子，且 G 有右孩子 E，连接 CE；J 是 I 的左孩子，且 J 有右孩子 K，连接 IK；然后，删掉双亲和所有右孩子的连线，即删掉 AI、BD、DC、GE、JK 的连线，如图 6-30(b)所示；最后按层次调整一下结点的位置，得到如图 6-30(c)所示森林。

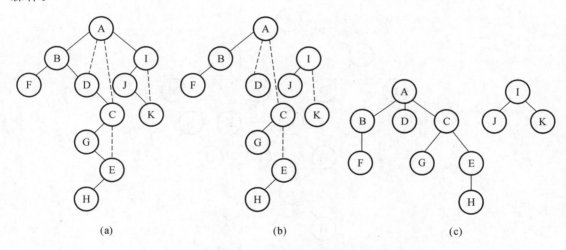

图 6-30 二叉树转换为森林的示意图

6.5.3 树的存储

树本身也可以有多种存储方式，既可以采用顺序存储结构，也可以采用链接存储结构。存储结构除了存储结点数据外，还应体现结点之间的关系。下面以图 6-31 所示树为例，简单介绍几种常用的树的存储方法。

1. 双亲表示法

用一组连续的存储空间存储树中的各个结点，数组中的第一个元素存储根结点，数组中的每个元素除了存储结点的数据外,还需要存储该结点的双亲在数组中的下标,根结点没有双亲,其下标记为 −1,我们称这种存储方法为双亲表示法,如图 6-32 所示。

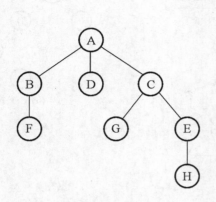

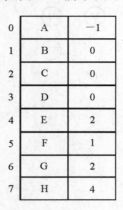

图 6-31　树　　　　　　　　　图 6-32　树的双亲表示法

　　这种存储方法比较简单,只适合于通过孩子结点找双亲结点的操作,而实际应用中通过某一结点查找孩子结点的运算更常用。就树的遍历算法而言,均是从根结点出发,不断查找孩子结点,因此,这种存储方法的应用比较局限,我们还需要讨论树的其他存储结构。

2. 孩子链表表示法

　　孩子链表表示法对应于树的链接存储,在存储结点的同时,也存储了结点间的相互关系,一般将某结点的所有孩子结点链接到一个单链表中,若某结点没有孩子结点(叶子结点),则其链表为空。结点的信息仍然采用一维数组进行存储,只不过该数组为结构体数组,每个元素包含结点的数据及头指针,头指针指向其孩子结点。链表中的结点结构与单链表的结点结构相同,也包含两个成员,一个成员存储孩子结点在数组中的下标,另一个成员存储下一个孩子结点的指针,如图 6-33 所示。

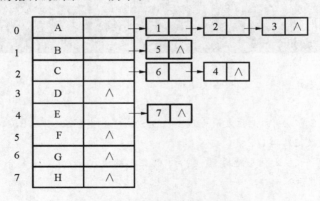

图 6-33　树的孩子链表表示法

3. 二叉链表表示法

　　前面讨论过对于任意一棵树,可以将其转换为二叉树,这样树的存储也可以通过其对应的二叉树的二叉链表进行存储。实际上就是将树转换为对应的二叉树,再采用二叉链表的存储结构,如图 6-34 所示。

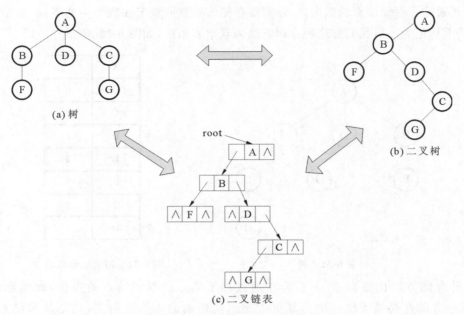

(c) 二叉链表

图 6-34　树的二叉链表表示法

📝 本章小结

　　本章重点讨论了一种非常重要的非线性结构——树，重点研究了一种典型的树形结构——二叉树，重点内容为二叉树的定义、性质、存储、递归遍历算法、非递归遍历算法等。在二叉树的存储结构中，重点讨论了二叉树的链接存储结构——二叉链表，并依此讨论了二叉树的建立算法。中序线索二叉树是为了提高二叉树遍历算法的效率而改造的存储结构；围绕哈夫曼树，讨论了哈夫曼树的构造、哈夫曼编码及哈夫曼译码。最后围绕树、森林的存储和遍历，研究了树、森林与二叉树的相互转换方法。

📝 本章习题

一、名词解释题

树、二叉树、满二叉树、完全二叉树、哈夫曼树。

二、选择题

1.设数据结构 D-S 可以用二元组表示为 D-S=(D,S)，r∈S，其中，D={A,B,C,D}，r={<A,B>，<A,C>，<B,D>}，则数据结构 D-S 是（　　）。

A.线性结构　　　　　　　B.树形结构　　　　　　C.图形结构　　　　　　　D.集合

2.树最适合用来表示（　　）。

A.有序数据元素　　　　　　　　　　　　B.无序数据元素

C.元素之间具有分支层次关系的数据　　　D.元素之间无联系的数据

3.有关二叉树，下列说法正确的是（　　）。

A.二叉树是度为 2 的有序树　　　　　　B.二叉树中结点的度可以小于 2

C.二叉树中至少有一个结点的度为 2　　　D.二叉树中任何一个结点的度都为 2

4.深度为 10 的完全二叉树,第 3 层上的结点数是(   )。

A. 15   B. 16   C. 4   D. 32

5.设一棵树的度为 4,其中度为 1、2、3、4 的结点个数分别为 6、3、2、1,则这棵树中叶子结点的个数为(   )。

A. 8   B. 9   C. 10   D. 11

6.在二叉链表上加线索的目的是(   )。

A. 提高遍历效率

B. 便于插入与删除

C. 便于找到双亲结点

D. 使遍历结果唯一

7.对于二叉树来说,第 i 层上最多包含的结点个数为(   )。

A. 2^{i-1} B. 2^{i+1} C. 2^i D. 2i

8.树的后根遍历序列等同于与该树对应的二叉树的(   )序列。

A. 前序序列   B. 中序序列

C. 后序序列   .   D. 层序序列

9.设森林 F 中有三棵树,第一、第二、第三棵树的结点个数分别为 M_1、M_2 和 M_3,与森林 F 对应的二叉树根结点的右子树上的结点个数是(   )。

A. $M_1+M_2+M_3$ B. M_1+M_2 C. M_1+M_3 D. M_1

三、填空题

1.二叉树具有 10 个度为 2 的结点,5 个度为 1 的结点,则度为 0 的结点个数是_____。

2.包含 n 个结点的二叉树,高度最大为_____,高度最小为_____。

3.某完全二叉树共有 200 个结点,则该二叉树中有_____个度为 1 的结点。

4.一棵高度为 10 的满二叉树中,结点总数为_____个,其中叶子结点数为_____。

5.某完全二叉树结点按层顺序编号(根结点的编号是 1),若 21 号结点有左孩子结点,则它的左孩子结点的编号为_____。

6.深度为 k 的完全二叉树至少有_____个结点,至多有_____个结点。

7.n 个结点的线索二叉树上含有_____条线索。

四、简答题

1.画出包含三个结点的树和二叉树的所有不同形态。并找出满足以下条件的二叉树:

(1)前序遍历与中序遍历结果相同;

(2)前序遍历和后序遍历结果相同;

(3)中序遍历和后序遍历结果相同。

2.一棵二叉树的中序遍历、后序遍历序列分别为 GLDHBEIACJFK 和 LGHDIEBJKFCA,请回答:

(1)画出二叉树逻辑结构的图示;

(2)画出此二叉树的二叉链表存储结构的图示,并给出 C 语言描述;

(3)画出二叉树的中序线索二叉树;

(4)画出中序线索二叉链表存储结构图示,并给出 C 语言描述。

3.设有如图 6-35 所示森林,请回答:

(1)画出与该森林对应的二叉树的逻辑结构图示;

(2)写出该二叉树的前序、中序遍历序列;

(3)画出该二叉树的中序线索二叉链表的图示,并给出 C 语言描述。

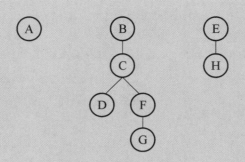

图 6-35　题 3 图

4. 设有森林 B＝(D,S),D＝{A,B,C,D,E,F,G,H,I,J}, r∈S,r＝{＜A,B＞,＜A,C＞,＜A,D＞,＜B,E＞,＜C,F＞,＜G,H＞,＜G,I＞,＜I,J＞}。请回答：

(1) 画出与森林对应的二叉树的逻辑结构图示；

(2) 写出此二叉树的前序、中序遍历序列；

(3) 画出此二叉树的二叉链表存储结构的图示,并给出 C 语言描述。

5. 请画出图 6-36 所示各二叉树对应的森林。

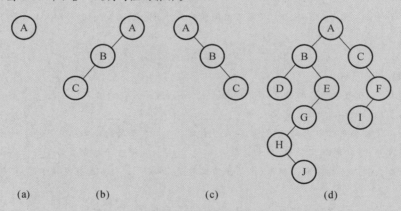

　　(a)　　　　　　(b)　　　　　　(c)　　　　　　　(d)

图 6-36　题 5 图

6. 假设用于通信的电文由字符集{a,b,c,d,e,f,g,h}中的字母构成,这8个字母在电文中出现的概率分别为{0.07,0.19,0.02,0.06,0.32,0.03,0.21,0.10}。请回答：

(1) 画出哈夫曼树(按根点权值左小右大的原则)；

(2) 写出依此哈夫曼树对各个字母的哈夫曼编码；

(3) 求出此哈夫曼树的带权路径长度 WPL。

五、完善程序题

设计一个算法,其功能为:利用中序线索求结点的中序后继。请将代码补充完整。

```c
typedef struct Node
{   char data;
    struct Node * lchild,_____;
    int ltag, rtag;
}Bithtree;
Bithtree *  InOrderNext(Bithtree *p)        /*求中序后继 */
{  if(_____) p=p->rchild;               /*若结点*p无右孩子 */
    else{                                 /*若结点*p有右孩子 */
```

```
        _____;
        while(p->ltag==0)_____;
    }
    return _____;
}
```

六、算法设计题

以二叉链表为存储结构,设计一个求二叉树高度的算法。

第 **7** 章 图

    图是三种经典结构中最复杂的一种数据结构,它也是非线性结构的一种。在所有讨论的经典数据结构中,图的应用最广泛。前面重点介绍了两种经典数据结构:线性结构和树形结构。在线性结构中,结点之间是一对一的线性关系,逻辑特征是有且仅有一个开始结点和一个终端结点,其余的内部结点有且仅有一个前驱和一个后继。在树形结构中,结点之间是一对多的非线性关系,逻辑特征是有且仅有一个开始结点,但可以有若干个终端结点,其余内部结点均有且仅有一个前驱,但可以有若干个后继。然而在图形结构中,结点之间是多对多的非线性关系,即结点的前驱和后继的个数都不加限制。图中任意两个结点之间都可能存在关系。三种经典结构之间既有密切的联系又有明显的区别。线性结构最简单,结点之间关系的限定条件最严格。当对线性结构中的结点放宽后继个数的限制时,就得到了树形结构,所以线性结构是树形结构的一种特殊形式;再对树形结构中的结点放宽前驱个数的限制,就得到了图结构,所以树形结构是图结构的一种特殊形式。图的限定条件最少,涵盖面也最广。在数据结构二元组 K=(D,R)定义中,D 是有限元素集合,R 是定义在 D 上的有限个关系。通过限制一个关系 r 的前驱结点和后继结点的个数,我们分别得到了线性表和树形结构。如果不限制 r 的前驱结点和后继结点的个数,所得结果就是图。图形数据结构是现实世界中广泛存在的一种非线性数据结构。本章从图的基本概念入手,研究图的逻辑结构、存储结构以及图的运算。然后针对图的四大典型应用——最小生成树、最短路径、拓扑排序及关键路径分别加以介绍。

7.1 图的基本概念

    图(graph)是一种结点之间多对多关系的数据结构,它的逻辑特征是:可以有若干个开始结点和若干个终端结点,其余各个结点可以有若干个前驱和若干个后继。图中的结点常称为顶点。图的逻辑结构可以用二元组表示为 Graph=(V,E),其中 V 是顶点(vertex)的集合;E 是边(edge)的集合。如果 V(G)是数据元素的有限集合,E(G)是它的笛卡尔积 V×V:

$$V \times V = \{ (v,u) \mid v,u \in V \text{ 且 } v \neq u \}$$

的子集,则称图 G=(V,E)是一个图。其中,V(G)中的元素称为图 G 的顶点,E(G)中的元素称为图 G 的边。例如,图 G_1 的关系如下:

$$V(G_1) = \{ v_1, v_2, v_3, v_4 \}$$

$$E(G_1) = \{ (v_1,v_2), (v_1,v_3), (v_1,v_4), (v_2,v_3), (v_2,v_4), (v_3,v_4) \}$$

其数据结构如图 7-1(a)所示。而图 7-1(b)所示的图 G_2、图 7-1(c)所示的图 G_3 关系分别如下：

$$V(G_2) = \{v_1, v_2, v_3, v_4, v_5, v_6, v_7\}$$

$$E(G_2) = \{(v_1, v_2), (v_1, v_3), (v_2, v_4), (v_2, v_5), (v_3, v_6), (v_3, v_7)\}$$

$$V(G_3) = \{v_1, v_2, v_3\}$$

$$E(G_3) = \{\langle v_1, v_2 \rangle, \langle v_2, v_1 \rangle, \langle v_2, v_3 \rangle\}$$

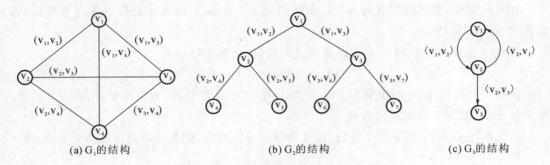

(a) G_1 的结构　　　　　　　　(b) G_2 的结构　　　　　　　　(c) G_3 的结构

图 7-1　若干图形结构

在学习图之前，必须了解以下术语：

（1）无向图：在一个图中，如果任意两个顶点构成的偶对$(v, w) \in E$ 是无序的，即顶点之间的连线是没有方向的，则称该图为无向图。在无向图中，(v_1, v_2) 和 (v_2, v_1) 代表同一条边。若 $(v_1, v_2) \in E$，我们说 v_1 和 v_2 相邻，边 (v_1, v_2) 则是与顶点 v_1、v_2 相关联的边。

（2）有向图：在一个图中，如果任意两个顶点构成的偶对$(v, w) \in E$ 是有序的，即顶点之间的连线是有方向的，则称该图为有向图。在有向图中，$\langle v_1, v_2 \rangle$ 表示一条边，v_1 是始点，v_2 是终点。$\langle v_1, v_2 \rangle$ 和 $\langle v_2, v_1 \rangle$ 代表不同的边。

若 $\langle v_1, v_2 \rangle$ 为有向图的一条边，则称顶点 v_1 邻接到顶点 v_2，而 v_2 也邻接到 v_1，而边 $\langle v_1, v_2 \rangle$ 是与顶点 v_1、v_2 相关联的。

在后面的讨论中，假定我们不考虑结点到其自身的边，即如果 (v_1, v_2) 或者 $\langle v_1, v_2 \rangle$ 是一条边，则 $v_1 \neq v_2$。且不允许一条边在图中重复出现。

（3）无向完全图：在一个无向图中，如果任意两顶点都有一条直接边相连接，则称该图为无向完全图。

假定一个无向图 G 中，边的集合 E 包含 V 的笛卡尔积 $V \times V$ 所有分项，则称此图是无向完全图。即图 G 中任何两个顶点之间都有一条边相连。显然，图 7-1(a) 所示是 4 个结点的无向完全图。在一个有 n 个顶点的无向图中，因为任何一顶点到其余 $(n-1)$ 个顶点之间都有 $(n-1)$ 条边相连，容易知道，第一个顶点 v_1 有 $(n-1)$ 条边与其余 $(n-1)$ 个顶点相连，第二个顶点 v_2 有 $(n-2)$ 条边和其余 $(n-2)$ 个顶点相连，因为 v_1 已经连接了 v_2，它们之间无须连接（因为 (v_1, v_2) 和 (v_2, v_1) 代表同一条边）。以此类推，最后一个顶点需要连接其他顶点的边数是 0。即

$$\sum_{i=1}^{n} (n-i) = \frac{1}{2}n(n-1)$$

所以，一个具有 n 个顶点的无向图，其边数小于等于 $\frac{1}{2}n(n-1)$，当边数等于 $\frac{1}{2}n(n-1)$ 时，它是无向完全图。

（4）有向完全图：在一个有向图中，如果任意两顶点之间都有方向互为相反的两条弧相

连接，则称该图为有向完全图。一个含有 n 个顶点的有向完全图，有 n(n−1) 条边。

（5）稠密图、稀疏图：若一个图接近完全图，称为稠密图；边数很少（$e < n\log_2 n$）的图，称为稀疏图。

（6）顶点的度、入度、出度：

顶点的度（degree）是指依附于某顶点 v 的边数，通常记为 TD (v)。

在有向图中，要区别顶点的入度与出度的概念。顶点 v 的入度是指以顶点为终点的边的数目，记为 ID (v)；

顶点 v 出度是指以顶点 v 为始点的边的数目，记为 OD (v)。

$$TD (v) = ID (v) + OD (v)$$

如图 7-1(c) 所示，v_2 的出度为 2，入度为 1，所以 v_2 的度为 3。有向图中，出度为 0 的顶点称为叶子；入度为 0 的顶点称为根。

若无向图 G 有 n 个顶点，t 条边，设 d_i 为顶点 v_i 的度数，因为一条边连接两个顶点，则

$$t = \frac{1}{2} \sum_{i=1}^{n} d_i$$

（7）边的权、网图：与边有关的数据信息称为权（weight）。在实际应用中，权值可以有某种含义。边上带权的图称为网图或网络（network）。如果图是有方向的带权图，则该带权图就是一个有向网图。

（8）路径、路径长度：图 $G = (V, E)$ 中，如果存在顶点序列 $v_p, v_{i1}, v_{i2}, \cdots, v_{in}, v_g$，使得（$v_p$, v_{i1}），（v_{i1}, v_{i2}），$\cdots$，（v_{in}, v_g）都在 E 中（若是有向图，则使得 $\langle v_p, v_{i1} \rangle, \langle v_{i1}, v_{i2} \rangle, \cdots, \langle v_{in}, v_g \rangle$ 都在 E 中），则称从顶点 v_p 到 v_g 之间存在一条路径。路径上边（或弧）的数目称为路径长度。

（9）简单路径、简单回路：序列中顶点不重复出现的路径称为简单路径。除第一个顶点与最后一个顶点之外，其他顶点不重复出现的回路称为简单回路，或者简单环。

一般把路径（v_1, v_2），（v_2, v_3），（v_3, v_4）简单写成 v_1, v_2, v_3, v_4。图 7-1(a) 所示的 G_1 中，v_1, v_2, v_3 和 v_1, v_3, v_4, v_1, v_3 是两条路径，前者是简单路径，后者不是。图 7-1(c) 所示的 G_3 中，v_1, v_2, v_3 是一条简单的有向路径，而 v_1, v_2, v_3, v_2 不是路径（没有 $\langle v_3, v_2 \rangle$ 连接边）。

$v_p = v_g$ 的简单路径称为环。一个有向图中，若存在一个顶点 v_0，从它出发有路径可以达到图中任何一个顶点，则称此有向图有根，根为 v_0。

（10）子图：图 $G = (V, E)$，$G' = (V', E')$，若 $V' \in V$，$E' \in E$，并且 E' 中的边所关联的顶点全部在 V' 中，则称图 G' 是图 G 的子图。图 7-2 所示是图 7-1(a) 所示图 G_1 的几个子图。

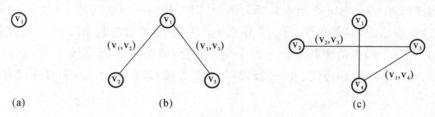

图 7-2 图 G_1 的几个子图

（11）连通图、连通分量：在无向图中，如果从一个顶点 v_i 到另一个顶点 v_j（$i \neq j$）有路径，则称顶点 v_i 和 v_j 是连通的。如果图中任意两顶点都是连通的，则称该图是连通图。无向图的极大连通子图称为连通分量。

图 7-1(a) 和图 7-1(b) 所示的图都是连通的。如图 7-3 所示的 G_4 是不连通的图。一个无

向图的连通分支定义为该图的最大连通子图。

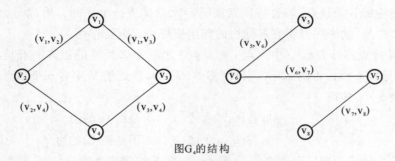

图G₄的结构

图 7-3　不连通的无向图 G₄存在两个连通分支

（12）强连通图、强连通分量：对于有向图来说，若图中任意一对顶点 v_i 和 v_j（$i \neq j$）均有从一个顶点 v_i 到另一个顶点 v_j 有路径，也有从 v_j 到 v_i 的路径，则称该有向图是强连通图。有向图的极大强连通子图称为强连通分量。

图 7-1(c)所示的 G_3 不是强连通的，因为从 v_1 到 v_3 不存在一条路径。

图 7-4 给出了图 7-1(c)所示 G_3 的两个强连通分量。

如果给图的每一条边增加一个数值作为权，即带权的图，带权的连通图称为网络，如图 7-5所示。

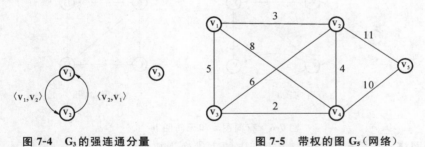

图 7-4　G_3 的强连通分量　　　　**图 7-5　带权的图 G_5（网络）**

7.2　图的存储及基本操作

线性表和树的存储主要使用了顺序存储和链接存储两种方式。图的存储同样可以采用顺序方式和链接方式，但是在实际应用中，图的存储与线性表和树的存储有一定的区别。在线性表和树中，结点表示要处理的数据，边只表示结点之间的关系，所以在存储时，通常只存储待处理的数据，而结点之间的关系可以用位置隐含，也可以附加指针域来体现。在图形结构中，边和点同样具有实际意义，都包含将要处理的数据。因此，在图的存储中需要分别存储图的顶点和边。对于图形顶点的存储，通常采用最简单的顺序存储方式。对于图形边的存储可以有多种方法，本书重点讨论四种方法：邻接矩阵法、邻接表法、多重链表法以及边集数组法。具体选择哪一种存储方法来存储图，取决于待解决的实际问题。下面将分别叙述这四种存储方式。

◆　7.2.1　图的邻接矩阵

邻接矩阵（adjacency matrix）是表示顶点之间邻接关系的矩阵。在这种方法中，对图中的顶点采用顺序存储,因此需要一个顺序表来存储各个顶点,用邻接矩阵来存储各条边。为了顺序存储图中的各个顶点,需要将顶点按一定原则排成一个序列。由此每个顶点在此序列中就有一个序号,这个序号将在存储边的邻接矩阵中起重要作用。

图 G 的邻接矩阵是表示 G 中顶点 i 和顶点 j 之间相邻关系的矩阵。若顶点 i 和顶点 j 相邻,则矩阵元素 $a_{ij}=1$,否则 $a_{ij}=0$。设图 G=(V,E),顶点集 V 中有 n 个顶点,则邻接矩阵是如下定义的 n×n 矩阵。

$$A[i,j]=\begin{cases}1,若(v_i,v_j) 或\langle v_i,v_j\rangle 是图 G 的边\\0,若(v_i,v_j) 或\langle v_i,v_j\rangle 不是图 G 的边\end{cases}$$

图 7-6(a)所示有向图 a 和图 7-6(b)所示无向图 b 的邻接矩阵分别为 A_1 和 A_2。

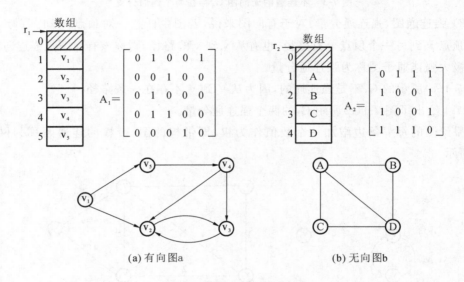

(a) 有向图a

(b) 无向图b

图 7-6 有向图 a 和无向图 b

带权图(网络)的邻接矩阵仅需将矩阵中的 1 代换为权值。

$$A[i,j]=\begin{cases}w_{ij}:i!=j 且\langle v_i,v_j\rangle 或(v_i,v_j) 是 G 中的边\\\infty:i!=j 且\langle v_i,v_j\rangle 或(v_i,v_j) 不是 G 中的边\\0:i=j\end{cases}$$

图 7-7 展示了网络及其邻接矩阵。

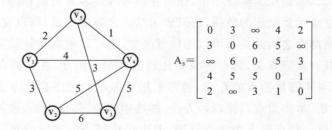

图 7-7 网络及其邻接矩阵

A4 矩阵是图 7-5 所示网络的邻接矩阵。

$$A4 = \begin{bmatrix} 0 & 3 & 5 & 8 & \infty \\ 3 & 0 & 6 & 4 & 11 \\ 5 & 6 & 0 & 2 & \infty \\ 8 & 4 & 2 & 0 & 10 \\ \infty & 11 & \infty & 10 & 0 \end{bmatrix}$$

设图 G 有 n 个顶点,我们用邻接矩阵存储图形结构的边的关系,用长度为 n 的顺序表存储图的 n 个顶点数据,或者存储指向顶点数据的指针。从图的邻接矩阵存储方法容易看出,这种表示具有以下特点:

(1) 无向图的邻接矩阵一定是一个对称矩阵,有 n 个顶点的无向图需要的存储空间为 n^2,但是,在具体存放邻接矩阵时只需存放上(或下)三角矩阵的元素即可。对于有向图,邻接矩阵需要 n^2 个存储单元。

(2) 对于无向图,邻接矩阵的第 i 行(或第 i 列)非零元素(或非 ∞ 元素)的个数正好是第 i 个顶点的度 TD(vi)。

(3) 对于有向图,邻接矩阵的第 i 行(或第 i 列)非零元素(或非 ∞ 元素)的个数正好是第 i 个顶点的出度 OD(vi)(或入度 ID(vi))。

(4) 用邻接矩阵方法存储图,很容易确定图中任意两个顶点之间是否有边相连;但是,要确定图中有多少条边,则必须按行、按列对每个元素进行检测,所花费的时间代价很大,这是用邻接矩阵存储图的局限性。

(5) G 中顶点 i 和顶点 j 之间如果存在一条长度为 m 的路径,则邻接矩阵 A 的第 i 行第 j 列元素为 0。

在用邻接矩阵存储图时,除了用一个二维数组存储用于表示顶点间相邻关系的邻接矩阵外,还需用一个一维数组来存储顶点信息、图的顶点数和图的边数。故可将其形式描述如下:

```
# define n  5              /*图的顶点数*/
# define e  6              /*图的边数*/
# define max 10000         /*设置一个极大数无穷大*/
typedef char vextype;      /*顶点类型*/
typedef int adjtype;       /*权值类型*/
typedef struct
{    vextype vertex[n+1];  /*顶点数组*/
     adjtype edge[n+1][n+1]; /*邻接矩阵*/
}adj_matrix;
```

7.2.2 图的邻接表

邻接表(adjacency list)是图的一种顺序存储与链式存储结合的存储方法。邻接表表示法类似于树的孩子链表表示法。对于图 G 中的每个顶点 v_i,将所有邻接于 v_i 的顶点 v_j 链成一个单链表,这个单链表就称为顶点 v_i 的邻接表,再将所有点的邻接表表头放到数组中,就构成了图的邻接表。对于图 G 中的某一个顶点 v_i,用一个链表来记录与其相邻的所有顶点,也就是所有的边,我们称之为边表。然后用一个顺序表存储顶点 $v_i(i=1,2,\cdots,n)$ 的数据以及指向 v_i 的边表的指针。

概括来说，邻接表是图的一种链接存储结构。顶点采用顺序方式进行存储；用 n 个单链表来存储图中的边，第 i 个单链表是所有与第 i 个顶点相关联的边链接而成的，称此单链表为第 i 个顶点的边表，边表中的每个结点称为边表结点；在顶点的顺序表中，每个元素增加一个指针域用来存放各个边表的头指针，称此顺序表为顶点表，而顺序表中的每个元素称为顶点表结点；顶点表和各顶点的边表一起组成图的邻接表。

边表结点和顶点表结点可表示如下：

邻接表存储结构的 C 语言描述如下：

```
typedef struct node
{    int adjvex;                    /*邻接点域*/
     struct node *next;            /*指针域*/
}edgenode;                         /*定义边表结点*/
typedef struct
{ vextype vertex;                  /*顶点域*/
     edgenode *link;               /*指针域*/
}vexnode;                          /*定义顶点表结点*/
vexnode adjlist[n+1];
```

图 7-8 展示了一例有向图及其邻接表。

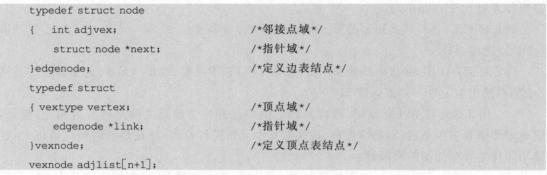

图 7-8   有向图及其邻接表事例

图 7-9 是图 7-5 所示 G_5 的邻接表，在不考虑权值的情况下，可写成如图 7-9 所示形式。

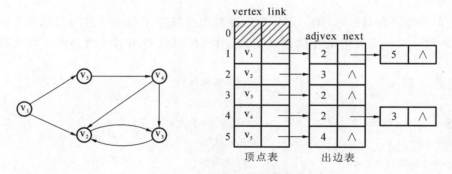

图 7-9 G_5 的邻接表

顶点 v_i 的边表的每个结点对应一个与 v_i 相连的边，结点数据域是与 v_i 相邻顶点的序号，指针域则指向下一个与 v_i 相邻的顶点。用邻接法表示无向图，则每条边在它两个端点的边表中各占一个结点。

对于有向图,出边表和入边表分开保存,如图 7-10 所示是图 7-1(c)所示 G_3 的邻接表。

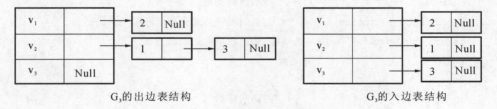

G_3的出边表结构　　　　　　　　　　G_3的入边表结构

图 7-10　有向图 G_3 的邻接表

也可用逆邻接表,即有向图中对每个结点建立以 v_i 为终点的单链表,如图 7-11 所示。

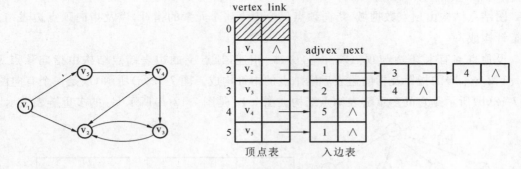

图 7-11　有向图及其逆邻接表事例

从图的邻接表存储方法容易看出,这种表示具有以下特点:

(1)若无向图中有 n 个顶点、e 条边,则它的邻接表需 n 个头结点和 2e 个表结点。显然,在边稀疏($e \ll n(n-1)/2$)的情况下,用邻接表表示图比用邻接矩阵表示图节省存储空间,当图中与边相关的信息较多时更是如此。

(2)在无向图的邻接表中,顶点 v_i 的度恰为第 i 个链表中的结点数。

(3)在有向图中,第 i 个链表中的结点个数只是顶点 v_i 的出度,为求入度,必须遍历整个邻接表。在所有链表中,其邻接点域的值为 i 的结点个数是顶点 v_i 的入度。

有时,为了便于确定顶点的入度或以顶点 v_i 为头结点的弧,可以建立一个有向图的逆邻接表,即对每个顶点 v_i 建立一个以 v_i 为头结点的弧的链表。

在建立邻接表或逆邻接表时,若输入的顶点信息即为顶点的编号,则建立邻接表的复杂度为 $O(n+e)$,若需要通过查找才能得到顶点在图中位置,则时间复杂度为 $O(n \times e)$。

(4)在邻接表上容易找到任一顶点的第一个邻接点和下一个邻接点,若要判定任意两个顶点(v_i 和 v_j)之间是否有边或弧相连,则需搜索第 i 个或第 j 个链表,因此,邻接表不及邻接矩阵方便。

7.2.3　图的多重链表表示

图的邻接表用数组存储顶点信息,因而每条边会分别出现在其相邻两个顶点的边表中。如果我们把图的所有顶点信息用一个链表来描述(图结点),每个图结点指向一个边表(表结点),表结点存储的不是顶点的序号,而是指向边(弧)另一端相邻顶点的指针,我们称之为图的多重链表表示。我们分别为图和其边表设计了动态的数据结构,C 语言描述如下:

```
struct node{
    bool mark;                    //访问标志
    char letter;                  //顶点数据域
    struct node *nextnode;        //指向图顶点集合中下一个元素的指针
    struct arc *out;              //指向该顶点边表的指针
    };
structarc{
    bool mark;                    //访问标志
    struct node *link;            //指向该边（弧）的另一端顶点的指针
    struct arc *nextarc;          //指向与该顶点连接的其余边（弧）的指针
    };
```

图结点结构由顶点数据域、指向顶点集合中下一个元素的指针，以及指向顶点边表结点的指针构成。

设顶点 v_i 有 k 条边与顶点 v_{j1}，v_{j2}，…，v_{jk} 相连，顶点 v_i 的边表结点结构由指向顶点 v_{jn}（n＝1，2，…，k）的指针及指向边表后继结点的指针构成。图 7-12(a)所示 G_6 是一个有向图，图 7-12(b)所示是它的多重链表结点结构。图 7-13 是图 7-12(a)所示 G_6 的多重链表表示。

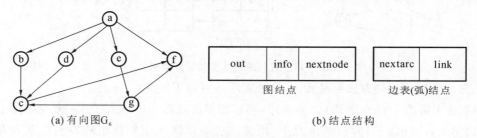

图 7-12　有向图 G_6 及其多重链表结点结构

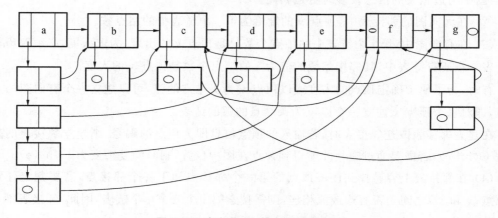

图 7-13　有向图 G_6 的多重链表表示

◆ 7.2.4　边集数组

边集数组（edgeset array）是图的一种顺序存储方式，利用一维数组来存储图中所有的边，数组中的每个元素用来存储图中的一条边，包括始点序号、终点序号及边的权值，该数组中所含元素的个数要大于等于图中边的条数。

一般情况下，各条边在数组中的次序是任意的，但在实际问题中可根据具体情况而定。

如图 7-14(a)所示的无向网络,其边集数组存储结构如图 7-14(b)所示。

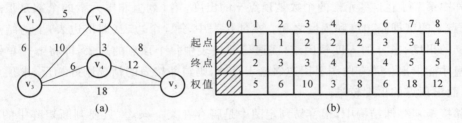

图 7-14　无向网络及其边集数组

边集数组 C 语言描述如下:

```
typedef struct edge
{     int fromvex;              /*边的始点域*/
      int endvex;               /*边的终点域*/
      int weight;               /*边的权值域*/
}edgeset;                       /*定义边集数组类型*/
edgeset ge[e+1];                /*边集数组全局量 */
```

如果边集数组中省略权值域,就可以存储不带权的一般图。数组的每个元素只包含边的始点序号和终点序号。对于无向图,边是没有方向的,因此边集数组中的始点序号域和终点序号域的值可以互换,也就是说,无向图中的一条边在边集数组中只存储一次。由此可知,在边集数组存储结构中无法区分有向图和无向图,这点在使用时应特别注意。

◆　**7.2.5　图的存储方法的比较**

下面对邻接矩阵、邻接表和边集数组这三种常用的图的存储方法进行比较,以便在实际应用时选择合适的存储结构。这里主要从存储表示的唯一性、空间效率、时间效率三方面来分析研究。

1. 表示的唯一性

当图中的顶点序列确定后,图的邻接矩阵存储表示是唯一的,但邻接表和边集数组存储表示不唯一。这是因为在邻接表存储表示中,各边表结点的链接次序取决于建立邻接表的算法(头插法或尾插法)以及边的排列次序,在边集数组存储表示中各边表结点的链接次序同样取决于边的排列次序。

2. 空间效率

对于一个具有 n 个顶点 e 条边的图 G,用邻接矩阵存储图中的边,其空间复杂度为$O(n^2)$,若用邻接表来存储图中的边,其空间复杂度为 $O(n+e)$。若 G 是一个稀疏图,图中边的数目小于 n,此时的邻接矩阵一定是一个稀疏矩阵。用邻接表比用邻接矩阵更节省存储空间,而邻接表可以看成是稀疏矩阵的压缩存储(类似十字链表中只有行链表)。同样,边集数组也比较适合存储稀疏图,也可以看成是稀疏矩阵的压缩存储(类似三元组的顺序表)。对于稠密图,考虑到邻接表中还要附加指针域,则选取邻接矩阵存储结构才能有更好的空间效率。

3. 时间效率

在无向图中求某个顶点的度,用邻接矩阵及邻接表两种存储结构都很容易求得。邻接矩阵中第 i 行(或第 i 列)上非零元素的个数即为顶点 v_i 的度,而在邻接表中顶点 v_i 的度是第

i 个边表中的结点个数。在有向图中求某个顶点的度，采用邻接矩阵表示比邻接表更方便，邻接矩阵中第 i 行上非零元素的个数是顶点 v_i 的出度，第 i 列上非零元素的个数是顶点 v_i 的入度，顶点 v_i 的度即是出度和入度之和。在邻接表中，第 i 个边表（即出边表）上的结点个数是顶点 v_i 的出度，求 v_i 的入度较困难，需遍历邻接表中每个顶点的边表，即将 n 个单链表都运算一遍才能求出。若有向图采用逆邻接表存储，则与邻接表的情况刚好相反，求顶点的入度容易，而求顶点的出度较难。

在邻接矩阵存储结构中，很容易判定图中是否存在某一条边，只要判断矩阵中的第 i 行第 j 列上的那个元素值是否为零即可（能实现随机存取）；但在邻接表存储结构中，需扫描第 i 个边表（必须顺序存取）。最坏情况下耗费的时间为 O(n)。

在邻接矩阵中求边的数目 e，必须扫描整个矩阵，所耗费的时间是 $O(n^2)$，与 e 的大小无关。而在邻接表中，只要对各个边表的结点个数进行计数即可求得 e，所耗费的时间是 O(e)。因此，当 $e < n^2$ 时，采用邻接表存储更节省时间。

在边集数组中求一个顶点的度或查找一条边都需要扫描整个数组。边集数组适合那些对边依次进行处理的运算，不适合对指定顶点及相关联的各条边的运算。

总之，图的邻接矩阵、邻接表和边集数组三种存储结构各有利弊。具体应用时，要根据图的稀疏程度以及运算的要求合理选择。

7.3　图的遍历

图的遍历与树的遍历类似，图的遍历（traversing graph）也是从图中某一个顶点出发，对图中的所有顶点访问一次且只访问一次。图的遍历是图的一种基本操作，图的许多其他操作都是以遍历操作为基础。

给出一个图 G 和其中任意一个顶点 v_0，由 v_0 开始访问 G 中的每一个顶点一次且仅访问一次的操作称为图的遍历。由于子图中可能存在循环回路，所以树的遍历算法不能简单地应用于图。为防止程序进入死循环，我们必须对每一个访问过的顶点做标记，避免重复访问。为此，可以设一个辅助数组。数组的初始值均设为 FALSE，一旦某个顶点被访问过，则将辅助数组中相应的值置为 TRUE。

图的遍历方式有深度优先和广度优先两种方式，分别对应栈和队列两种数据结构的运用。

◆ 7.3.1　深度优先遍历

深度优先遍历（depth-first search，DFS）类似于树的先根遍历，是树的先根遍历的推广。假设初始状态是图中所有顶点未被访问，则深度优先遍历可从图中某个顶点 v 出发，访问此顶点，依次从 v 的未被访问的邻接点出发深度优先遍历图，直至图中所有和 v 有路径相通的顶点都被访问到；若此时图中尚有顶点未被访问，则另选图中一个未被访问的顶点作起始点，重复上述过程，直至图中所有顶点都被访问到。

例如，按深度优先原则，先访问顶点 v_0，然后选择一个 v_0 邻接到的且未被访问的顶点 v_i，再从 v_i 出发按深度优先访问其余邻接点。当遇见一个所有邻接顶点都被访问过的顶点 U 时，回到已访问序列中最后一个有未被访问过的邻接点的顶点 W，再从 W 出发按深度优先遍历图。当图中任何一个已被访问过的顶点都没有未被访问的邻接顶点时，遍历结束。

显然,这是一个递归的过程。在遍历过程中为了便于区分顶点是否已被访问,需附设访问标志数组 visited[0:n-1],其初值为 FALSE,一旦某个顶点被访问,则将其相应的分量置为 TRUE。

从图的某一点 v 出发,递归地进行深度优先遍历的 C 语言描述如下。

```
void DFSTraverse (Graph G){              //深度优先遍历图 G
for (v=0; v<G.vexnum; ++v)
visited[v]=FALSE;                        //访问标志数组初始化
for (v=0; v<G.vexnum; ++v)
if (!visited[v]) DFS(G,v);              //对尚未访问的顶点调用 DFS
}
void DFS(Graph G,int v ) {               //从第 v 个顶点出发递归地深度优先遍历图 G
visited[v]=TRUE;Visit(v);               //访问第 v 个顶点
for (w=FisrtAdjVex(G,v);w>=0; w=NextAdjVex(G,v,w))
if (!visited[w]) DFS(G,w);              //对 v 的尚未访问的邻接顶点 w 递归调用 DFS
}
```

图 7-15 所示的深度优先遍历(DFS)序列为 v_1,v_2,v_4,v_8,v_5,v_3,v_6,v_7。

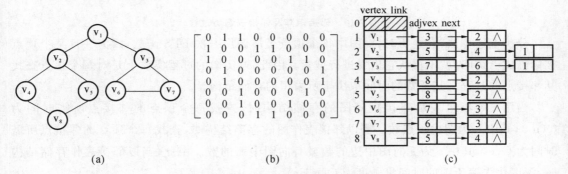

(a)　　　　　　　　　　(b)　　　　　　　　　　(c)

图 7-15　遍历图例及其邻接矩阵、邻接表

其邻接矩阵法的 C 语言描述如下:

```
void DFS(int i)
{    int j;
    printf ("输出序号为% d的顶点:% c\n",i,adj->vertex[i]);
    visited[i]=1;                      /*标记 vi 已经访问过*/
    for (j=1;j<=n;j++)                 /*依次搜索 vi 的邻接点*/
        if((adj->edge[i][j])&&(!visited[j]))
            DFS(j);
}
```

其邻接表法的 C 语言描述如下:

```
void DFSL(int i)
{    edgenode *p;
    printf("输出序号为% d的顶点:% c\n",i,adjlist[i].vertex);
    visited [i]=1;                     /*标记 vi 已经访问过*/
    p=adjlist[i].link;                 /*p 为 vi 的边表头指针*/
    while (p)                          /*依次搜索 vi 的邻接点*/
```

```
    {    if(!visited[p->adjvex])              DFSL(p->adjvex);
         p=p->next;
    }
}
```

图 7-15(a)所示遍历图例在邻接矩阵及邻接表上实现遍历的过程如图 7-16 所示。

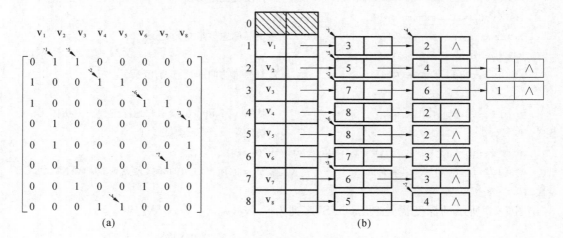

图 7-16　邻接矩阵及邻接表遍历过程

分析上述算法，在遍历时，对图中每个顶点至多调用一次 DFS 函数，因为一旦某个顶点被标志成已访问，就不再从它出发进行搜索。因此，遍历图的过程实质上是对每个顶点查找其邻接点的过程。其耗费的时间取决于所采用的存储结构。

当用二维数组表示邻接矩阵图的存储结构时，查找每个顶点的邻接点所需时间为 $O(n_2)$，其中 n 为图中顶点数。当以邻接表作图的存储结构时，查找每个顶点的邻接点所需时间为 $O(e)$，其中 e 为无向图中边的数或有向图中弧的数。由此，当以邻接表作存储结构时，深度优先遍历图的时间复杂度为 $O(n+e)$。

图的深度优先遍历序列不是唯一的，但如果其存储结构确定，那它们就是唯一的。因为在存储时，人为定义了第一个顶点以及各顶点之间邻接关系的顺序。若单纯从逻辑上考虑算法，则遍历序列是不唯一的。

◆ 7.3.2　广度优先遍历

广度优先遍历（breadth-first search，BFS）类似于树的按层次遍历的过程，使用的是队列这种数据结构。

假设从图中某顶点 v 出发，在访问 v 之后依次访问 v 的各个尚未访问的邻接点，然后分别从这些邻接点出发依次访问它们的邻接点，并使"先被访问的顶点的邻接点"先于"后被访问的顶点的邻接点"被访问，直至图中所有已被访问的顶点的邻接点都被访问到。若此时图中尚有顶点未被访问，则另选图中一个未被访问的顶点作起始点，重复上述过程，直至图中所有顶点都被访问到。换句话说，广度优先遍历图是以 v 为起始点，由近至远，依次访问和 v 有路径相通且路径长度为 1，2，…的顶点的过程。例如，先访问顶点 v_0，然后访问 v_0 邻接到的所有未被访问的顶点 v_1，v_2，v_3，…，v_t，最后依次访问 v_1，v_2，v_3，…，v_t 所邻接的未被访问的顶点，继续这一过程，直至访问完全部顶点。

广度优先搜索和深度优先搜索类似,在遍历的过程中也需要一个访问标志数组,并且,为了顺次访问路径长度为 2、3、…的顶点,需附设队列以存储已被访问的路径长度为 1、2、…的顶点。

在广度优先遍历中,先被访问的顶点的邻接点亦先被访问,所以在算法的实现中需要一个辅助队列,用来依次记住被访问过的顶点。

算法开始时,将初始点 v_i 访问后插入队列中,之后每从队列中删除一个元素,就依次访问它的每一个未被访问的邻接点,并令其入队。当队列为空时,表明所有与初始点有路径相通的顶点都已访问完毕,算法到此结束。

从图的某一点 v 出发,递归地进行广度优先遍历的 C 语言描述如下。

```
void BFSTraverse (Graph G)              //按广度优先非递归遍历图 G,使用辅助队列 Q
{for (v=0; v<G.vexnum; ++v)
visited[v]=FALSE;                       //访问标志数组初始化
for (v=0; v<G.vexnum; ++v)
if (!visited[v]) BFS(G, v);             //对尚未访问的顶点调用 BFS
}
void BFS (Graph G,int v) {
InitQueue(Q);                           //置空辅助队列 Q
visited[v]=TRUE; Visit(v);              //访问 v
EnQueue(Q,v);                           //v 入队列
while (!QueueEmpty(Q)) {
DeQueue(Q,u);                           //队头元素出队并置为 u
for(w=FistAdjVex(G,u); w> =0; w=NextAdjVex(G,u,w))
if (!visited[w]){
visited[w]=TRUE; Visit(w);
EnQueue(Q,w);                           //u 尚未访问的邻接顶点 w 入队列 Q
}}}
```

分析上述算法,每个顶点至多进一次队列。遍历图的过程实质是通过边或弧找邻接点的过程,因此广度优先遍历图的时间复杂度和深度优先遍历相同,两者不同之处仅仅在于对顶点的访问顺序。

图 7-17 所示广度优先遍历(BFS)序列为 $v_1,v_2,v_3,v_4,v_5,v_6,v_7,v_8$。

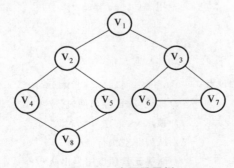

图 7-17 遍历用图例

下面以图 7-18 及其邻接表为例,展开广度优先遍历。

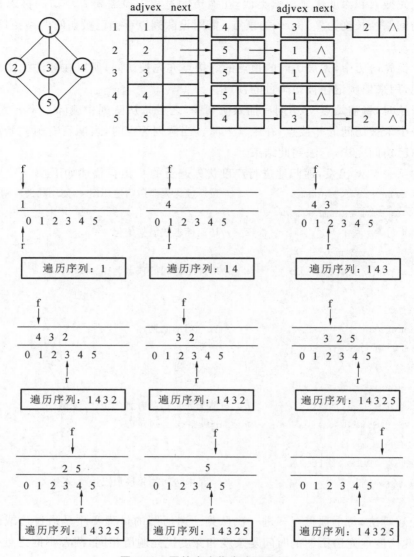

图 7-18　图的广度优先遍历图例

邻接表法广度优先遍历的 C 语言描述如下：

```c
void BFSL(int k)                /*用 adjlist 存储 */
{    int i;
     edgenode *p;
     SETNULL(Q);
     printf("序号% d 的顶点: % c\n",k,adjlist[k].vertex);   /*访问出发点 vk */
     visited[k]=1;              /*标记 vk 已经访问过 */
     ENQUEUE (Q,k);            /*顶点 vk 的序号 k 入队 */
     while(!EMPTY(Q))          /*队列非空执行 */
     {    i=DEQUEUE(Q);         /*队头元素顶点序号出队 */
         p=adjlist[i].link;
         while (p!=NULL)
         {   if(!visited[p->adjvex])
```

```
    {   printf("序号% d的顶点: % c\n",p->adjvex,adjlist[p->adjvex].vertex);
            visited[p->adjvex] =1;
            ENQUEUE(Q,p->adjvex);
        }
        p=p->next;
    }
}
```

按深度优先遍历图 7-19 所得顶点序列是 a,b,c,f,d,e,g。

按广度优先遍历图 7-19 所得顶点序列是 a,b,d,e,f,c,g。

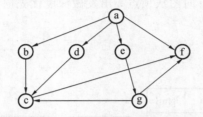

图 7-19 深度优先与广度优先遍历用图 G₇

图 G₇ 的邻接存储结构如图 7-20 所示。

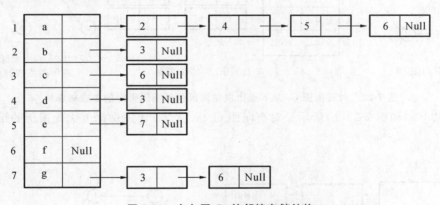

图 7-20 有向图 G₇ 的邻接存储结构

7.4 图的生成树和最小生成树

连通图 G 的一个子图如果是一棵包含 G 的所有顶点的树,则该子图称为 G 的生成树。

若图是连通的无向图或者是强连通的有向图,则从任何一个顶点出发都能遍历图的所有顶点,以图 7-19 为例,所得结果如图 7-21(a)和图 7-21(b)所示,结构像一棵树。若图是有根的有向图,则从根出发,可以系统地遍历所有顶点。图的所有顶点与遍历过程中访问的边所构成的子图,称为图的生成树,如图 7-21(a)和图 7-21(b)所示。显然,访问起点不同,其生成树也不同。

对于非连通无向图和非强连通有向图,从任意顶点出发不一定能遍历图的所有顶点,只能得到以该顶点为根的连通分支的生成树。因此,继续图的遍历过程需要从一个没有访问过的顶点开始,所得的也是那个顶点的连通分支的生成树。于是,图的遍历结果就是一个生

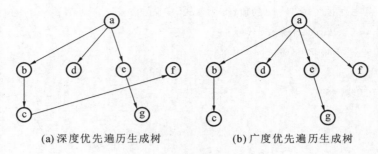

(a)深度优先遍历生成树　　(b)广度优先遍历生成树

图 7-21　有向图的遍历

成树的森林。

　　例如,对图 7-22(a)所示有向图从顶点 a 出发做深度优先遍历的结果是：

a,

b,e,

c,d,

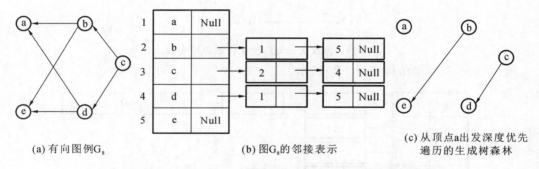

(a) 有向图例G₈　　　　(b) 图G₈的邻接表示　　　　(c) 从顶点a出发深度优先遍历的生成树森林

图 7-22　对有向图 G₇ 从 a 点出发做深度优先遍历得到的生成树森林

　　图 7-23(a)和图 7-23(b)所示是对有向图 G₈ 从顶点 c 出发做深度优先遍历的结果,其输出是：

c,b,a,e,d,

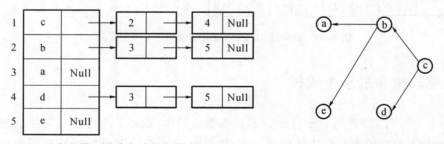

(a) 以有向图G₈的c为起点的邻接表示　　　　(b) 从顶点c出发深度优先遍历的生成树森林

图 7-23　对有向图 G₈ 从 c 点出发做深度优先遍历得到的生成树森林

　　图 7-24(a)所示为一无向图,同理可生成 DFS 生成树[见图 7-24(b)]和 BFS 生成树[见图 7-24(c)]。

　　实际上,无论是 DFS 生成树还是 BFS 生成树,连通图的生成树是包含 n 个点、(n−1)条边的无回路连通图,一般具有以下特性。

　　(1) 一个图可以有许多棵不同的生成树。

　　(2) 所有生成树具有以下共同特点：

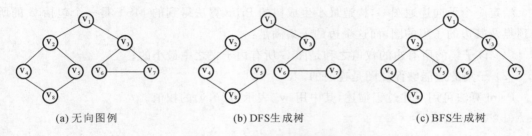

图 7-24 无向图生成树图例

- 生成树的顶点个数与图的顶点个数相同;
- 生成树是图的极小连通子图;
- 一个有 n 个顶点的连通图的生成树有(n−1)条边;
- 生成树中任意两个顶点间的路径是唯一的;
- 在生成树中再加一条边必然形成回路。

(3) 含 n 个顶点、(n−1)条边的图不一定是生成树。

既然从不同的顶点出发会有不同的生成树,而 n 个顶点的生成树有(n−1)条边,那么,当图的边带权时,尤其对于带权网络图,如何寻找该图的一个最小生成树,使树中各边权值之和最小呢?

例如,要在 n 个城市间建立通信联络网,顶点表示城市,权表示城市间建立通信线路所需花费代价,希望找到一棵生成树,它的每条边上的权值之和(即建立该通信网所需花费的总代价)最小,即最小代价生成树。

通过分析可得,n 个城市间,最多可设置 n(n−1)/2 条线路,n 个城市间建立通信网,只需(n−1)条线路,于是问题转化为:在可能的线路中选择(n−1)条,要求把所有城市(顶点)均连起来,且总耗费(各边权值之和)最小。

因此,也可得最小生成树的定义。连通网络的所有生成树中边上权值之和最小的生成树称为最小生成树(minimum-cost spanning tree,简写为 MST)。

由生成树的定义可知,无向连通图的生成树不是唯一的。连通图的一次遍历所经过的边的集合及图中所有顶点的集合构成了该图的一棵生成树,对连通图的不同遍历,可能得到不同的生成树。如果无向连通图是一个网络,那么,它的所有生成树中必有一棵边的权值总和最小的生成树,我们称这棵生成树为最小生成树。

MST 性质:假设 G=(V, E)是一个连通网络,U 为顶点集 V 的一个非空子集。对于所有的一个端点在 U 中(即 u∈U),另一个端点不在 U 中(即 v∈V−U)的边,若边(u,v)是权值最小的一条,则一定存在一棵 G 的最小生成树包括此边(u,v)。

构造最小生成树的经典算法之一为 Prim 算法。

假设 G=(V, E)为一网络图,其中 V 为网络图中所有顶点的集合,E 为网络图中所有带权边的集合。设置两个新的集合 U 和 T,其中集合 U 用于存放 G 的最小生成树中的顶点,集合 T 存放 G 的最小生成树中的边。令集合 U 的初值为 U={u1}(假设构造最小生成树时,从顶点 u1 出发),集合 T 的初值为 T={}。

Prim 算法的思想:设 G=(V, E)是连通网,从所有 u∈U,v∈V−U 的边中,选取具有最小权值的边(u, v),将顶点 v 加入集合 U 中,将边(u, v)加入集合 T 中,如此不断重复,直到 U=V 时,最小生成树构造完毕,这时集合 T 中包含最小生成树的所有边。

给定一个无向连通图 G，构造最小生成树的 Prim 算法得到的 MST 是一个包括 G 的所有顶点及其边的子集的图，而这个边的子集满足：

（1）该子集的所有边的权值之和是图 G 所有边子集之中最小的；

（2）子集的边能够保证图是连通的。

Prim 算法可用下述过程描述，其中用 w_{uv} 表示边（u，v）的权值。

（1）$U=\{u1\}$，$T=\{\}$；

（2）while $(U\neq V)$ do

$(u,v)=\min\{w_{uv}; u\in U, v\in V-U\}$

$T=T\cup\{(u, v)\}$

$U=U\cup\{v\}$

（3）结束。

根据 Prim 算法，图 7-25（a）所示图 G_9 的最小生成树如图 7-25（b）所示。

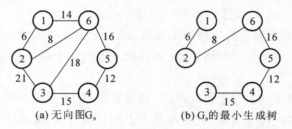

(a) 无向图 G_9 (b) G_9 的最小生成树

图 7-25　根据 Prim 算法求最小生成树

Prim 算法的时间复杂度为 $O(n^2)$，与网中的边数无关，因此适用于求边稠密的网络的最小生成树。

图 G_9 的 Prim 算法构造最小生成树的具体过程如图 7-26 所示。

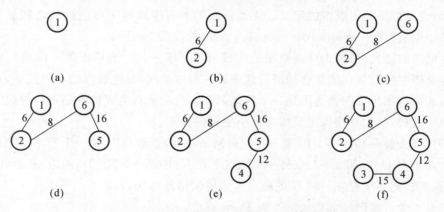

图 7-26　用 Prim 算法构造最小生成树的过程

图 G_9 的 Prim 算法构造最小生成树 T 的边集数组变化过程如图 7-27 所示。

例如，图 7-28（a）显示了一个城市之间的公路网络。各边权值是距离，要把 6 个城市连通起来至少需要修筑 5 条道路，求最小生成树就是求距离总和最短的网络连接。

显然，MST 的边集没有回路，否则可以通过去掉回路中某条边而得到更小权值的边集。因此，n 个顶点的 MST 有（n-1）条边。

Prim 算法实现过程如下：

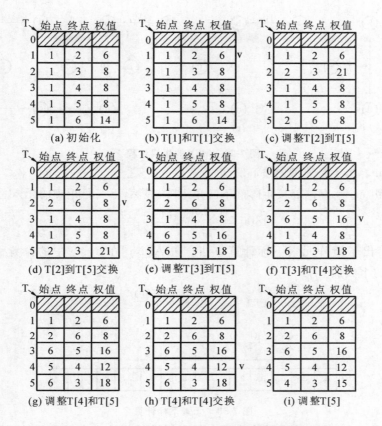

图 7-27　用 Prim 算法构造最小生成树的边集数组变化过程

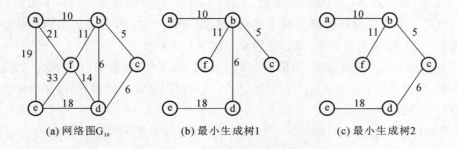

图 7-28　城际公路网络与最小生成树

从任意顶点 n 开始,首先把这个顶点放进 MST 中(初始化 MST 为{n}),在与 n 相关联的边中选出权值最小的边及其与 n 相邻的顶点 m。把 m 和边(n,m)加入 MST 中。然后,选出与 n 或 m 相关联的边中权值最小的边及相邻顶点 k,同样,把 k 加入 MST 中。继续这一过程,每一步都通过选出连接当前已经在 MST 中的某个顶点和另一尚未在 MST 中顶点的权值最小的边而扩展 MST。直至把所有顶点包括进 MST。

若有两个权值相等的边,可以任选其一加入 MST 中,因此,MST 不唯一。图 7-28(b)和图 7-28(c)所示是不同的最小生成树。

MST 的生成过程可以这样理解,反复在图 G 中选择具有最小权值的边及相邻顶点加入 MST 中,直至所有顶点进入 MST。图 7-28(b)所示最小生成树的生成过程如图 7-29 所示。

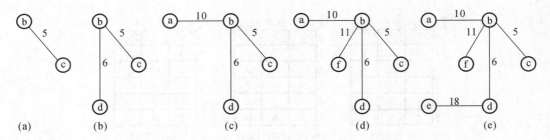

图 7-29　MST 的生成过程

显然，Prim 算法也是典型的贪心算法。

用一维数组 array 存储邻接矩阵的下三角矩阵，显然，下三角矩阵的元素总数为

$$total = \sum_{i=1}^{n} i = \frac{n(n+1)}{2}$$

图 7-30 给出了矩阵元素下标计算方法。边 $A[i,j]$ 在 array 中的位置下标 l 就是前 $(i-1)$ 行元素的个数加上 j：

$$l = j + \sum_{k=1}^{i-1} k = \frac{i(i-1)}{2} + j$$

$\sum_{k=1}^{i-1}k=\dfrac{i(i-1)}{2}$						$\longleftarrow\ \ j\ \longrightarrow$				
a_{11}	a_{21}	a_{22}	a_{31}	a_{32}	$\cdots$	$a_{i-1,i-1}$	a_{i1}	$\cdots$	a_{ij}	$\cdots$	a_{nn}

图 7-30　元素下标计算

下面代码是 Prim 算法的 C 语言实现。程序假设权值始终大于零，图用邻接矩阵表示。若 (v_i,v_j) 是边，则矩阵 $A[i,j]$ 是它的权值。若 (v_i,v_j) 不是边（即顶点 v_i 与 v_j 不相邻），则矩阵 $A[i,j]$ 的值是一个比任何权值都大得多的正数（INFINITY）。因为无向图的邻接矩阵关于对角线对称，且对角线元素为零，所以我们只存储下三角矩阵。

程序在构造 MST 的过程中，如果顶点 v_i 已经在 MST 中，则置 $A[i,i]=1$。若边 (v_i,v_j) 在 MST 中，则置 $A[i,j]=-A[i,j]$。也就是说，程序调用结束的时候，邻接矩阵中为负的元素是 MST 中的边。

```
void MSTtree(int *array,int n)        //数据存储在邻接矩阵 array[1]～array[n]
{
  int i,j,k,m,p=0,q=0,min;
  array[n*(n+1)/2]=1;          //从顶点 n 开始构造 MST
  for(k=2;k<=n;k++){
    min=INFINITY;
    for(i=1;i<=n;i++){          //选择符合条件的最小权的边
      if(array[i*(i+1)/2]==1){          //如果顶点 i 已在 MST 中
        for(j=1;j<=n;j++){
          if(array[j*(j+1)/2]==0){          //如果顶点 j 尚未在 MST 中
            if(j<i)m=i*(i-1)/2+j;          //j<i 则边在对角线左侧的下三角中
                            //直接取边(i,j)的位置
            else m=j*(j-1)/2+i;          //j>i 则边在对角线右侧的上三角中
                            //对应下三角中是(j,i)的位置
            if(array[m]<min){
```

```
                min=array[m];
                p=m;q=j;
                }
            }
          }
        }
    array[q* (q+1)/2]=1;          //将选中的边加入 MST
    array[p]=-array[p];           //将选中的顶点加入 MST
    }
}
```

图 7-28(a)所示无向连通图 G_{10} 的邻接矩阵是下面的矩阵 A，上面代码输出的 MST 邻接矩阵是下面的矩阵 A′（假设权值均小于 INFINITY：99）。

$$A=\begin{bmatrix} 0 & & & & & \\ 10 & 0 & & & & \\ 99 & 5 & 0 & & & \\ 99 & 6 & 6 & 0 & & \\ 19 & 99 & 99 & 18 & 0 & \\ 21 & 11 & 99 & 14 & 33 & 0 \end{bmatrix}, A'=\begin{bmatrix} 1 & & & & & \\ -10 & 1 & & & & \\ 99 & -5 & 1 & & & \\ 99 & -6 & 6 & 1 & & \\ 19 & 99 & 99 & -18 & 1 & \\ 21 & -11 & 99 & 14 & 33 & 1 \end{bmatrix}$$

构造最小生成树的另一个算法是 Kruskal 算法。

Kruskal 算法是一种按照网中边的权值递增的顺序构造最小生成树的方法。其基本思想是：设无向连通网为 $G=(V,E)$，令 G 的最小生成树为 T，其初态为 $T=(V,\{\})$，即开始时，最小生成树 T 由图 G 中 n 个顶点构成，顶点之间没有边连接，这样 T 中各顶点各自构成一个连通分量。然后，按照边的权值由小到大的顺序，考查 G 的边集 E 中的各条边。若被考查的边的两个顶点属于 T 的两个不同的连通分量，则将此边作为最小生成树的边加入 T 中，同时把两个连通分量连接为一个连通分量；若被考查边的两个顶点属于同一个连通分量，则舍去此边，以免造成回路，如此下去，当 T 中的连通分量个数为 1 时，此连通分量便为 G 的一棵最小生成树。

图 7-31 展示了应用 Kruskal 算法对如图 7-25 所示 G_9 实现最小生成树过程。

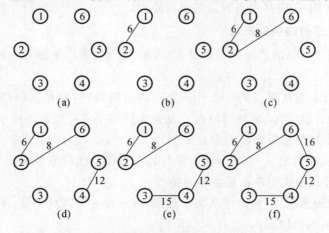

图 7-31　用 Kruskal 算法构造最小生成树的过程

Kruskal算法需对 e 条边按权值进行排序，时间复杂度为 $O(e\log_2 e)$（e 为网中边的数目），因此适用于求边稀疏的网络的最小生成树。

7.5 有向图的最短路径

最短路径问题通常是指如何从图中某一顶点（称为源点）到达另一顶点（称为终点）的多条路径中，找到一条路径，使得此路径上经过的各边上的权值总和最小。

最短路径问题通常可以分成四种不同情况：

单源点、单目标点最短路径问题；

单源点、多目标点最短路径问题；

多源点、单目标点最短路径问题；

多源点、多目标点最短路径问题。

我们讨论最常见的两种情况：单源点最短路径和任意两点间的最短路径。

假设各城市之间的城际公路网络有距离标定，且经中间城市可以有多条道路到达，那么，距离最短的连通路径是我们想要的最短路径。但是，距离最短是指路径上的边带权总和最小，而不是路径上的边数最少。如图 7-32(a) 所示，顶点 a 和顶点 c 之间的最短路径是 abc，而不是 ac。

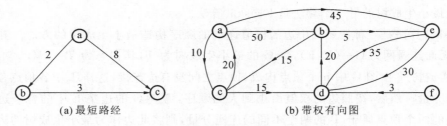

(a) 最短路经　　　　　　　　　　(b) 带权有向图

图 7-32　最短路径图例

7.5.1 单源点的最短路径

单源点的最短路径（single-source shortest paths）问题：给定带权有向图 $G = (V, E)$ 和源点 $v \in V$，求从 v 到 G 中其余各顶点的最短路径。

1. 求单源点的最短路径的算法

求从源点到其余各点的最短路径的算法的基本思想：依最短路径长度的递增次序求得各条路径。

假设图 7-32 所示为从源点到其余各点之间的最短路径，则在这些路径中，必然存在一条长度最短的路径。其中，从源点到顶点 v 的最短路径是所有最短路径中长度最短的。

① 路径长度最短的最短路径的特点：

在这条路径上，必定只含一条弧（边），并且这条弧（边）的权值最小。

② 下一条路径长度次短的最短路径的特点：

它只可能有两种情况：一是直接从源点到该点（只含一条弧）；二是，从源点经过顶点 v_1，再到达该顶点（由两条弧组成）。

③ 再下一条路径长度次短的最短路径的特点：

它可能有三种情况:一是,直接从源点到该点(只含一条弧);二是,从源点经过顶点 v_1,再到达该顶点(由两条弧组成);三是,从源点经过顶点 v_2,再到达该顶点。

④ 其余最短路径的特点:

其余最短路径可能是直接从源点到该点(只含一条弧);也可能是,从源点经过已求得最短路径的顶点,再到达该顶点。

图 7-32(b)所示的邻接矩阵 A(顶点 a,b,c,d,e,f 对应序号 1,2,3,4,5,6)如下。单源点的最短路径就是从某一顶点 v_0 出发,到达图中其他各顶点的最短路径。

$$A = \begin{bmatrix} 0 & 50 & 10 & +\infty & 45 & +\infty \\ +\infty & 0 & 15 & +\infty & 5 & +\infty \\ 20 & +\infty & 0 & 15 & +\infty & +\infty \\ +\infty & 20 & +\infty & 0 & 35 & +\infty \\ +\infty & +\infty & +\infty & 30 & 0 & +\infty \\ +\infty & +\infty & +\infty & 3 & +\infty & 0 \end{bmatrix}$$

2. Dijkstra 算法

迪杰斯特拉(Dijkstra)算法是一个按路径长度递增的次序产生最短路径的算法。

该算法的基本思想是:把图中所有顶点分成两组,第一组中的顶点相对于顶点 v_0 的路径已经确定为最短,第二组中的顶点是尚未确定最短路径的顶点,每次从第二组中挑选出相对于顶点 v_0 路径最小的那个顶点,加入第一组中,直至从顶点 v_0 出发可以达到的所有顶点都包括进第一组。算法进行过程中,总是保持从 v_0 到第一组各顶点的最短路径长度均不大于从 v_0 到第二组的任何顶点的最短路径长度。因为每个顶点对应一个距离值,第一组内各顶点的距离值是从 v_0 到该顶点的最短路径长度值,第二组内各顶点的距离值是从 v_0 到该顶点的、只允许经第一组内顶点中间转接的最短路径长度值。

可以设置两个顶点的集合 S 和 T(T=V−S),集合 S 中存放已找到最短路径的顶点,集合 T 存放当前还未找到最短路径的顶点。初始状态时,集合 S 中只包含源点 v_0,然后不断从集合 T 中选取到顶点 v_0 路径长度最短的顶点 u 加入集合 S 中,集合 S 每加入一个新的顶点 u,都要修改顶点 v_0 到集合 T 中剩余顶点的最短路径长度值,集合 T 中各顶点新的最短路径长度值为原来的最短路径长度值与顶点 u 的最短路径长度值加上 u 到该顶点的路径长度值中的较小值。此过程不断重复,直到集合 T 的顶点全部加入 S 中。

算法步骤:

(1) 初始化:集合 S 中只有一个源点,其余顶点都在集合 T 中。此时 S 中源点的距离值(最短路径)为 0;T 中各个顶点的距离值为只经过源点到达该顶点的当时最短路径,即从源点到达该顶点的边长(无边时,距离值为∞)。当某点的距离值不等于∞时,可以得到该点的路径(一条边)。

(2) 从 T 中选择一个距离值最小的顶点 v,将其加入 S 中,扩充集合 S。此时该点的距离值就是最短路径长度。

(3) 对集合 T 中剩余顶点的距离值进行修正。假设 u 是 T 中的一个顶点,u 点当前的距离值为 len_u,而新加入 S 的点 m 的最短路径 len_m 加上边⟨u,m⟩的长度为 L,若 L<len_u,则 u 点当前的距离值修正为 len_u=L。同时修正路径,即在 m 点的路径后面加上 u 点。

(4) 重复步骤(2)(3),直到所有顶点全部进入集合 S,即 V=S。

Dijkstra 算法仍然是贪心算法的基本思想。要证明算法的正确性,只需证明第二组内距离值最小的点 v_m 到源点 v_0 的距离,就是从第一组 v_0 到第二组 v_m 的最短路径长度。

① 若 v_m 到源点 v_0 距离值不是从 v_0 到 v_m 的最短路径长度,那么,必有一条从 v_0 经过第二组内其他顶点到达 v_m 的路径,其长度比 v_m 的距离值小。假设该路径经过第二组的顶点 v_s,则

$$v_s \text{ 的距离值} < \text{从 } v_0 \text{ 到 } v_m \text{ 的最短路径长度} < v_m \text{ 的距离值}$$

这与 v_m 是第二组内距离值最小的点矛盾,所以,v_m 到 v_0 的距离值就是从 v_0 到 v_m 的最短路径长度。

② 假设 v_x 是第二组中的任意顶点,若 v_0 到 v_x 的最短路径只包含第一组内的顶点中转(无须经过 v_m),则由距离定义可知其路径长度必然不小于 v_0 到 v_m 的最短路径长度,若 v_0 到 v_x 的最短路径不仅包含第一组内顶点,也经过了第二组的顶点 v_y,因为,v_0 到 v_y 的路径就是 v_y 的距离值,它一定大于或等于从 v_0 到 v_m 的最短路径长度,再考虑 v_y 到 v_x 的路径长度,那么,从 v_0 到 v_x 的最短路径长度必定大于从 v_0 到 v_m 的最短路径长度,因此,第二组内距离值最小的顶点 v_m,就是从 v_0 到第二组内顶点的最短路径点。

3. Dijkstra 算法求解示例

下面以图 7-33 为例,应用 Dijkstra 算法求解最短路径问题。

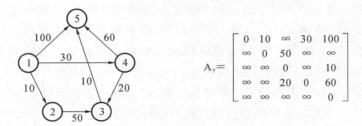

$$A_7 = \begin{bmatrix} 0 & 10 & \infty & 30 & 100 \\ \infty & 0 & 50 & \infty & \infty \\ \infty & \infty & 0 & \infty & 10 \\ \infty & \infty & 20 & 0 & 60 \\ \infty & \infty & \infty & \infty & 0 \end{bmatrix}$$

图 7-33　单源最短路径求解用图及其邻接矩阵

（1）初始化:$S=\{1\}$,$V-S=\{2,3,4,5\}$。各点的距离值及路径为

第一组顶点:	{1}	第二组顶点:	{2	3	4	5}
最短路径:	0	距离值:	10	∞	30	100
经过路径:	1→1	经过路径:	1→2	1→3	1→4	1→5

（2）从 $V-S$ 中选择距离值最小的顶点 2,加入 S 中。此时 $S=\{1,2\}$,$V-S=\{3,4,5\}$。然后对 $V-S$ 中各点的距离值进行修正,修正后各点的距离值及路径为

第一组顶点:	{1	2}	第二组顶点:	{3	4	5}
最短路径:	0	10	距离值:	60	30	100
经过路径:	1→1	1→2	经过路径:	1→2→3	1→4	1→5

（3）再从 $V-S$ 中选择距离值最小的顶点 4,加入 S 中。此时 $S=\{1,2,4\}$,$V-S=\{3,5\}$。修正 $V-S$ 中的点的距离值为

第一组顶点:	{1	2	4}	第二组顶点:	{3	5}
最短路径:	0	10	30	距离值:	50	90
经过路径:	1→1	1→2	1→4	经过路径:	1→4→3	1→4→5

（4）继续从 $V-S$ 中选择距离值最小的顶点 3,加入 S 中。此时 $S=\{1,2,3,4\}$,$V-S=\{5\}$。修正 $V-S$ 中的点的距离值为

第一组顶点：　{1　　2　　3　　4}　　　　　第二组顶点：　{5}

最短路径：　　0　　10　　50　　30　　　　　距离值：　　　60

经过路径：　1→1　1→2　1→4　1→4→3　　　经过路径：　1→4→3→5

（5）最后从 V−S 中选择距离值最小的顶点 5，加入 S 中。此时 S={1,2,3,4,5}，V−S= { }，算法结束。

第一组顶点：　　{1　　2　　3　　4　　　5}　　　　第二组顶点：　{ }

最短路径：　　0　　10　　50　　30　　60

经过路径：　1→1　1→2　1→4　1→4→3　1→4→3→5

Dijkstra 算法的程序实现对有向图采用了邻接矩阵存储。若⟨v_i,v_j⟩是边，则 A[i,j]的值等于边的权。否则设置 A[i,j]＝INFINITY。初始 A 的对角线元素为 0，运算过程中用 A[i,j]＝1 表示第 i 个顶点进入第一组。辅助数组 dist[]的每个元素包括两个字段，length 字段的值是顶点相对 v_0 的距离，pre 字段则指示从 v_0 到该顶点 v_k 的路径上前驱顶点的序号。程序结束时，沿着前驱序号可以回溯到 v_0，从而确定从 v_0 到 v_k 的最短路径，最短路径长度值存储在 v_k 的 length 字段。下面代码是单源点的最短路径 Dijkstra 算法的 C 语言实现，变量 k 指明了出发点 v_0。

```
void shortestPaths(struct node *dist,int *array,int n,int k)
{                                         //权值存储在邻接矩阵 array[1]～array[n*n]中
    int i,u,temp,min;
    for(i=1;i<=n;i++){
        dist[i].length=array[n*(k-1)+i];   //邻接矩阵第 k 行元素值就是与 k 关联的边
        if(dist[i].length!=INFINITY) dist[i].pre=k;    //(k,i)之间有弧存在,前驱是 k
        else dist[i].pre=0;      //(k,i)之间没有弧存在
        }
    array[n*(k-1)+k]=1;      //顶点 k 进入第一组
    while(1){
        min=INFINITY;
        u=0;
        for(i=1;i<=n;i++){     //在第二组中寻找最小距离点
            if((array[n*(i-1)+i]==0)&&(dist[i].length<min)){
                u=i;min=dist[i].length;
                }
            }
        if(u==0)break;     //若 vk 和其他点均不相邻,程序结束
        array[n*(u-1)+u]=1;     //vi 放进第一组
        for(i=1;i<=n;i++){     //修改第二组中各点距离
            temp=dist[u].length+array[n*(u-1)+i];
            if((array[n*(i-1)+i]==0)&&(dist[i].length> temp)){
                dist[i].length=temp;
                dist[i].pre=u;
                }
            }
        }
}
```

输入图 7-32(b)所示的邻接矩阵 A，指定 k＝1（即从 v_1 开始），上面代码的 dist[]输出是 (0,1),(45,4),(10,1),(25,3),(45,1),(99,0)。

返回的 dist[]各元素 pre 字段值指示我们从 v_1 到各顶点的最短路径。比如，想求 v_1 至

v_4 的最短路径，从 dist[4]. pre＝3 可知，最短路径上的 v_4 前驱是 v_3，而 dist[3]. pre＝1 说明 v_3 的前驱就是 v_1，即 v_1 至 v_4 的最短路径是 v_1,v_3,v_4，最短路径值是 dist[4]. length＝25。

Dijkstra 算法有双重循环。主循环中处理顶点 v_k 到图中其余（n－1）个顶点的最短距离，内循环中寻找第二组内具有最小距离的点，也是扫描 n 个顶点，因此，Dijkstra 算法的时间复杂度为 $O(n^2)$。

◆ 7.5.2 任意顶点间最短路径

实际运用中，我们不但要知道从某一顶点到网络内其余顶点的最短路径，往往还需要知道网络内每两个顶点之间的最短路径。解决这个问题的一个办法是：每次以一个顶点为源点，重复运行 Dijkstra 算法 n 次。这样，便可求得每一顶点的最短路径。总的执行时间为 $O(n^3)$。这里要介绍由弗洛伊德（Floyd）提出的另一个算法（Floyd 算法），这个算法的时间复杂度也是 $O(n^3)$，但形式上简单些。

设有向图用邻接矩阵描述。我们这样定义邻接矩阵的阶 k：k 阶邻接矩阵 $A^k[i,j]$ 的元素值，等于从顶点 i 到顶点 j 之间的最短路径上允许经过中间顶点数目（边数）不大于 k 的最短路径长度。而 n 阶邻接矩阵 $A^n[i,j]$ 的元素值，等于从顶点 i 到顶点 j 之间的最短路径上经过中间顶点数目不大于 n 的最短路径长度，即从顶点 v_i 开始，允许经过图中所有 n 个顶点达到 v_j 的最短路径，即任意顶点间最短路径（all-pairs shortest paths）。

我们定义 $A^0[i,j]＝A[i,j]$，由 $A^{k-1}[i,j]$ 递推求得 $A^k[i,j]$ 的过程，就是允许越来越多的顶点作为 v_i 到 v_j 路径上的中间顶点的过程，直至图内所有的顶点都可以作为中间顶点，从而求得 v_i 到 v_j 的最短路径。

如果已知 $A^{k-1}[i,j]$，递推求 $A^k[i,j]$ 就是在 $A^{k-1}[i,j]$ 上增加顶点 v_k 作为中间点，这有两种情况：

① v_i 到 v_j 的最短路径经过 v_k，即 $A^k[i,j]<A^{k-1}[i,j]$（否则没有增加 v_k 的必要），$A^k[i,j]$ 由两段路径构成，一段是从 v_i 开始经过（k－1）个顶点到达 v_k 的最短路径 $A^{k-1}[i,k]$，另一段是从 v_k 开始经过（k－1）个顶点达到 v_j 的最短路径 $A^{k-1}[k,j]$，因此，$A^k[i,j]$ 是它们之和：$A^k[i,j]＝A^{k-1}[i,k]＋A^{k-1}[k,j]$。

② 第二种情况是 v_i 到 v_j 的最短路径没有经过 v_k，即 $A^k[i,j]＝A^{k-1}[i,j]$。

下面代码是算法的 C 语言实现。初值 $A^0[i,j]$ 就是邻接矩阵，结束时 $A^n[i,j]$ 是每对顶点之间的最短路径长度。辅助矩阵 path[i,j] 是从 v_i 开始经过（k－1）个顶点达到 v_j 的最短路径上 v_j 的前驱顶点序号。我们可以由 path[i,j] 的元素值回溯最短路径。

```
void AllshortestPaths(int *path,int *array,int n)
{
    int i,j,k,temp;
    for(i=1;i<=n;i++)
        for(j=1;j<=n;j++){
            if(array[n*(i-1)+j]!=INFINITY)path[n*(i-1)+j]=i;    //初始前驱
            else path[n*(i-1)+j]=0;    //没有前驱
            }
    for(k=1;k<=n;k++)    //递推更新最短路径矩阵
        for(i=1;i<=n;i++)
            for(j=1;j<2=n;j++){
                temp=array[n*(i-1)+k]+array[n*(k-1)+j];    //两段最短路径之和
```

```
        if(temp<array[n* (i-1)+j]){
            array[n* (i-1)+j]=temp;      //取新的最短路径
            path[n* (i-1)+j]=path[n* (k-1)+j];      //(i,j)的前驱是(k,j)
            }
        }
    }
```

图 7-34(a)和图 7-34(b)分别给出了一个带权有向图和其邻接矩阵。由上述程序得到的每对顶点间最短路径矩阵 A^n 和辅助矩阵 path 如下：

$$A = \begin{bmatrix} 0 & 4 & 6 \\ 5 & 0 & 2 \\ 3 & 7 & 0 \end{bmatrix}, path = \begin{bmatrix} 1 & 1 & 2 \\ 3 & 2 & 2 \\ 3 & 1 & 3 \end{bmatrix}$$

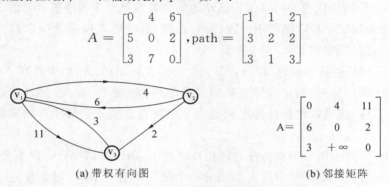

(a) 带权有向图　　　　　　　　　　(b) 邻接矩阵

$$A = \begin{bmatrix} 0 & 4 & 11 \\ 6 & 0 & 2 \\ 3 & +\infty & 0 \end{bmatrix}$$

图 7-34　任意两点最短路径求解用例图与其邻接矩阵

由 path[i,j] 的元素值可以回溯最短路径，比如，由 $A^n[2,1]$ 可知 v_2 到 v_1 的最短路径长度是 5，由 path[2,1]＝3 可知在 v_2 到 v_1 的最短路径上，v_1 的前驱是 v_3，由 path[2,3]＝2 可知 v_3 的前驱是 v_2。

显然，上述程序的求解效率是 n^3 数量级的。

7.6　拓扑排序

拓扑排序是有向无环图上的重要运算。拓扑排序的目的是将有向无环图中所有的顶点排成一个线性序列，通常称为拓扑序列。

拓扑序列必须满足如下条件：对一个有向无环图 G＝(V,E)，若顶点 u,v∈V，且 u 到 v 有路径，则在此线性序列中，顶点 u 必排列在顶点 v 之前。

AOV 网：用顶点表示活动，顶点之间的有向边表示活动之间的先后关系，从而将实际问题转化为一个有向图，称其为顶点活动网（activity on vertex network），简称 AOV 网。

拓扑排序是对一个拓扑结构上存在部分有序的元素进行分类的过程。生活中常见的部分有序的情形如下：

（1）在字典中，单词是用别的单词来定义的。如果单词 u 用单词 w 来定义，记为 w＜u，在字典中对单词进行拓扑分类是说把词汇排列得没有前项引用。

（2）一项工程项目由多个任务子项组成。某些子项必须在其他子任务实施之前完成，如果子任务 w 必须在 u 之前完成，记为 w＜u。项目的拓扑分类是说把所有任务子项排列在每一个子任务开始的时刻，其前项准备工作已经完成。

（3）在大学各专业课程体系中，因为课程要依赖它的预备知识，所以某些课程必须在其他课程之前学习，称这些课程为先修课程。如果课程 w 是课程 u 的先修，记为 w＜u，教学计划的拓扑分类的目的是使任何课程不会安排在其先修课程之前。

可以用一个有向图描述部分有序关系,如图 7-35(a)所示。

一般说,集合 V 上的一个部分有序是 V 中元素之间存在一种关系,记为符号＜,称为先于。并且,符合先于关系的 V 中的任何元素必须具有如下性质:

(1) 若 x＜y 且 y＜z,则 x＜z(传递性质);

(2) 若 x＜y,则不能有 y＜x(反对称性质);

(3) x＜x 不成立(非自反性质)。

很显然,AOV 网所代表的一项工程活动的集合显然是一个偏序集合。为了保证该项工程顺利完成,必须保证 AOV 网中不出现回路;否则,意味着某项活动应以自身作为能否开展的先决条件,这是荒谬的。

测试 AOV 网是否具有回路(即是否是一个有向无环图)的方法,就是在 AOV 网的偏序集合下构造一个线性序列,满足这样性质的线性序列称为拓扑有序序列。构造拓扑序列的过程称为拓扑排序,也可以说拓扑排序就是由某个集合上的一个偏序得到该集合上的一个全序的操作。

若某个 AOV 网中所有顶点都在它的拓扑序列中,则说明该 AOV 网不会存在回路,这时的拓扑序列集合是 AOV 网中所有活动的一个全序集合。显然,对于任何一项工程中各个活动的安排,只有按拓扑有序序列中的顺序进行才是可行的。

前述的性质(1)和性质(2)保证了拓扑图中不会出现回路,这是插入成线性有序的先决条件。对 AOV 网进行拓扑排序的方法和步骤如下:

① 从 AOV 网中选择一个没有前驱的顶点(该顶点的入度为 0)并输出;

② 从网中删去该顶点,并删去从该顶点发出的全部有向边;

③ 重复上述两步,直到剩余的网中不再存在没有前驱的顶点。

这样操作的结果有两种:一种是网中全部顶点都被输出,这说明网中不存在有向回路;另一种就是网中顶点未被全部输出,剩余的顶点均没有前驱结点,这说明网中存在有向回路。

从图形结构上看,拓扑排序就是将存在部分有序的元素排列成线性有序,即将图的顶点排列成一排,使得所有的有向边箭头都指向右边,如图 7-35(b)所示。

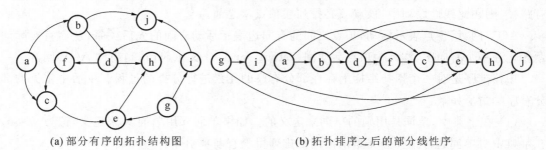

(a)部分有序的拓扑结构图　　　　　　(b)拓扑排序之后的部分线性序

图 7-35　拓扑排序用图

AOV 网求拓扑排序的过程如图 7-36 所示。很显然,一个 AOV 网的拓扑序列不是唯一的。

对一个具有 n 个顶点、e 条边的网络来说,整个算法的时间复杂度为 O(e＋n)。

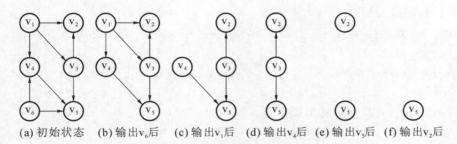

(a) 初始状态　(b) 输出v_6后　(c) 输出v_1后　(d) 输出v_4后　(e) 输出v_5后　(f) 输出v_2后

图 7-36　AOV 网拓扑排序过程示意图

图结构选择多重链表表示,结点定义如下:

```
structleader{
    char letter;      //顶点标识
    int count;        //前驱顶点个数
    struct leader *next;      //指向图顶点集合中下一个元素的指针
    struct trail *trail;      //指向该顶点边表的指针
    };
structtrailer{
    struct node*id;      //指向该弧(边)的另一端顶点的指针
    struct leader *next;      //指向与该顶点连接的其余弧(边)的指针
    };
```

集合元素(图的顶点)以及次序关系的输入方式是按相邻顶点对的形式输入,比如,图 7-35(a)所示拓扑结构图中的元素及边的关系输入形式是

〈a,b〉〈b,d〉〈d,f〉〈b,j〉〈d,h〉〈f,c〉〈a,c〉〈c,e〉〈e,h〉〈g,e〉〈g,i〉〈i,j〉

该拓扑结构的多重链表存储形式如图 7-37 所示。

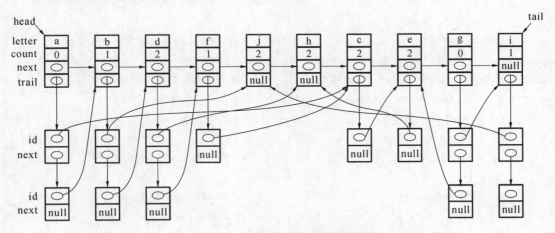

图 7-37　拓扑结构的多重链表存储形式

程序 1 是多重链表数据输入程序,对于输入的 w,如果表中有此顶点,则返回指向标识为 w 的图结点的指针,否则,新增一个图结点 t,标识为 w 并返回指向顶点 t 的指针。程序 2 是根据部分序建立多重链表的程序。每次输入顶点对〈v_i,v_j〉,若拓扑图中已有顶点 v_i,则为它增加一条边,否则新增一个图结点 v_i。若拓扑图中已有顶点 v_j,让 v_i 指向 v_j,修改 v_j 的前驱结点个数,否则新增一个图结点 v_j,让 v_i 指向 v_j,并且设置 v_j 的前驱结点个数为 1。

程序 1：数据输入

```
struct leader *insert(struct leader *head,struct leader *tail,char w,int &z)
{
    struct leader *h,*p;
    h=head;
    tail->key=w;          //监视哨
    while(h->key!=w){p=h;h=h->next;}
    if(h==tail){          //表中无 w 的元素,插入 w
        h=new(leader);          //申请图结点
        z++;          //图结点总数加 1
        h->key=w;          //标识为 w
        h->count=0;          //初始的前驱结点数为 0
        h->trail=Null;
        p->next=h;          //插入到多重链表的末端
        h->next=tail;
    }
    return(h);          //返回指向标识为 w 的顶点的指针
}
```

程序 2：建立多重链表

```
void link(struct leader *head,struct leader *tail,int &z)
{
    char x,&rx=x,y,&ry=y;
    struct leader *p,*q;
    struct trail *t;
    read(rx,ry);
    while(x!='0'){                          //x=0 则结点对输入终止
        printf("<% c,% c> \n",x,y);
        p=insert(head,tail,x,z);          //插入 x,返回指向 x 的指针
        q=insert(head,tail,y,z);          //插入 y,返回指向 y 的指针
        t=new(trail);                      //申请边结点
        t->id=q;                           //x 指向 y
        t->next=p->trail;                  //把新边结点插入 x 的边表
        p->trail=t;
        (q->count)+=1;                     //y 的前驱结点个数增加 1
        read(rx,ry);                       //继续输入<x,y>
    }
}
```

建立部分有序的多重链表之后,开始拓扑分类。在一个拓扑结构上对部分有序的元素进行分类的过程如下：

(1) 在图结点链上寻找前驱为零的结点 q,并建立新链 leader；

(2) 从新链头部开始输出 q,并从主链上删除,结点总数减 1；

(3) 沿 q 点边表搜索,并将 q 所有后继的前驱计数值减 1(因它们的前驱 q 被删除)；

（4）若某一点的前驱计数值为变为 0，则将其插入新链；

（5）若新链非空，回到步骤（2）循环，继续输出有部分序的结点。

图 7-38 所示是无前驱结点的新链，因为主链表达结点输入序列关系已经不需要，所以新链实际上使用了主链来连接无前驱结点，注意它们的边表关系没有改变。程序 3 是多重链表结构的拓扑排序函数。程序首先寻找所有 count＝0 的起点，并将它们插入主链。然后从头开始输出主链的结点，每输出一个结点就将结点总数减 1，并沿指向 q 的后继结点的指针搜索 q 的后继关系。将 q 每一个后继结点的前驱数减 1 之后，前驱计数值变为 0，则该后继结点只有 q 为前驱，程序也把它插入主链，应该紧接着 q 之后输出。

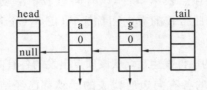

图 7-38 初始的无前驱结点链

当程序结束时拓扑图中已经没有无前驱的元素（顶点），如果还有剩余结点，表明该拓扑结构不是部分有序的。

程序 3：拓扑排序

```
void topsort(struct leader *head,struct leader *tail,int &z)
{
    struct trail *t;
    struct leader *p,*q;
    p=head;head=Null;
    while(p!=tail){       //寻找表内所有 count=0 的起点
        q=p;
        p=p->next;
        if(q->count==0){
            q->next=head;       //插入主链
            head=q;
            }
        }
    q=head;
    while(q){
        printf("% c,",q->key);       // 输出主链结点
        z-- ;       //结点总数减 1
        t=q->trail;       //指向 q 的后继结点
        q=q->next;       //指向主链下一个部分序的起点
        while(t){
            p=t->id;
            (p->count)- =1;       //q后继结点的前驱数减 1
            if(p->count==0){       //如果该后继结点只有 q 为前驱,则将其插入主链准备输出
                p->next=q;
                q=p;
                }
            t=t->next;       //搜索 q 的其余后继
```

```
        }
    }
    //程序结束时拓扑图中已没有无前驱的结点,如果还有剩余结点,表明该拓扑结构不是部分有序
    if(z!=0)printf("This set is not partially ordered");
}
```

7.7 关键路径

若在带权的有向图中,以顶点表示事件,以有向边表示活动,边上的权值表示活动的开销(如该活动持续的时间),则此带权的有向图称为 AOE 网(activity on edge network)。

AOE 网具有以下两个性质:

① 只有在某顶点所代表的事件发生后,从该顶点出发的各有向边所代表的活动才能开始。

② 只有在进入某一顶点的各有向边所代表的活动都已经结束,该顶点所代表的事件才能发生。

关键路径则是 AOE 网上的典型运算。在 AOE 网中,有且仅有一个开始的顶点,代表工程的开始,称为源点;有且仅有一个终端的顶点,代表工程的结束,称为汇点。图 7-39 所示是一个 AOE 网示例。

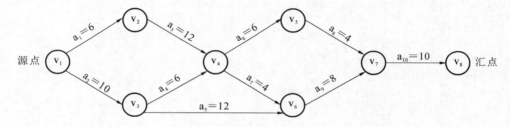

图 7-39　一个 AOE 网示例

AOE 网在估算某项工程的完成时间方面非常有用。由于 AOE 网中有些活动可以并行,所以整个工程的最短完成时间取决于从源点到汇点的最长路径的长度。我们把从源点到汇点的最长路径称作关键路径,而把关键路径上的活动称为关键活动。只有适当地加快关键活动,才能缩短整个工期。

利用 AOE 网进行工程管理时需要解决的主要问题是:

① 计算完成整个工程的最短路径。

② 确定关键路径,以找出哪些活动是影响工程进度的关键。

为了寻找关键活动,确定关键路径,我们首先了解几个与计算关键活动有关的量:

（1）事件的最早发生时间 $ve[k]$。

$ve[k]$ 是指从源点到顶点的最长路径长度代表的时间。这个时间决定了所有从顶点发出的有向边所代表的活动能够开工的最早时间。根据 AOE 网的性质,只有进入 v_k 的所有活动 $\langle vj,vk\rangle$ 都结束时,v_k 代表的事件才能发生;而活动 $\langle vj, vk\rangle$ 的最早结束时间为 $ve[j]+dut(\langle vj,vk\rangle)$。所以计算 v_k 发生的最早时间的方法如下:

$$ve[1]=0$$
$$ve[k]=Max\{ve[j]+dut(\langle vj, vk\rangle)\} \ \langle vj, vk\rangle \in p[k]$$

其中，p[k]表示所有到达 v_k 的有向边的集合；dut(⟨vj, vk⟩)为有向边⟨vj, vk⟩上的权值。

（2）事件的最迟发生时间 vl[k]。

vl[k]是指在不推迟整个工期的前提下，事件 v_k 允许的最晚发生时间。设有向边⟨vk, vj⟩代表从 v_k 出发的活动，为了不拖延整个工期，v_k 发生的最迟时间必须保证不推迟从事件 v_k 出发的所有活动⟨vk, vj⟩的终点 v_j 的最迟时间 vl[j]。vl[k] 的计算方法如下：

$$vl[n] = ve[n]$$
$$vl[k] = Min\{vl[j] - dut(⟨vk, vj⟩)\} \quad ⟨vk, vj⟩ \in s[k]$$

其中，s[k]为所有从 v_k 发出的有向边的集合。

（3）活动 a_i 的最早开始时间 e[i]。

若活动 a_i 是由弧⟨vk, vj⟩表示，根据 AOE 网的性质，只有事件 v_k 发生了，活动 a_i 才能开始。也就是说，活动 a_i 的最早开始时间应等于事件 v_k 的最早发生时间。因此，有

$$e[i] = ve[k]$$

（4）活动 a_i 的最晚开始时间 l[i]。

活动 a_i 的最晚开始时间指，在不推迟整个工程完成日期的前提下，活动必须开始的最晚时间。若由弧⟨vk, vj⟩表示，则 a_i 的最晚开始时间要保证事件 v_j 的最迟发生时间不延后。因此，应该有

$$l[i] = vl[j] - dut(⟨vk, vj⟩)$$

根据每个活动的最早开始时间 e[i] 和最晚开始时间 l[i] 就可判定该活动是否为关键活动，也就是那些 l[i]＝e[i] 的活动就是关键活动，而那些 l[i]＞e[i] 的活动则不是关键活动，l[i]－e[i] 的值为活动的时间余量。关键活动确定之后，关键活动所在的路径就是关键路径。

由上述方法得到求关键路径的算法步骤如下：

（1）输入 e 条弧⟨j，k⟩，建立 AOE 网的存储结构。

（2）从源点 v_0 出发，令 ve[0]＝0，按拓扑有序算法求其余各顶点的最早发生时间 ve[i]（1≤i≤n－1）。

如果得到的拓扑有序序列中顶点个数小于网中顶点数 n，则说明网中存在环，不能求关键路径，算法终止；否则执行步骤（3）。

（3）从汇点 v_n 出发，令 vl[n－1]＝ve[n－1]，按逆拓扑有序算法求其余各顶点的最迟发生时间 vl[i]（n－2≥i≥2）。

（4）根据各顶点的 v_e 和 v_l 值，求每条弧 s 的最早开始时间 e(s) 和最迟开始时间 l(s)。

若某条弧满足条件 e(s)＝l(s)，则该弧为关键活动。

图 7-40 所示为图 7-39 所示 AOE 网的关键路径。

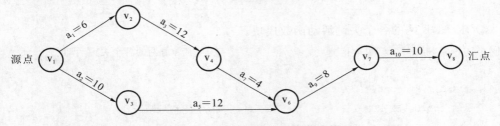

图 7-40 　图 7-39 所示 AOE 网的关键路径

求解关键路径的 C 语言描述参考如下：

（1）存储类型，元素类型，结点类型。

```c
struct arcnode              //声明边表中结点结构
{
   int adjvex;
   int dut;                 //边上的权值
   struct arcnode *nextarc;
};
struct node                 //声明头结点结构
{
int data;
int id;                     //定点入度
   struct arcnode *firstarc;
};
```

（2）建立 AOE 网的邻接表函数模块。

```c
void create_ALgraph(ALgraphg,int e,int n)
{                                              //建立 AOE 网的邻接表，e 为弧的数目，n 为
                                               //  顶点数
   struct arcnode *p;
   int i,j,k,w;
   printf("请输入顶点的信息和入度,用空格间隔:");
   for(i=1;i<=n;i++)                           //结点下标从 1 开始
   {
      scanf("% d% d",&g[i].data,&g[i].id);     //输入顶点信息和入度
g[i].firstarc=NULL;
   }
   for(k=1;k<=e;k++)                           //建立边表
   {
     printf("请输入边的两个顶点以及边上的权值,用空格间隔:");
     scanf("% d% d% d",&i,&j,&w);             //输入有向边的两个顶点
     p=(struct arcnode *)malloc(sizeof(struct arcnode));
     p->adjvex=j;
     p->dut=w;
     p->nextarc=g[i].firstarc;                //插入下标为 i 的边表的第一个结点的位置
     g[i].firstarc=p;
   }
}
```

（3）求 AOE 网的各个关键活动函数模块。

```c
int Criticalpath(ALgraph g,int n)             //求 AOE 网的各个关键活动
{
   int i,j,k,count;
   int tpord[VEX_NUM+1];                       //顺序队列
   int ve[VEX_NUM+1],le[VEX_NUM+1];
```

```
int e[ARC_NUM+1],l[ARC_NUM+1];
int front=0,rear=0;                //顺序队列的首尾指针初值为 0
struct arcnode *p;
for(i=1;i<=n;i++)                  //各事件最早发生事件初值为 0
    ve[i]=0;
for(i=1;i<=n;i++)
    if(g[i].id==0)                 //入度为 0 入队列
        tpord[++rear]=i;
count=0;
while(front!=rear)
{
    front++;
    j=tpord[front];
    count++;
    p=g[j].firstarc;
    while(p!=NULL)
    {
      k=p->adjvex;
      g[k].id-- ;
      if(ve[j]+p->dut> ve[k])
          ve[k]=ve[j]+p->dut;
      if(g[k].id==0)
          tpord[++rear]=k;
      p=p->nextarc;
    }
}
if(count<n)                        //该 AOE 网有回路
    return 0;
for(i=1;i<=n;i++)                  //给各事件的最迟发生事件赋初值
    le[i]=ve[n];
for(i=n-1;i> =1;i--)              //按拓扑序列的逆序取顶点
{
    j=tpord[i];
    p=g[j].firstarc;
  while(p!=NULL)
  {
    k=p->adjvex;
    if(le[k]-p->dut<le[j])
      le[j]=le[k]-p->dut;
    p=p->nextarc;
  }
}
i=0;
```

```
        for(j=1;j<=n;j++)
        {
          p=g[j].firstarc;
          while(p!=NULL)      //计算各边<Vj-1,Vk> 所代表的 a(i+1)的 e[i]和 l[i]
          {
              k=p->adjvex;
              e[i]=ve[j];
              l[i]=le[k]-p->dut;
              if(l[i]==e[i])     //输出关键活动
                  printf("<v% d,v% d>:% d\n",g[j].data,g[k].data,p->dut);
              p=p->nextarc;
              i++;
          }
        }
        return 1;
}
```

本章习题

一、选择题

1.在一个无向图 G 中,所有顶点的度数之和等于所有边数之和的(　　)倍。

A.1/2　　　　　　　B.1　　　　　　　　C.2　　　　　　　D.4

2.在一个有向图中,所有顶点的入度之和等于所有顶点的出度之和的(　　)倍。

A.1/2　　　　　　　B.1　　　　　　　　C.2　　　　　　　D.4

3.一个具有 n 个顶点的无向连通图至少包含(　　)条边。

A.n　　　　　　　　B.n+1　　　　　　　C.n−1　　　　　　D.n/2

4.一个具有 n 个顶点的无向完全图包含(　　)条边。

A.n(n−1)　　　　　　B.n(n+1)　　　　　C.n(n−1)/2　　　　D.n(n+1)/2

5.一个具有 n 个顶点的有向完全图包含(　　)条边。

A.n(n−1)　　　　　　B.n(n+1)　　　　　C.n(n−1)/2　　　　D.n(n+1)/2

6.对于具有 n 个顶点的图,若采用邻接矩阵表示,则该矩阵的大小为(　　)。

A.n　　　　　　　　B.n^2　　　　　　　C.n−1　　　　　　D.$(n−1)^2$

7.对于一个具有 n 个顶点和 e 条边的无向图,若采用邻接表表示,则表头向量的大小为(　　)。

A.n　　　　　　　　B.e　　　　　　　　C.2n　　　　　　　D.2e

8.对于一个具有 n 个顶点和 e 条边的无向图,若采用邻接表表示,则所有顶点邻接表中的结点总数为(　　)。

A.n　　　　　　　　B.e　　　　　　　　C.2n　　　　　　　D.2e

9.在有向图的邻接表中,每个顶点邻接链表链接着该顶点所有(　　)邻接点。

A.入边　　　　　　　　　　　　　　　　B.出边

C.入边和出边　　　　　　　　　　　　　D.不是入边也不是出边

10. 在有向图的逆邻接表中,每个顶点邻接链表链接着该顶点所有( )邻接点。

A. 入边   B. 出边

C. 入边和出边   D. 不是入边也不是出边

11. 下列说法中不正确的是( )。

A. 无向图中的极大连通子图称为连通分量

B. 连通图的广度优先遍历中一般要采用队列来暂存刚访问过的顶点

C. 图的深度优先遍历中一般要采用栈来暂存刚访问过的顶点

D. 有向图的遍历不可采用广度优先遍历方法

12. 设无向连通图 G＝(V, E) 和 G′＝(V′, E′),如果 G′ 为 G 的生成树,则下列说法中不正确的是( )。

A. G′ 为 G 的连通分量   B. G′ 为 G 的无环子图

C. G′ 为 G 的子图   D. G′ 为 G 的极小连通子图且 V′＝V

13. 如果无向图 G 必须进行二次广度优先遍历才能访问其所有顶点,则下列说法中不正确的是( )。

A. G 肯定不是完全图   B. G 一定不是连通图

C. G 中一定有回路   D. G 有两个连通分量

14. 邻接表是图的一种( )。

A. 顺序存储结构   B. 链式存储结构   C. 索引存储结构   D. 散列存储结构

15. 如果从无向图的任一顶点出发进行一次深度优先遍历即可访问所有顶点,则该图一定是( )。

A. 完全图   B. 连通图   C. 有回路   D. 一棵树

16. 下列有关图遍历的说法不正确的是( )。

A. 连通图的深度优先遍历是一个递归过程

B. 图的广度优先遍历中邻接点的寻找具有"先进先出"的特征

C. 非连通图不能用深度优先遍历法

D. 图的遍历要求每一顶点仅被访问一次

17. 一个无向连通图的生成树是含有该连通图的全部顶点的( )。

A. 极小连通子图   B. 极小子图

C. 极大连通子图   D. 极大子图

18. 无向图的邻接矩阵是一个( )。

A. 对称矩阵   B. 零矩阵   C. 上三角矩阵   D. 对角矩阵

19. 已知一个图如图 7-41 所示,若从顶点 a 出发按深度优先遍历法进行遍历,则可能得到的一种顶点序列为( )。

A. abecdf   B. acfebd   C. acebfd   D. acfdeb

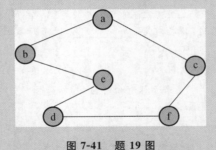

图 7-41 题 19 图

数据结构
（C语言版）

二、填空题

1. 在图中，任何两个数据元素之间都可能存在关系，因此图的数据元素之间是一种_____的关系。

2. 在图 G 中，如果代表边的顶点偶对是_____，则称 G 为无向图。

3. 在图 G 中，如果代表边的顶点偶对是_____，则称 G 为有向图。

4. 在图 G 中，$\langle v_i, v_j \rangle$ 表示从 v_i 到 v_j 的一条边，在有向图中又称为一条_____，且称 v_i 为_____或_____，称 v_j 为_____或_____。显然在有一向图中$\langle v_i, v_j \rangle$和$\langle v_j, v_i \rangle$代表的是_____。

5. 具有 $n(n-1)/2$ 条边的无向图称为_____，其中 n 表示无向图中顶点的个数，$n(n-1)/2$ 是具有 n 个顶点无向图所拥有边的_____。

6. 具有 n 个顶点的有向图，如果它同时具有 $n(n-1)$ 条弧，则称该图为_____，其中 $n(n-1)$ 是具有 n 个顶点有向图所拥有弧的_____。

7. 有很少条边或弧（如边数少于 $n\log_2 n$）的图称为_____。

8. 如果图中的边或弧带有权，则称这种图为_____。

9. 如果有两个图 $G=(V, E)$，$G'=(V', E')$，若满足 $V(G') \in V(G)$，并且 $E(G') \in E(G)$，则称图 G' 为图 G 的_____。

10. 在无向图中，若存在一条边(v, w)，则称 v 和 w 这两个端点互为_____，同时称边(v, w)_____顶点 v 和 w，或者说边(v, w)和顶点 v、w _____。

11. 在有向图中，若存在一条弧$\langle v, w \rangle$，则称顶点 v _____顶点 w，称弧$\langle v, w \rangle$和顶点 v、w _____。

12. 顶点 v 的度定义为_____的数目，记为 TD(v)。

13. 在有向图中，顶点 v 的度又分为_____和_____，_____是以顶点 v 为头的弧的数目，或者说是以该顶点为终点的边的数目，记为 ID(v)；_____是以顶点 v 为尾的弧的数目，或者说是以顶点 v 为始点的边的数目，记为 OD(v)；顶点 v 的度是它的_____和_____之和，即 TD(v) = ID(v) + OD(v)。

14. _____是指一条路径上所经过的边或弧的数目。

15. 若一条路径上除开始结点和结束结点外（开始结点和结束结点也可以为不同顶点），其余顶点均不相同，则称该路径为_____。

16. 若一条路径上的开始结点和结束结点为同一个顶点，则称该路径为_____或_____。同时除了第一个顶点和最后一个顶点之外，其余顶点不重复出现的回路称_____或_____。

17. 在无向图 G 中，如果从顶点 v 到顶点 v' 有路径，则称 v 和 v' 是_____的。如果对于图中任意两个顶点 v 和 v' 都是连通的，则称图 G 是_____，否则称为_____。无向图中，极大的连通子图称为_____。

18. 在有向图中，若任意两个顶点 $v_i, v_j \in V, v_i \neq v_j$，从 v_i 到 v_j 和从 v_j 到 v_i 都存在路径，则称该图是_____。有向图中的极大强连通子图称为有向图的_____。

19. 一个连通图的生成树是一个_____，它含有图中全部顶点，但只有构成一棵树的_____条边。如果在一棵生成树添加一条边，必定构成一个_____，因为新添加的这条边使得依附在它两端的两个顶点有了_____。

20. 如果有一个有向图恰有一个顶点的入度_____，其余顶点的入度均_____，则该有向图是一棵有向树。一个有向图的_____由若干棵有向树构成，含有图中全部顶点，但只有构成若干棵不相交的有向树的弧。

21. 图的邻接矩阵表示法是用一个_____来表示图中顶点之间的相邻关系。

22. 邻接表是图的一种_____存储结构。在邻接表中，对图中每个顶点建立一个_____，第 i 个单链表中的结点表示依附于顶点 v_i 的边（对无向图）或弧（对有向图）。

23.逆邻接表只有_____图才具有,是为了便于确定有向图中顶点的_____而建立的。

24.一个图的邻接矩阵的表示是_____,但是图的邻接表的表示并_____。这是因为邻接表中各边结点的连接次序取决于建立邻接表时输入的次序,由于输入的时候是随机的,所以图的邻接表建立的结果也有可能_____。

25.从邻接表的定义可以看到,若无向图有 n 个结点和 e 条边,则它的邻接表需要_____个头结点和_____个表结点。

26.图的遍历是从图的某一顶点出发访问图中_____,并且使每一个顶点_____的过程。

27.图的深度优先遍历的基本思想是:从图中某个顶点 v 出发,首先访问_____,然后访问_____顶点 w,接着访问一个_____的顶点,以此类推,直到图中所有和 v 有路径相通的顶点都被访问到;若此时图中仍有顶点未被访问,则选择图中未被访问的顶点作为_____,重复上述过程,直到图中所有顶点_____。

28.图的深度优先遍历类似于树的_____遍历。

29.图的广度优先遍历的基本思想是:从某个顶点 v 出发,首先访问此顶点,然后按广度优先遍历依次访问所有 v 的_____,接着从这些_____出发仍然进行广度优先遍历依次访问其他结点,直至图中所有已被访问的顶点的_____全部被访问到。若此时图中依然有未被访问的顶点,则另选一个图中_____作为起始点,重复上述过程,直到图中所有顶点_____。

30.图的广度优先遍历类似于树的_____遍历。

31.如果连通图是一个网络,生成树的_____称为这棵生成树的代价,则称该网络中所有生成树中权值最小的生成树为_____,简写为_____。

32.构造一棵最小生成树往往都要利用最小生成树的 MST 性质。常见的构造最小生成树的_____算法和_____算法都利用了 MST 性质。

33.路径上的第一个顶点称为_____,最后一个顶点称为_____。

34.Dijkstra 算法是求_____的最短路径,Floyd 算法是求_____的最短路径。

35.一个_____称为有向无环图,简称为 DAG 图。

36.DAG 图比有向树更一般,因为在有向树中不允许出现_____的结点,而在 DAG 图中可以出现;另外 DAG 图不允许_____,因此是一种特殊的图。

37.用顶点表示_____,用弧表示活动之间_____的有向图,称为顶点表示活动的网,简称 AOV 网。

38.在 AOV 网中不可以出现有向环或回路,如果出现环或回路,这意味着某项活动是_____,这样的工程无法进行。

39.检测 AOV 网是否有回路的方法是构造_____。从构造拓扑序列过程中可以发现是否有_____。

40.拓扑排序是对 AOV 网构造一个_____,使得所有结点的_____在序列中得以体现,即在序列中某个结点的前驱必须在后继之前。拓扑排序的序列_____。

41.如果用数学上的术语进行描述,拓扑排序是由某个集合上的一个_____关系得到该集合上的一个_____的操作。

42.构造拓扑有序序列的过程可以发现有向图中_____,同时构造拓扑有序序列的过程就是利用拓扑排序算法进行_____的过程。

43.拓扑排序的结果使得当前图中_____全部被输出,若仍然有结点未被输出,这说明有向图中存在_____。

44. 如果含 n 个顶点的图形成一个环，则它有_____棵生成树。

45. 有 n 个结点的无向图的边数最多为_____。

46. 有 n 个顶点的强连通有向图 G 至少有_____条边。

47. 用邻接矩阵存储有向图 G，其第 i 行的所有元素之和等于顶点 i 的_____。

48. 设有向图 G 的邻接矩阵为 A，图中 i 和 j 之间不存在弧，则 A[i,j] 的值为_____。

49. 有 n 个顶点的连通图的边数至少为_____。

50. 在有 n 个顶点的有向图中，每个顶点的度最大可达_____。

51. 在无向图 G 的邻接矩阵 A 中，若 (vi,vj) 属于图 G 的边集，则对应元素 A[i,j] 为_____，否则等于_____（用逗号分开）。

52. 已知一个有向图用邻接矩阵表示，计算第 i 个结点的入度的方法是_____。

53. 对于一个具有 n 个顶点和 e 条边的无向图，若采用邻接表表示，则表头向量的大小为_____，所有邻接表中的结点总数是_____。

三、综合题

1. 请写出如图 7-42 所示无向图的邻接矩阵和
邻接表两种存储结构。

2. 依据无向图 7-42，请写出：

（1）从顶点 1 出发的深度优先遍历序列。

（2）从顶点 1 出发的广度优先遍历序列。

（3）写出图的深度优先遍历算法。

（4）写出图的广度优先遍历算法。

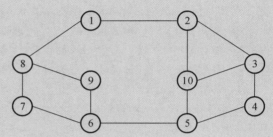

图 7-42　无向图 1

3. 使用 Prim 算法，依据无向图 7-43 做以下
问题：

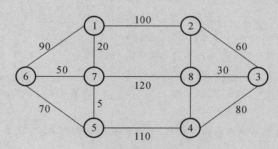

图 7-43　无向图 2

（1）写出构造该图的最小生成树的过程。

（2）写出相应的构造最小生成树的算法。

4. 使用 Kruskal 算法，依据无向图 7-43 做以下问题：

（1）写出构造该图的最小生成树的过程。

（2）写出相应的构造最小生成树算法的形式描述。

5. 假设图采用邻接表表示，写出一个从顶点 v_0 对图按深度优先遍历的非递归算法。

6. 有一个无向图采用邻接表的存储结构，请编写算法，以遍历的形式输出从顶点 v 到顶点 w 的路径中长度为 len 的简单路径。

7. 以邻接表作为存储结构，编写一个算法，利用深度优先遍历求出在无向图中通过给定点 w 的简单回路的算法。

第 **8** 章 排序

排序(sort)是数据处理中最常见、最基本的操作。排序是程序设计中的重要内容,它的功能是按元素的关键码把元素集合排成一个关键码有序序列。排序还是另一种基本操作——查找操作的基础。排序分内部排序与外部排序,内部排序是指在计算机内部存储器中排序,元素待排序列存放在内存中;当内存不足以容下所有元素集合时,元素待排序列被存储在外部存储器上进行排序运算,称为外部排序。排序可以提高查找的效率。因此,学习和研究排序方法是计算机程序设计人员的重要课题之一。

本章主要讨论各种排序方法的基本思想和实现过程,并给出各种排序方法的实现算法以及性能分析。

8.1　排序的基本概念

在研究排序问题时,通常把要处理的数据称为待排序对象,它是由记录序列组成的文件,每一个记录又由若干数据项组成。由于文件是记录的序列,记录也是数据元素,所以从逻辑结构上看,排序的文件是线性表。

例如学生成绩表是一个线性表,表中的每一行是一个数据元素,即一条记录,它由学号、姓名、年龄等数据项组成。对学生成绩表中的记录进行排序,需要选择一个排序依据。记录中的任何一个数据项都可以作为排序依据。比如可以按照姓名排序,也可以按照某一门课的成绩排序,还可以按照某些数据项的组合(年龄+性别)进行排序,具体选取哪个数据项作为排序依据要根据问题的需求而定。通常把作为排序依据的数据项称为排序码。记录的排序码可以是记录的关键字,也可以是任意非关键字,关键字可以唯一地标识一条记录。若按照年龄排序,显然,它们不是关键字。排序就是将待排序文件中的记录按照排序码的非递增或非递减的次序重新排列的过程。

一组记录按照排序码的非递增或非递减次序排列,得到的结果称为有序表。相应地把未排序的记录序列称为无序表。非递减顺序又称为升序或正序,非递增顺序又称为降序或反序。将无序表排列成正序表或者反序表,所采用的方法相同,只是记录的排列次序不同,本章讨论的有序都是指正序。

排序时,若选取的排序码是关键字,则排序的结果是唯一的。若选取的排序码不是关键字,排序的结果可能不唯一,因为待排序文件的记录序列中可能存在两个或两个以上排序码相同的记录。排序码相同的两个记录经过排序之后,其相对次序保持不变,称该排序方法是稳定的;反之,称该排序方法是不稳定的。

待排序文件一般都保存在外部存储器中。当文件比较小时，可将全部记录一次读入内存，整个排序过程便全部在内存中进行，这种排序称为内部排序，简称内排序。如果待排序文件的记录数量很大，以至于内存一次不能容纳全部记录，在排序的过程中需要将外部存储器的记录读入内存，同时也要将内存中排好序的记录写回到外部存储器，这种涉及内外存之间数据交换的排序称为外部排序，简称外排序。

外排序的速度比内排序的速度要慢得多。本章讨论的排序都是指内排序。

内排序的方法有很多，但就其全面性能来评价，很难说哪一种方法最好。只能根据各种排序方法的优缺点，选择适合的方法。

在大多数的排序方法中，排序过程都需要以下两种基本操作：

（1）比较两个记录排序码的大小；

（2）将记录从一个位置移动到另一个位置。

前一个操作对绝大多数排序方法来说都是必要的，而后一种操作是和文件的存储结构有关的。线性表常见的存储结构有顺序方式和链接方式。若使用顺序方式来存储待排序文件，排序过程就是对文件中的记录进行物理排列，首先需要比较排序码的大小，然后需要把记录移动到合适的位置上。若使用链接方式存储待排序的文件，排序时只需要修改记录之间的链接关系来改变它们的逻辑顺序即可，不需要移动记录。本章主要讨论基于顺序存储结构的排序方法。

在顺序存储结构上进行排序运算时，算法的时间复杂度主要取决于在排序过程中所进行的比较次数和移动次数，次数越少说明该方法的时间性能越好，否则就越坏。空间复杂度取决于在排序过程中用到的辅助空间量的大小。对某种特定的排序方法，除了从算法的时间复杂度和空间复杂度两个方面进行定量地效率评价外，还要分析它的稳定性和简单性等定性评价。

为了方便，设待排序文件各个记录的排序码均为整型，记录的其他项均为 DataType 类型，待排序文件的记录序列采用顺序存储结构。

文件的顺序存储结构用 C 语言描述如下：

```
# define N 20
typedef struct
{ int key;                /*定义排序码*/
    DataType other;       /*定义其他数据项*/
} RecType;                /*记录的类型*/
RecType R[N+1];
```

其中，N 为待排序文件的记录个数，R 存放待排序文件，长度为 N+1。R[0]不存放记录，原因有两个：其一，使数组的下标和记录的序号对应；其二，将 R[0]留作他用，比如做监视哨或者做交换记录时的辅助空间。

我们首先给出排序定义，进而讨论内部排序问题。

设有 n 个元素序列$\{R_1, R_2, \cdots, R_n\}$，其相应的关键码序列是$\{K_1, K_2, \cdots, K_n\}$，需确定 1，2，$\cdots$，n 的一种排列 $P_1, P_2, \cdots, P_n$，使其相应的关键码满足如下非递减（或非递增）关系：

$$K_{p1} \leqslant K_{p2} \leqslant K_{p3} \leqslant \cdots \leqslant K_{pn}$$

即序列按$\{R_{p1}, R_{p2}, R_{p3}, \cdots, R_{pn}\}$顺序排成关键码有序序列，这种操作的过程称为排序。

当 $K_1, K_2, \cdots, K_n$是元素主关键码时，即任何不同的元素有不同的关键码，此排序结果是唯一的,上面的等号不成立。当 K_1,K_2,…,K_n 是元素次主关键码时,排序结果不唯一,此时涉及排序稳定性问题,我们定义:

设 $K_i = K_j$,$1 \leqslant i$,$j \leqslant n$,且 $i \neq j$,若排序前 R_i 在 R_j 之前($i < j$),排序后仍有 $R_{pi} < R_{pj}$,即在排序前后具有相同关键码的元素在序列中的相对顺序不发生变化,则称此排序方法是稳定的。反之,若排序改变了 R_{pi}、R_{pj} 的相对顺序,则称此排序方法是不稳定的。

在排序过程中主要有两种运算,即关键码的比较运算和元素位置的交换运算,我们以此衡量排序算法的效率。对于简单的排序算法,其时间复杂度大约是 $O(n^2)$;对于快速排序算法,其时间复杂度是 $O(n\log_2 n)$。

本章要求必须掌握直接插入排序、快速排序、堆排序、归并排序等基本方法。下面从最基本的插入排序方法开始,全面展开各排序算法的程序设计问题。

8.2 插入排序方法

插入排序(insertion sort)的基本思想是:将待排序文件中的一个记录按照排序码的大小插入到一个有序序列的适当位置,使得插入后的序列仍然有序。用同样的方法可将所有记录全部插到有序序列中,完成排序运算。插入排序主要包括两种方法:直接插入排序和希尔(Shell)排序。

◆ 8.2.1 直接插入排序

直接插入排序(straight insertion sort)是最简单的排序方法之一。直接插入排序的基本思想是:在插入第 i 个元素时,假设序列的前 i−1 个元素 R_1,R_2,…,R_{i-1} 是已排好序的,我们用 K_i 与 K_1,K_2,…,K_{i-1} 依次比较,找出 K_i 应插入的位置将其插入。原位置上的元素顺序向后推移一位,存储结构采用顺序存储形式。为了在检索插入位置过程中避免数组下界溢出,在 R[0] 处设置了一个监视哨。

比如待排序的 n 个记录存放在数组 R[1]~R[n] 中,把数组分成一个有序表和一个无序表,开始时有序表中只有一个记录 R[1],无序表中含有(n−1)个记录 R[2]~R[n]。在排序的过程中每一次从无序表中取出第一个记录,把它插到有序表中的适当位置,使之成为新的有序表,这样经过(n−1)次插入后,无序表成为空表,有序表就包含了全部 n 个记录,排序完毕。将一个记录插到有序表的过程称为一趟直接插入排序。

直接插入排序算法的三个要点:

(1) 从 R[i−1] 起向前进行顺序查找,监视哨设置在 R[0] 处;

```
R[0]=R[i];                            // 设置"哨兵"
for (j=i-1; R[0].key<R[j].key; --j);  //从后往前找
return j+1;                           // 返回 R[i]的插入位置 j+1
```

(2) 对于在查找过程中找到的那些关键字不小于 R[i].key 的记录,可以在查找的同时实现向后移动;

```
for (j=i-1; R[0].key<R[j].key; --j)   R[j+1]=R[j];
```

(3) i=2,3,…,n,实现整个序列的排序。

直接插入排序的 C 语言算法描述如下:

```
void InsertionSort (RecType R[ ], int n)
{
    for (i=2; i<=n; ++i)
    {
      R[0]=R[i];                      // 复制为监视哨
      for (j=i-1; R[0].key <R[j].key; --j)
      R[j+1]=R[j];                    // 记录后移
      R[j+1]=R[0];                    // 插到正确位置
    }
}
```

程序要注意监视哨的作用,当 $R_i < R_1$ 时程序也能正常中止循环,把 R_i 插到 R_1 位置。

例如,排序码的初始序列为(78,38,32,97,78,30,29,17),其直接插入排序的过程如图 8-1 所示。

R[1]	R[2]	R[3]	R[4]	R[5]	R[6]	R[7]	R[8]	
[78]	38	32	97	<u>78</u>	30	29	17	（初始状态）
[38]	78	32	97	<u>78</u>	30	29	17	（插入38后）
[32]	38	78	97	<u>78</u>	30	29	17	（插入32后）
[32	38	78	97]	<u>78</u>	30	29	17	（插入97后）
[32	38	78	<u>78</u>	97]	30	29	17	（插入<u>78</u>后）
[30	32	38	78	<u>78</u>	97]	29	17	（插入30后）
[29	30	32	38	78	<u>78</u>	97]	17	（插入29后）
[17	29	30	32	38	78	<u>78</u>	97]	（插入17后）

图 8-1　直接插入排序过程图例

一个具体的直接插入排序过程如图 8-2 所示。

下面对直接插入排序进行效率分析。

(1) 空间效率分析:仅用了一个辅助单元,空间复杂度为 O(1)。

(2) 时间效率分析:向有序表中逐个插入记录的操作进行了 n−1 趟,每趟操作分为比较关键码和移动记录,而比较的次数和移动记录的次数取决于待排序列按关键码的初始排列。直观上看,其两重循环最大都是 n,因此直接插入排序的最好情况的时间复杂度为 O(n),最坏情况的时间复杂度和平均时间复杂度为 O(n²)。在一个元素 i 的排序过程中,要在已排好序的 i−1 个元素中插入第 i 个元素,其比较次数 C_i 最多是 i 次,此时 $R_i < R_1$ 被插到第一个元素位置。比较次数最少是 1 次,此时 $R_i \geqslant R_{i-1}$,位置没有移动。因此 n 次循环的最小比较次数:

$$C_{min} = n - 1$$

最大比较次数:

$$C_{max} = \sum_{i=2}^{n} i = \frac{(n+2)(n-1)}{2}$$

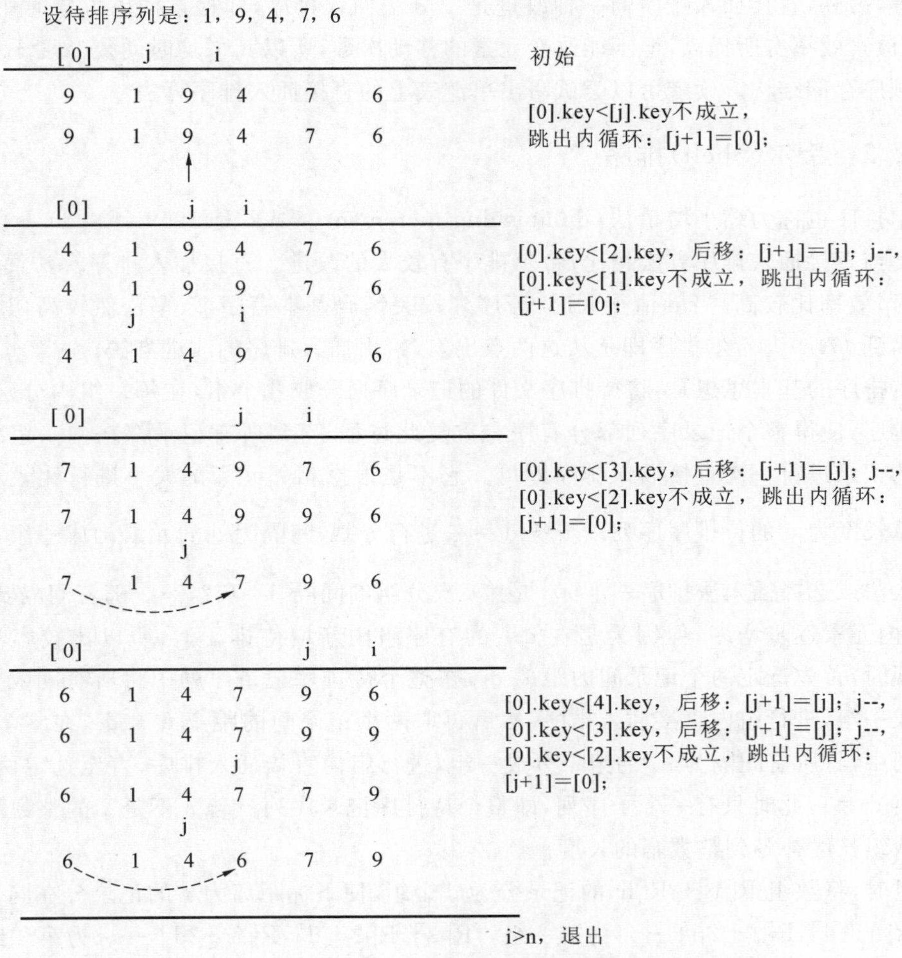

设待排序列是：1，9，4，7，6

[0]		j	i		
9	1	9	4	7	6
9	1	9	4	7	6

初始

[0].key<[j].key不成立，
跳出内循环：[j+1]＝[0]；

[0]			j	i	
4	1	9	4	7	6
4	1	9	9	7	6
4	1	4	9	7	6

[0].key<[2].key，后移：[j+1]＝[j]；j--，
[0].key<[1].key不成立，跳出内循环：
[j+1]＝[0]；

[0]				j	i
7	1	4	9	7	6
7	1	4	9	9	6
7	1	4	7	9	6

[0].key<[3].key，后移：[j+1]＝[j]；j--，
[0].key<[2].key不成立，跳出内循环：
[j+1]＝[0]；

[0]				j	i
6	1	4	7	9	6
6	1	4	7	9	9
6	1	4	7	7	9
6	1	4	6	7	9

[0].key<[4].key，后移：[j+1]＝[j]；j--，
[0].key<[3].key，后移：[j+1]＝[j]；j--，
[0].key<[2].key不成立，跳出内循环：
[j+1]＝[0]；

i>n，退出

图 8-2　直接插入排序过程

而一次插入搜索过程中，为插入元素 i 所需最大移动次数是 C_{i+1}，最小移动次数是 2 次（包括 array[0] 的 1 次移动）。那么，当 n 个元素排序时，其 n−1 个元素需移动 2(n−1) 次，所以最小移动次数：

$$M_{min} = 2(n-1)$$

最大移动次数：

$$M_{max} = \sum_{i=2}^{n}(i+1)$$
$$= (n-1) + \frac{(n+2)(n-1)}{2}$$

（3）稳定性分析：算法判别条件 while(array[0].key<array[j].key) 是当前 j 指向的关键码若小于排序元素 array[0] 的关键码，则序列顺序后移，找到有序的位置后交换元素；若等于或大于就不发生交换。因此，具有相同关键码的元素在排序前后其相对位置不会发生变化，所以它是一个稳定的排序方法。

直接插入排序方法不仅适用于顺序表（数组），也适用于单链表，不过在单链表上进行直接插入排序时，不是物理移动记录，而是修改相应的指针来改变逻辑顺序，但最大、最小比较

次数相等，另外，直接插入排序的一种改进是二分法插入排序，即检索插入位置时用二分法进行，其检索效率有所提高，但不能改变元素的移动次数，所以其平均时间复杂度不变，且只适用于顺序存储结构。读者可以尝试写出单链表上的直接插入排序算法。

◆ **8.2.2　希尔(Shell)排序**

希尔排序也称为缩小增量法(diminishing increment sort)，是 1959 年由 D. L. Shell 提出来的。与直接插入排序方法相比，希尔排序有较大的改进。直接插入排序算法简单，当 n 值较小时，效率比较高，当 n 值很大时，若序列按关键码基本有序，效率依然较高，其时间效率可提高到 O(n)。希尔排序即是从这两点出发，给出插入排序的改进方法。

希尔排序的基本思想是：将待排序文件的记录序列分成几个组，在每一组内分别进行直接插入排序，使得整个记录序列部分有序。重复此过程，直到所有记录都在同一组中，最后对所有的记录进行一次直接插入排序即可。它不是根据相邻元素的大小进行比较和交换，而是把总长度为 n 的待排序序列以步长 $d_i = \dfrac{n}{2^i}$ 进行分割，间隔为 d_i 的元素构成一组，组内用直接插入法或选择插入法排序。下标 i 是第 i 次分组的间隔，i=1,2,…。随着间隔 d_i 的不断缩小，组内元素逐步增多，但因为是在 d_{i-1} 的有序组内新增待排元素，所以比较容易排序。具体实现时，首先选定两个记录间的距离 d_1，在整个待排序记录序列中将所有间隔为 d_1 的记录分成一组，进行组内直接插入排序，然后再取两个记录间的距离 $d_2 < d_1$，在整个待排序记录序列中，将所有间隔为 d_2 的记录分成一组，进行组内直接插入排序，直至选定两个记录间的距离 $d_t = 1$，此时只有一个子序列，即整个待排序记录序列。若 n 不是 2 的整数幂，不妨对排序数组长度补零到整数幂的长度。

分组时，将数组 R[1]~R[n] 的记录分为 d 个组，使下标距离为 d 的记录分在同一组，即 {R[1],R[1+d],R[1+2d],… } 为第一组，{R[2],R[2+d],R[2+2d],… } 为第二组，以此类推，{R[d],R[2d],R[3d], … } 为最后一组（第 d 组），这里的 d 叫作步长（或增量值）。

这种分组在每一组内做直接插入排序的时候，记录移动一次，能跨越较大的距离，从而加快了排序的速度。希尔排序要对记录序列进行多次分组，每一次分组的步长 d 都在递减，即 $d_1 > d_2 > d_3 > \cdots > d_t$，直到最后一次选取步长 $d_t = 1$，所有的记录都在一组中，进行最后一次直接插入排序。将每一次分组排序的过程称为一趟希尔排序。

设排序码初始序列为(36,25,48,65,12,25,43,57,76,32)，图 8-3 显示了该初始序列的希尔排序过程。

一趟希尔排序算法的 C 函数描述如下：

```
void shellInsert(RecType R[],int d)
          /*按步长 d 进行分组，每一组分别做直接插入排序*/
{ int i,j;
    for (i=d+1;i<=N;i++)
    {   R[0]=R[i];j=i-d;                   /*将 R[i]暂存在 R[0]*/
        while(j>0&&R[j].key>R[0].key)
        {   R[j+d]=R[j];
            j=j-d;                          /*记录后移，查找插入位置*/
        }
```

```
                R[j+d]=R[0];                        /*插入记录*/
        }
    }
```

	R[1]	R[2]	R[3]	R[4]	R[5]	R[6]	R[7]	R[8]	R[9]	R[10]	
	36	25	48	65	12	25	43	57	76	32	（初始状态）
	36					25					（$d_1=5$）
		25					43				
			48					57			
				65					76		
					12					32	
	25	25	48	65	12	36	43	57	76	32	（第一趟希尔排序结果）
	25			65			43			32	（$d_2=3$）
		25			12			57			
			48			36			76		
	25	12	36	32	25	48	43	57	76	65	（第二趟希尔排序结果）
	25	12	36	32	25	48	43	57	76	65	（$d_3=1$）
	12	25	25	32	36	43	48	57	65	76	（第三趟希尔排序结果）

图 8-3　希尔排序过程

整个希尔排序算法的 C 函数描述如下：

```
void shellSort(RecType R[],int d[],int t)
            /*d[0]~ d[t-1]为每一趟分组的步长*/
{   int k;
    for(k=0;k<t;k++)
        shellInsert(R,d[k]);
}
```

下面对希尔排序的效率进行全面分析。

（1）空间效率分析：在希尔排序算法中，由于只使用 R[0]这个辅助的空间，算法的空间复杂度是 O(1)。需要说明的是，这里 R[0]只用来存放待插入记录，没有用作监视哨。因为在每一趟希尔排序中，做直接插入排序的同一组记录不是连续存放在数组中的，下标的变化 j＝j－d 常常会越过 R[0]，所以 R[0]无法再发挥监视哨的作用。

（2）时间效率分析：希尔排序的效率分析是比较复杂的理论问题。如何选取步长（增量值）序列才能使希尔排序达到最快的效果是目前还未解决的数学问题。从理论和实验上都已经证明，在希尔排序中，记录的总比较次数和总移动次数都比直接插入排序少得多，n 越大效果越明显。关键码的比较次数与记录移动次数依赖于步长因子序列的选取，特定情况下可以准确估算出关键码的比较次数和记录的移动次数。目前还没有人给出选取最好的步长因子序列的方法。步长因子序列可以有多种取法，有取奇数的，也有取质数的，但需要注意，步长因子中除 1 外没有公因子，且最后一个步长因子必须为 1。

经过证明，当 n 较大时，希尔排序的平均时间复杂度大约为 $O(n^{1.5})$。

（3）稳定性分析：希尔排序方法是一个不稳定的排序方法。这一点可以从图 8-3 的排序过程中看出来，排序前和排序后 25 和 25 的相对位置改变了。

8.3 交换排序

交换排序的基本思想是：两两比较待排序记录的排序码，如不符合顺序则交换记录，直到所有记录的排序码都符合顺序，完成排序运算。本节主要介绍两种交换排序：冒泡排序和快速排序。

◆ 8.3.1 冒泡排序

冒泡排序（bubble sort）是一种简单的排序方法。冒泡排序的基本思想是：依次比较两个相邻记录的排序码，如不符合顺序则交换记录，直到所有记录的排序码符合顺序。每一趟排序将数组内一个具有最小关键码的元素排出到数组顶部，算法需要双重循环，其中内循环从数组底部开始比较相邻元素关键码大小，关键码小者向上交换，并在内循环中通过两两交换将最小元素直接排出到数组顶部，此时外循环减一，指向数组顶部减一位置，继续内循环过程，将数组内具有次最小关键码的元素排出至数组次顶部位置，如此直至循环结束，每次循环长度比前次减一，最终结果是一个递增排序的数组。

设待排序文件有 8 个记录，排序码初始序列为(36,25,48,12,25,65,43,57)，使用从上向下扫描的冒泡排序法进行排序。冒泡排序的实现过程：首先将记录 R[1]的排序码与记录 R[2]的排序码做比较（从上向下），若 R[1]的排序码大于 R[2]的排序码，则交换两个记录的位置，使排序码大的记录（重者）往下沉（移到下标大的位置），使排序码小的记录（轻者）往上浮（移到下标小的位置），然后比较 R[2]和 R[3]的排序码，同样轻者上浮，重者下沉，以此类推，直到比较 R[n−1]和 R[n]的排序码，若不符合顺序就交换位置，称此过程为一趟冒泡排序，结果是 R[1]～R[n]中排序码最大的记录沉底，即放入 R[n]中。图 8-4 给出了一趟冒泡排序的过程。

R[1]	36	25	25	25	25	25	25	25
R[2]	25	36	36	36	36	36	36	36
R[3]	48	48	48	12	12	12	12	12
R[4]	12	12	12	48	25	25	25	25
R[5]	25	25	25	25	48	48	48	48
R[6]	65	65	65	65	65	43	43	43
R[7]	43	43	43	43	43	65	65	57
R[8]	57	57	57	57	57	57	57	65

图 8-4　一趟冒泡排序过程图示

接下来，在 R[1]～R[n−1]中进行第二趟冒泡排序，又会将一个排序码最大的记录沉底，放到 R[n−1]中。这样重复进行 n−1 趟排序后，对于 n 个记录的冒泡排序就结束了，数组 R[1]～R[n]成为有序表。图 8-5 给出了冒泡排序的整个过程。

冒泡排序算法的 C 函数描述如下：

```
void bubbleSort(RecType R[])
{   RecType x;
    int i,j,flag;
    for(i=1;i<N;i++)              /*n个记录最多进行 n-1 趟排序*/
```

```
    {   flag=1;                    /*flag 表示每趟排序是否交换*/
        for(j=1;j<=N-i;j++)            /*进行第 i 趟排序*/
            if(R[j].key>R[j+1].key)
                {   x=R[j];R[j]=R[j+1];R[j+1]=x;
                    flag=0;
                }
            if(flag) break;       /*若没有交换,表明已有序,结束循环*/
    }
}
```

```
        R[1] R[2] R[3] R[4] R[5] R[6] R[7] R[8]
       [36   25   48   12   25   65   43   57]   (初始状态)
       [25   36   12   25   48   43   57]  65    (第一趟排序结果)
       [25   12   25   36   43   48]  57   65    (第二趟排序结果)
       [12   25   25   36   43]  48   57   65    (第三趟排序结果)
       [12   25   25   36]  43   48   57   65    (第四趟排序结果)
       [12   25   25]  36   43   48   57   65    (第五趟排序结果)
       [12   25]  25   36   43   48   57   65    (第六趟排序结果)
       [12]  25   25   36   43   48   57   65    (第七趟排序结果)
```

图 8-5 冒泡排序全过程图示

下面对冒泡排序进行性能分析。

(1) 空间效率分析:仅用了一个进行交换记录的辅助单元,空间复杂度为 O(1)。

(2) 时间效率分析:最好情况的时间复杂度为 O(n),平均时间复杂度为 O(n²)。

冒泡排序是一个双重循环过程,所以其比较次数是

$$\sum_{i=1}^{n} i = O(n^2)$$

其平均时间复杂度和最差情况时间复杂度基本是相同的。

(3) 稳定性分析:冒泡排序法是一种稳定的排序方法。

从上例可以看出,如果没有 flag 这个标志位,那么即使数组已经有序,程序也会继续双重循环直至结束。另外,我们注意到,如果相邻元素相等则不发生交换,所以冒泡排序是一个稳定的排序方法。

上面讨论的是从上向下扫描的冒泡排序算法及性能分析,从下向上扫描的冒泡排序算法与它是类似的,算法的时间复杂度和空间复杂度也是相同的。但是这两种不同的扫描方向针对具体的排序码序列时,效率是有区别的。例如,排序码序列为(81,25,26,36,43,48,57,65),采用从上向下扫描的排序方法,1 趟冒泡排序就可以完成最终排序,而采用从下向上扫描的排序方法,则需要进行 7 趟冒泡排序,显然效率是不同的。又若排序码序列为(25,26,36,43,48,57,65,18),采用从上向下扫描的排序方法,需要进行 7 趟冒泡排序,而采用从下向上扫描的排序方法,则 1 趟冒泡排序就可以完成最终排序,与前一种扫描方向刚好相反。如何改进算法能够对这两种不同的特殊序列都能实现最快排序呢?读者可以考虑使用双向冒泡排序方法。

◆ 8.3.2 快速排序

对已知的元素序列排序，在一般的排序方法中，一直到最后一个元素排好序之前，所有元素在文件（排序表）中的位置都有可能移动。所以，一个元素在文件中的位置是随着排序过程而不断移动的，造成了不必要的时间浪费。前面介绍的冒泡排序也总是在两两相邻的记录之间做比较和交换，比较和交换的次数较多，而记录的上移和下移速度比较慢。快速排序又被称为分区排序，它的基本思想是：在待排序文件中任选一个记录（称为基准记录），以它的排序码为基准值，将排序码比它小的记录都放到它的前面，排序码比它大的记录都放到它的后面。至此，该基准记录就找到了排序的最终位置，同时将文件划分成前、后两个区。在两个区上用同样的方法继续划分，直到每个区中最多只有一个记录，排序完成。在快速排序过程中，比较和交换是从数组的两端向中间进行的，使得排序码较小或较大的记录一次就能够交换到数组的前面或后面，记录的每一次移动距离都较远，因而使得总的比较和移动次数较小。快速排序（quick sort）是对冒泡排序的一种改进方法，它是目前所有的内部排序方法中速度最快的一种。

快速排序的实现过程是：在待排序文件的记录区间 R[1]～R[n]中，任意选取一个记录（通常选取第一个记录 R[1]）为基准记录，以它的排序码作为基准值，将整个数组划分为两个子区间—— R[1]～R[i−1]和 R[i+1]～R[n]，前一个区间中记录的排序码都小于基准值，后一区间中记录的排序码都大于或等于基准值。基准记录落在排序的最终位置 R[i]上，称该过程为一次划分（或一趟快速排序）。划分出的两个子区间仍为无序表，若R[1]～R[i−1]和 R[i+1]～R[n]非空，分别对每一个子区间再重复这样的划分，直到所有子区间为空或只剩下一个记录，使整个文件达到有序。很显然，快速排序是一个递归过程。

此方法关键在于确定序列或子序列的哪一个元素作为基准元素，一般选取待排序列的第一个元素作为基准元素。

下面通过一个实例说明快速排序的具体实现过程。

设待排序文件中包含 10 个记录，存储在数组 R[1]～R[10]中，记录的排序码初始序列为(49,14,38,74,96, 65,8,49,55,27)，对其进行快速排序。

首先讨论一次划分的详细操作过程。

（1）选取 R[1]为基准记录，将 R[1]复制到 R[0]中，基准值为 R[0]. key；

（2）设置两个搜索指针并赋初值为 low=1,high=10；

（3）若 low<high，从 high 位置向前搜索排序码小于 R[0]. key 的记录，如果找到，将 R[high]移动到 R[low]位置，然后从 low 位置向后搜索排序码大于 R[0]. key 的记录，如果找到，将 R[low]移动到 R[high]位置，重复上述操作，直到两个指针相遇，即 low==high，找到了基准记录的最终排序位置 low，由于这个位置的原值已经被移走，可以将 R[0]赋值给 R[low]，一次划分完毕。

一次划分的 C 函数描述如下：

```
int partition(RecType R[] ,int low,int high) /*一趟快速排序*/
{    int k;
     R[0]=R[low];                /*以子表的第一个记录作为基准记录*/
     k=R[low].key;/*取基准记录排序码*/
     while(low<high)          /*从表的两端交替地向中间扫描*/
```

```
    {       while((low<high)&&(R[high].key>=k)) high--;
            if(low<high)        /*比基准记录小的交换到前端*/
                R[low++]=R[high];
            while((low<high)&&(R[low].key<=k)) low++;
            if(low<high)               /*比基准记录大的交换到后端*/
                R[high--]=R[low];
    }
    R[low]=R[0];                                     /*基准记录到位*/
    return low;                              /*返回基准记录所在位置*/
}
```

具体操作如图 8-6 所示。

R[0] R[1] R[2] R[3] R[4] R[5] R[6] R[7] R[8] R[9] R[10]

49 {49　14　38　74　96　65　8　49　55　27}

{□　14　38　74　96　65　8　49　55　27}
　↑　　　　　　　　　　　　　　　↑
　low=1　　　　　　　　　　　　high=10

从 high 向前搜索小于 R[0].key 的记录，找到 R[10]，将 R[10]移到 R[low]

{27　14　38　74　96　65　8　49　55　□}
　　↑　　　　　　　　　　　　　　　↑
　　low=2　　　　　　　　　　　high=10

从 low 向后搜索大于 R[0].key 的记录，找到 R[4]，将 R[4]移到 R[high]

{27　14　38　□　96　65　8　49　55　74}
　　　　　↑　　　　　　　　　　↑
　　　　low=4　　　　　　　high=9

从 high 向前搜索小于 R[0].key 的记录，找到 R[7]，将 R[7]移到 R[low]

{27　14　38　8　96　65　□　49　55　74}
　　　　　　↑　　　↑
　　　　low=5　high=7

从 low 向后搜索大于 R[0].key 的记录，找到 R[5]，将 R[5]移到 R[high]

{27　14　38　8　□　65　96　49　55　74}
　　　　　　↑　↑
　　　low=5 high=6

从 high 向前搜索小于 R[0].key 的记录，两指针相遇 low= high

{27　14　38　8　□　65　96　49　55　74}
　　　　　　↑
　　　low=high=5

一次划分结束，填入基准记录：R[low]=R[0]，此时数组分成前后两个子区间

{27　14　38　8}　49　{65　96　49　55　74}

图 8-6　快速排序一次划分图示

快速排序递归算法的 C 函数如下。

```
void   QSort(RecType R[],int low,int high)
/*对数组 R 的子区间[low…high]做快速排序*/
{   int part;
    if(low<high)
    { part=partition(R,low,high);/*将表一分为二*/
        QSort(R,low,part-1);     /*对前面的子区间快速排序*/
        QSort(R,part+1,high);    /*对后面的子区间快速排序*/
    }
}
```

整个快速排序的全过程如图 8-7 所示。

```
R[1] R[2] R[3] R[4] R[5] R[6] R[7] R[8] R[9] R[10]
{49   14   38   74   96   65   8    49   55   27}  初始状态
{27   14   38   8}   49  {65   96   49   55   74}  第一层划分结果
{8    14}  27   38   49  {55   49}  65  {96   74}  第二层划分结果
 8    14   27   38   49   49   55   65   74   96   第三层划分结果
```

图 8-7　快速排序全过程图示

下面对快速排序的效率进行全面分析。

（1）时间效率分析：快速排序算法的效率分析与基准记录选取密切相关，最差的情况是每趟排序选取的基准记录在排序后处于将长度为 n_i 的待排序列分割成一个子序列没有元素而另一个子序列有 $n_i - 1$ 个元素的位置上，于是，下次排序需要比较和交换的次数都是 $n_i - 1$，如果在总长为 n 的排序数组中每次都发生这种情况，则其时间花费是 $\sum_{i=1}^{n} i = O(n^2)$，所以，最差情况下快速排序的效率与冒泡排序的效率相当，如果基准是随机选取的，发生这种情况的可能性不大。

快速排序的最好情况是每趟排序选取的基准记录在排序后处于将长度为 n_i 的待排序列分割成两个长度相等的子序列的位置上，下次排序需要比较和交换的次数都是 $\frac{n_i}{2}$，如果每趟排序都发生这种情况，则总长为 n 的排序数组会被分割 $\log_2 n$ 次，每次的交换和比较次数是 $\sum_{i=0}^{\log_2 n} \frac{n}{2^i}$，这里假设 n 是 2 的整数幂，其时间花费是 $O(n\log_2 n)$。最好的情况下，快速排序过程对应的二叉树是一棵类似完全二叉树，如图 8-8 所示。

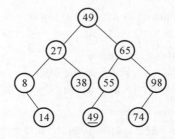

图 8-8　快速排序对应的二叉树

快速排序的平均效率在最好与最差情况之间，假定选取的基准记录位置将第 i 趟排序数组的长度分割成 $0, 1, 2, \cdots, n_i - 2, n_i - 1$ 情况的可能性相等，概率为 $\frac{1}{n_i}$，则平均效率是

$$T(n) = cn + \frac{1}{n}\sum_{i=0}^{n-1}[T(i) + T(n-1-i)] \qquad T(0) = c, T(1) = c$$

平均时间复杂度仍然为 $O(n\log_2 n)$ 数量级。平均时间复杂度快速排序算法中，我们要注意待排元素 K_1 的选取方法不是唯一的，元素 K_1 的值对排序效率有很大影响。

（2）空间效率分析：快速排序是递归过程，每层递归调用时的指针和参数均要用栈来存放，递归调用的深度与对应的二叉树的深度一致。最好空间复杂度为 $O(\log_2 n)$；最坏空间复杂度为 $O(n)$；平均空间复杂度为 $O(\log_2 n)$。

（3）稳定性分析：快速排序是一个不稳定的排序方法。

8.4 选择排序

选择排序（selection sort）的基本思想是：从待排序文件的记录序列中选取一个排序码最小（或最大）的记录，放在待排序记录序列的最前面（或最后面），重复此过程，直到文件中的所有记录按排序码有序，排序结束。本节将介绍直接选择排序和树型选择排序两种方法。

◆ 8.4.1 直接选择排序

直接选择排序（straight selection sort）也是一种简单的排序方法。直接选择排序的基本思想是：每次寻找待排序元素中最小的排序码，并与其最终排序位置上的元素一次交换到位，避免冒泡排序算法有元素在交换过程中不断变位的问题。比如，待排序的 n 个记录存储在数组 R[1]～R[n]中，经过比较选出排序码最小的记录，将其同 R[1]交换，也就是将排序码最小的记录放到待排序区间的最前面，完成第一趟直接选择排序（即 i＝1）。第 i(1≤i≤n－1)趟直接选择排序的结果是将 R[i]～R[n]中排序码最小的记录放到待排序子区间的最前面，即与 R[i]交换位置。经过 n－1 趟直接选择排序，R[1]～R[n]成为有序表，整个排序过程结束。它的特点是 n 个元素排序最多只有 n－1 次交换。

直接选择排序算法的 C 语言描述如下：

```
void selectSort(RecType R[])
                    /*用直接选择排序对数组 R 中的记录进行排序*/
{    RecType x;
     int i,j,k;
     for (i=1;i<N;i++)            /*共进行 n-1 趟排序*/
     {  k=i;                /*k 保存当前排序码最小记录的下标,初值是 i*/
          for (j=i+1;j<=N;j++)
                    if(R[j].key<R[k].key) k=j;           /*选择排序码最小的记录*/
          if (k!=i)          /*将排序码最小的记录放到子区间的第一个位置*/
          {   x=R[i];   R[i]=R[k];   R[k]=x;   }
     }
}
```

假设有 8 个待排序记录的排序码为(25,36,48,65,25,12,43,57)。图 8-9 所示是直接选择排序过程图例。

R[1]	R[2]	R[3]	R[4]	R[5]	R[6]	R[7]	R[8]	
[25	36	48	65	25	12	43	57]	(初始状态)
12	[36	48	65	25	25	43	57]	(第一趟排序的结果)
12	25	[48	65	36	25	43	57]	(第二趟排序的结果)
12	25	25	[65	36	48	43	57]	(第三趟排序的结果)
12	25	25	36	[65	48	43	57]	(第四趟排序的结果)
12	25	25	36	43	[48	65	57]	(第五趟排序的结果)
12	25	25	36	43	48	[65	57]	(第六趟排序的结果)
12	25	25	36	43	48	57	[65]	(第七趟排序的结果)

图 8-9　直接选择排序过程

下面对直接选择排序进行性能分析。

（1）时间效率分析：选择排序实际上仍然是冒泡排序，程序记住最小排序元素的位置，并一次交换到位，它的时间复杂度仍然是 $O(n^2)$，但交换次数最多只有 $n-1$ 次。

（2）空间效率分析：在整个算法中，只需要一个用于交换记录的辅助空间，所以直接选择排序的空间复杂度为 $O(1)$。

（3）稳定性分析：直接选择排序是不稳定的。这一点从图 8-9 中可以看出。

◆ 8.4.2 树型选择排序

直接选择排序的问题在于从 n 个排序码中找出最小的排序码，需要比较 $n-1$ 次，然后又从剩下的 $n-1$ 个排序码中比较 $n-2$ 次，事实上，这 $n-2$ 次比较中有多个排序码已经在前面比较过大小，只是没有保留结果，以至有多次比较重复进行，造成效率下降。如果我们这样考虑，设 n 个排序元素为叶子，第一步是将相邻的叶子两两比较，取出较小排序码者作为子树的根，共有 $\lfloor \frac{n}{2} \rfloor$ 棵子树，然后将这 $\lfloor \frac{n}{2} \rfloor$ 棵子树的根再次按相邻顺序两两比较，取出较小排序码作为生长一层后的子树根，共有 $\lfloor \frac{n}{4} \rfloor$ 棵，循环反复直至排出最小排序码成为排序树的树根。我们将树根移至另一个数组，并且将叶子数组中最小排序码标记为无穷大，然后继续从剩余的 $n-1$ 个叶子中选择次最小排序码，重复上述步骤的过程，实际上只需要修改从树根到刚刚标记为无穷大的叶子结点这一条路径上的各结点的值，而不用比较其他的结点，除去第一次以外，相当于每次寻找排序码的过程是走过深度为 $\log_2 n$ 的二叉树，即只需要比较 $\log_2 n$ 次，我们称之为树型选择排序。图 8-10 所示是树型排序的过程前三次循环示意，排序数组为 $\{72,73,71,23,94,16,5,68\}$，图 8-10(a) 所示是构造选择排序二叉树，图 8-10(b) 所示是标记最小排序码后调整得到的次最小排序码，图 8-10(c) 所示是又一次循环过程。其余循环过程请读者按此思路实现。

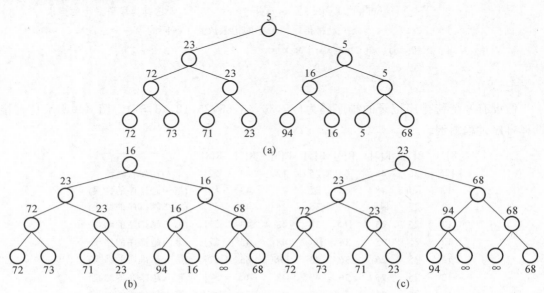

图 8-10　树型选择排序过程

因为第一次构造这棵二叉树需要比较 $n-1$ 次才能找到最小的排序码，以后每次在这棵树上检索最小排序码需要比较$\log_2 n$,共有 n−1 次检索,所以,树型选择排序总的比较次数为$(n-1)+(n-1)\log_2 n$,时间复杂度是$O(n \log_2 n)$。

◆ 8.4.3 堆排序

快速排序在其基准记录每次都选到位于其前后子序列的中点时,相当于每次递归找到一棵平衡二叉树的根,这时其效率最高。显然,如果我们能找到总是在一棵平衡二叉树进行排序的方法,就有可能得到比快速排序效率更高的算法。

堆排序的特点是,在以后各趟的选择中利用在第一趟选择中已经得到的关键字比较的结果。若将此数列看成是一棵完全二叉树,则堆是空树或满足下列特性的完全二叉树:其左、右子树分别是堆,并且当左、右子树不空时,根结点的值小于(或大于)左、右子树根结点的值。由此,若上述数列是堆,则r_1必是数列中的最小值或最大值,分别称作小顶堆或大顶堆。

堆排序即是利用堆的特性对记录序列进行排序的一种排序方法。具体做法是:设有 n 个元素,将其按关键码排序。首先将这 n 个元素按关键码建成堆,将堆顶元素输出,得到 n 个元素中关键码最小(或最大)的元素。然后,再将剩下的 n−1 个元素建成堆,输出堆顶元素,得到 n 个元素中关键码次小(或次大)的元素。如此反复,便得到一个按关键码有序的序列。称这个过程为堆排序。

设 n 个元素的序列为$(K_1, K_2, \cdots, K_n)$,当且仅当满足下述关系之一时,称之为堆。

(1) $K_i \leqslant K_{2i}$ 且 $K_i \leqslant K_{2i+1}$,$1 \leqslant i \leqslant \lfloor n/2 \rfloor$;

(2) $K_i \geqslant K_{2i}$ 且 $K_i \geqslant K_{2i+1}$,$1 \leqslant i \leqslant \lfloor n/2 \rfloor$。

满足第一个条件的称作小根堆,满足第二个条件的称作大根堆。

例如,(12,36,24,85,47,30,53,91)满足堆定义的第一个条件,因此是小根堆;(91,47,85,24,36,53,30,12)满足堆定义的第二个条件,因此是大根堆。

如果把存储堆的一维数组看作是完全二叉树的顺序存储结构,就可以把堆转换为完全二叉树来表示,如图 8-11 所示。

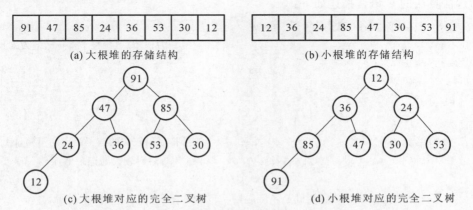

图 8-11　堆的顺序存储结构及其对应的完全二叉树

堆是一棵完全二叉树,堆的特点是根为最大值(或最小值),那么基于最大值(或最小值)堆排序的思想就很简单,将待排序的 n 个元素组建成一个最大值(或最小值)堆,把根取出放到排序数组的位置[n−1]处,重新对剩下 n−1 个元素建堆,再次取出其根并放置到排序数组的[n-2]位置处，循环直至堆空，堆排序完成。

实际上，排序数组就是堆数组，每次取出的根直接和堆数组的[n-1]位置元素交换，根被放到堆数组的[n-1]位置，而原来[n-1]位置的元素成为树根，于是，堆数组[0～n-2]的那些剩余元素在逻辑上仍然保持了完全二叉树的形状，可以继续对这些n-1个剩余元素建堆。

下面以大根堆为例，阐述堆排序的基本思想：

利用大根堆的性质，不断地选择排序码最大的记录来实现排序。利用大根堆来实现升序排列的过程：

（1）首先将R[1]～R[n]这n个记录按排序码建成大根堆。

（2）然后R[1]与R[n]交换位置，即把排序码最大的记录放到待排序区间的最后；接着，再把R[1]～R[n-1]中的n-1个记录建成大根堆，仍然将堆顶R[1]与R[n-1]交换位置。如此反复n-1次，每次选一个排序码最大的记录与本次排序区间的最后一个记录交换位置，最终得到一个有序序列。

因此，实现堆排序需解决两个问题：

（1）如何将n个元素的序列按关键码建成堆。

对初始序列建堆的过程，就是一个反复筛选的过程。n个结点的完全子树成为堆，之后向前依次对各结点为根的子树进行筛选，使之成为堆，直到根结点。

（2）输出堆顶元素后，怎样调整剩余n-1个元素，使其按关键码成为一个新堆。

设有m个元素的堆，输出堆顶元素后，剩下m-1个元素。将堆底元素送入堆顶，堆被破坏，其原因仅是根结点不满足堆的性质。将根结点与左、右孩子中较小（或较大）的进行交换。若与左子树交换，则左子树堆被破坏，且仅左子树的根结点不满足堆的性质；若与右子树交换，则右子树堆被破坏，且仅右子树的根结点不满足堆的性质。继续对不满足堆性质的子树进行上述交换操作，直到叶子结点，堆被建成。称这个自根结点到叶子结点的调整过程为筛选。

筛选法算法的C语言描述如下：

```
void heapSift(RecType R[],int i, int n)
                                        /*R[i]为根结点,调整R[i]~R[n]为大根堆*/
{   RecType rc;
        int j;
    rc=R[i];
        j=2*i;
    while(j<=n)                         /*沿排序码较大的孩子结点向下筛选*/
    {    if(j<n && R[j].key<R[j+1].key)  /*j为排序码较大的记录下标*/
            j=j+1;
        if(rc.key> R[j].key)  break;
    R[i]=R[j];                          /*记录移动到R[i]*/
        i=j; j=j*2;
    }       /*调整进入下一层*/
    R[i]=rc;                            /*找到了根结点最后应插入的位置*/
}
```

图 8-12 显示了一个大根堆排序过程的前四步情况。

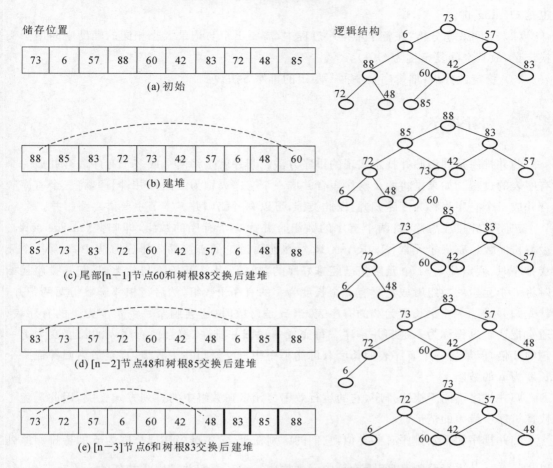

图 8-12　{73,6,57,88,60,42,83,72,48,85} 堆排序的前四步过程

堆排序算法的 C 语言描述如下：

```
void heapSort(RecType R[],int n)           /*对 n 个记录进行堆排序*/
{   int i;
    RecType x;
    for(i=n/2;i>=1;i--)                     /*将 R[i]~R[n]建成堆*/
        heapSift(R,i,n);
    for(i=n;i> 1;i--)                       /*进行 n-1 趟排序*/
    {  x=R[i];                              /*堆顶与最后一个记录交换位置*/
       R[i]=R[1];
       R[1]=x;
       heapSift(R,1,i-1);                   /*将 R[1]～R[i-1]重新调整为堆*/
    }
}
```

下面全面分析堆排序效率。

（1）时间效率分析：堆排序的时间主要消耗在筛选算法中，一共调用了 $\lfloor n/2 \rfloor + n-1$（约 $3n/2$）次筛选算法，在每次筛选算法中，排序码之间的比较次数都不会超过完全二叉树的高

度，即 $\lfloor \log_2 n \rfloor + 1$，所以整个堆排序过程的最坏时间复杂度为 $O(n\log_2 n)$，其平均时间复杂度也是 $O(n\log_2 n)$。

（2）空间效率分析：在整个堆排序过程中，需要 1 个与记录大小相同的辅助空间用于交换记录，故其空间复杂度为 $O(1)$。

（3）稳定性分析：堆排序是一种不稳定的排序方法。

8.5　归并排序

归并排序是利用归并技术实现的排序方法。归并就是将两个或多个有序表合并成一个有序表的过程。如果是将两个有序表合并成一个有序表称为二路归并；同理，将三个有序表合并成一个有序表称为三路归并，以此类推，可以有 n 路归并。本节主要讲二路归并。

二路归并排序思想：将两个有序的数组合并为一个有序的数组，即归并（merge sort）。设待排序数组有 n 个元素 $\{R_1, R_2, \cdots, R_n\}$，在前面讨论的直接插入排序方法中，对第 i 个元素排序时，假定前 $i-1$ 个元素是已经排好序的，初始 i 从 2 开始。与此类似，归并排序初始时将 n 个元素的数组看成是含有 n 个长度为 1 的有序子数组，然后将相邻子数组两两归并，首先归并成 $\lceil n/2 \rceil$ 个长度为 2 的有序表，当 n 是奇数时，还会剩余一个长度为 1 的有序表，通常把这个过程称为一趟归并排序。每完成一趟归并排序，都会使有序表的长度变为上一趟的 2 倍，但最后一个有序表的长度有可能小一些。反复归并子数组，直至最后归并成一个长度为 n 的数组。

归并排序不同于快速排序，它的运行效率与元素在数组中的排列方式无关，因此避免了快速排序中最差的情形。

归并排序和希尔排序有些类似，它们的区别在于，希尔排序是把长度为 n 的待排序序列以步长 $d_i = \dfrac{n}{2^i}$ 进行分割，以间隔为 d_i 的元素构成一组。而归并排序是相邻的元素为一组，继而以相邻组归并。

对包含 n 个元素的数组应用归并排序方法，需要一个长度为 n 的辅助数组暂存两路归并的中间结果，空间开销的增加是归并排序的一个弱点，但是，任何试图通过程序技巧来取消辅助数组的代价是程序变得极其复杂，这并不可取。

下面阐述二路归并算法及具体实现说明。

包含 n 个元素的数组两两归并排序的算法包含以下函数，分别是：

1. 两组归并函数

设数组 R 由两个有序子表 $R[u] \sim R[v]$ 和 $R[v+1] \sim R[t]$ 组成（$u \leqslant v, v+1 \leqslant t$），将这两个有序子表合并之后存于数组 A 中，得到一个新的有序表 $A[u] \sim A[t]$。设 $i=u, j=v+1, k=u$，即 i，j，k 分别指向三个有序表的起始下标，首先比较 $R[i].key$ 和 $R[j].key$ 的大小，如果 $R[i].key \leqslant R[j].key$，则将第一个有序子表的记录 $R[i]$ 复制到 $A[k]$ 中，并令 i 和 k 分别加 1，指向下一个位置，否则将第二个有序子表的记录 $R[j]$ 复制到 $A[k]$ 中，并令 j 和 k 分别加 1，如此循环下去，直到其中一个有序子表已到表尾，然后将另一个有序子表中剩余的记录复制到数组 $A[k] \sim A[t]$ 中，至此二路归并结束。

两组归并算法的 C 语言描述如下：

```
void  merge(RecType  R[ ], RecType  A[], int u, int v, int t)
           /*将两个有序表 R[u]~R[v]和 R[v+1]~R[t]归并到有序表 A[u]~A[t] */
{  int  i,j,k;
   for(i=u, j=v+1, k=u;i<=v&&j<=t;k++)
   {  if (R[i].key<=R[j].key)
      {   A[k]=R[i];i++;}
      else {   A[k]=R[j];j++;}
   }
   while (i<=v)                 /*处理第一个有序表中剩余的记录*/
   {  A[k]=R[i];
      i++;   k++;
   }
   while (j<=t)                 /*处理第二个有序表中剩余的记录*/
   { A[k]=R[j];
        j++;   k++;
   }
}
```

2. 一趟归并函数

一趟归并排序算法需要多次调用两组归并算法。

设数组 R 中每个有序表的长度为 len(最后一个表长度可能小于 len)，对其进行一趟归并排序，结果存于数组 A 中。实际处理过程中，可能有以下三种情况：

① 数组 R 中有偶数个长度都是 len 的有序表，这时只要连续调用两组归并函数 merge(R,A,p,p+len−1,p+len*2−1)，即可完成一趟归并，这里 p 为有序表的起始下标；

② 数组 R 中前面有偶数个长度为 len 的有序表，两两合并完成以后，还剩余两个不等长的有序表，则对最后两个不等长的有序表还要调用一次两组归并函数 merge(R,A,p,p+len−1,n)，即可完成一趟归并排序；

③ 数组 R 中前面所有长度为 len 的有序表两两合并以后，只剩一个有序表，把它直接复制到数组 A 中即可。

一趟归并排序算法的 C 语言描述如下：

```
void  mergePass(RecType  R[ ],RecType  A[],int n,int len)
         /*把数组 R 中每一个长度为 len 的有序子表归并到数组 A 中*/
{  int p,i;
   for(p=1;p+2*len-1<=n;p=p+2*len)   /*归并长度为 len 等长有序表*/
       merge(R,A,p,p+len-1,p+len*2-1);
   if  (p+len-1<n)               /*归并剩余的两个不等长的有序表*/
       merge(R,A,p,p+len-1,n);
   else     for(i=p;i<=n;i++)         /*把剩余的一个有序表复制到数组 A 中*/
               A[i]=R[i];
}
```

3. 归并排序函数

归并排序的过程就是反复地调用一趟归并排序算法。

其算法的 C 语言描述如下：

```
void  mergeSort(RecType  R[ ],int n)
     /*对数组 R 进行归并排序*/
{  RecType  A[N+1];              /*A 是辅助数组*/
   int len,i;
   len=1;
   while(len<n)
     { mergePass(R,A,n,len);
       len=2*len;
       mergePass(A,R,n,len);
       len=2*len;
     }
}
```

图 8-13 所示是二路归并排序过程示意。图 8-13 显示，一次归并结束时，序列尾部可能有 1 个子数组或元素不能归并，需要进行尾部处理。因为，一次归并过程中子数组能两两归并的条件是当前归并元素位置 i≤n−2L+1，否则，余下的待排序元素一定不够两个子数组的长度，需要进行尾部处理，有两种处理方法：①当前归并位置 i<n−L+1，即余数多于一个子数组，将它们看成是一个归并序列直接进行归并处理，并放到归并结果序列的尾部；②i>n−L+1，余下元素个数少于一个子数组长度，将这些元素直接移到归并结果序列的尾部。

[36]，[20]，[17]，[13]，[28]，[14]，[23]，[15]，[6]，[12]，[43]，[51]，[5]

(a) 初始数组由n个长度为1的子数组构成

归并跨度＋＝2L

i=1   j=1
[20，36]，[13，17]，[14，28]，[15，23]，[6，12]，[43，51]，[5]

子数组长度=2L

(b) 相邻子数组一次归并后，子数组长度倍增，子数组的个数减少一半

归并跨度>(n−2L+1)，是一次归并循环过程的结束条件

i=1   j=1
[13，17，20，36]，[14，15，23，28]，[6，12，43，51]，[5]

子数组长度=4L

看成一个归并序列

(c) 一次归并结束时，尾部可能有子数组或元素不能归并，需要进行尾部处理

归并跨度>(n−2L+1)，不能归并，直接进行尾部处理

[13，14，15，17，20，23，28，36]，[5，6，12，43，51]

子数组长度＝8L   尾部子数组

(d) 归并跨度大于n−2L+1，无须两两归并，直接进行尾部处理

[5，6，12，13，14，15，17，20，23，28，36，43，51]

(e) 直接两两归并

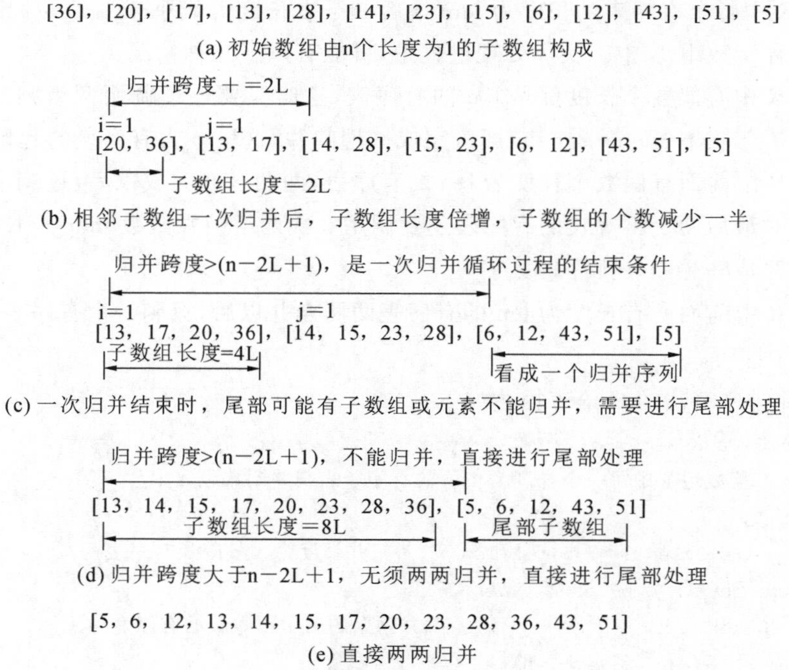

图 8-13　归并排序过程

下面分析一下归并排序的性能。

（1）时间效率分析：归并排序的时间复杂度应为每一趟归并排序的时间复杂度和归并趟数的乘积。对 n 个记录进行归并排序，归并趟数为$\lfloor \log_2 n \rfloor$。归并排序的时间效率主要取决于记录的移动次数。而一趟归并排序中记录的移动次数等于记录个数 n，故归并排序的

平均时间复杂度为 O($n\log_2 n$)，等于快速排序方法的时间复杂度。

（2）空间效率分析：归并排序需要一个与表等长的辅助数组空间，所以空间复杂度为 O(n)。归并排序的空间复杂度是很高的。

（3）稳定性分析：归并排序是稳定的。由两组归并的 merge() 算法可以看出，当遇到两个排序码相同的记录时，先复制前面有序子文件的记录，再复制后面有序子文件的记录，所以排序码相同的两个记录的先后次序是不会改变的。

归并排序的思想更易于在链表结构上实现。顺序表上实现归并排序的主要时间都消耗在记录的移动上，并且需要开辟较大的辅助空间，而在链表上进行归并时，仅需要修改指针，无须移动记录，操作起来更加方便。

8.6 基数排序

基数排序（radix sort）是与前面各类排序方法完全不同的一种排序方法，它是基于排序码的结构分解，然后通过分配和收集方法而实现的排序。

对于数字型或字符型的单关键字，可以看成是由多个数位或多个字符构成的多关键字，此时可以采用这种分配－收集的办法进行排序，称作基数排序。其好处是不需要进行关键字间的比较。

例如：对于这组关键字{278, 109, 063, 930, 589, 184, 505, 269, 008, 083}，首先按其个位数取值（0, 1，…，9）分配成 10 组，之后按从 0 至 9 的顺序将它们收集在一起；然后按其十位数取值（0, 1，…，9）分配成 10 组，之后再按从 0 至 9 的顺序将它们收集在一起；最后按其百位数重复上述操作，便可得到这组关键字的有序序列。

再如：52 张扑克牌上有花色和面值（点数）。扑克牌的顺序是：♠A<♠2<…<♠J<♠Q<♠K<♥A<♥2<…<♥K<♣A<♣2<…<♣K<♦A<♦2<…<♦K。对扑克牌进行排序可以采用下面两种方法：

方法 1：首先按花色分成 4 堆，每一堆都具有相同花色，然后分别在每一堆内按面值从小到大排序，最后按花色顺序收集起来，使 52 张扑克牌有序；

方法 2：首先按不同的面值分成 13 堆（这个过程叫作分配），然后按照从小到大顺序将 13 堆收集起来（这个过程叫作收集）；接下来，按不同的花色分成 4 堆，最后按花色顺序将这 4 堆牌收集起来，又可以得到按照次序排列的扑克牌。

如何将排序码分解成多个不同位权的元素？

若排序码 K 是十进制整数，其值在 0～999 范围内，则可以把每一位上的十进制数字看成一个元素，即 K 由 3 个元素（k_1, k_2, k_3）组成，其中 k_1 的位权是 10^2（百位数），k_2 的位权是 10^1（十位数），k_3 的位权是 10^0（个位数）。按照以上方法分解 K，不同位权的 k_j 都有相同的取值范围（$0 \leqslant k_j \leqslant 9, 1 \leqslant j \leqslant 3$），我们把 k_j 取值的个数称为基数，通常用 r 表示。当排序码为十进制数时，基数 r 是 10；当排序码为字符串时，基数 r 是 26。

这里介绍一下基数排序的基本思想。若有 n 个待排序记录，设第 i 个记录的排序码为 K_i（$1 \leqslant i \leqslant n$），把 K_i 看成是一个 d 元组：$K_i = (k_{i1}, k_{i2}, \cdots, k_{id})$，其中 $k_{ij} \in \{c_1, c_2, \cdots, c_r\}$（$1 \leqslant j \leqslant d$），$c_1, c_2, \cdots, c_r$ 是 k_{ij} 的所有可能取值，r 为基数。排序时，首先按 k_{id} 的值进行分配，即将 n 个记录分到 r 个堆中（有时形象地称为装箱），并按顺序收集；然后按 $k_{id}-1$ 的值进行分配和

收集，直至按 k_{i1} 分配和收集完毕，这样重复做 d 趟分配和收集，排序结束。

基数排序方法有两种，即最高位优先法和最低位优先法：

（1）最高位优先法（简写为 MSD），首先根据最高位有效数字进行排序，然后根据次高位有效数字进行排序，以此类推，直到根据最低位有效数字进行排序，产生一个序列。

（2）最低位优先法（简写为 LSD），首先根据最低位有效数字进行排序，然后根据次低位有效数字进行排序，以此类推，直到根据最高位有效数字进行排序，产生一个序列。

例如，对关键字序列（278,109,063,930,589,184,269,008,083）进行链式基数排序（采用 LSD 方法）时的基本步骤：

（1）将 n 个待排记录以静态链表存储，表头指针指向第一个记录。

（2）对最低位关键字进行第一分配，改变记录的指针值将链表中的记录分配至 10 个链队列中。每个队列中的关键字的个位数相等。

（3）重新对 n 个记录按照从左到右收集。

（4）第二趟分配和第二趟收集是对十位数进行的。

（5）第三趟分配和第三趟收集是对百位数进行的。

设待排序记录的排序码为 288,371,260,531,287,235,56,299,18,23，这里 r＝10，d＝3，需要进行 3 趟分配和收集完成排序，如图 8-14 所示。

第一趟分配（装箱）	箱号	0	1	2	3	4	5	6	7	8	9
	内容	260	371 531		23		235	56	287	288 18	299
第一趟收集的结果（260，371，531，23，235，56，287，288，18，299）											
第二趟分配（装箱）	箱号	0	1	2	3	4	5	6	7	8	9
	内容		18	23	531 235		56	260	371	287 288	299
第二趟收集的结果（18，23，531，235，56，260，371，287，288，299）											
第三趟分配（装箱）	箱号	0	1	2	3	4	5	6	7	8	9
	内容	18 23 56		235 260 287 288 299	371		531				
第三趟收集的结果（18，23，56，235，260，287，288，299，371，531）											

图 8-14　基数排序过程图示

在计算机上实现基数排序时，为减少所需辅助存储空间，应采用链表作存储结构，即链式基数排序，具体做法如下：

（1）待排序记录以指针相连接，构成一个链表；

（2）分配时，按当前关键字的位数取值，将记录分配到不同的链队列中，每个队列中记录的关键字的位数相同；

（3）收集时，按当前关键字的位数取值从小到大将各队列首尾相连形成一个链表；

（4）对每个关键字的位数均重复（2）和（3）两步。

基于静态链表的基数排序的存储结构用 C 语言描述如下：

```
# define   N  10
# define   d  3
# define   r  10
typedef  struct
{   int  key[d];        /*排序码由 d 个分量组成,这里排序码是十进制数*/
    DataType  other;    /*记录的其他数据域*/
    int next;           /*静态链域*/
} RecType;
RecType  R[N];          /*数组 R 存放 N 个待排序记录*/
typedef  struct         /*定义队列*/
    {int f,e;           /*队列的队头和队尾指针*/
    } Queue;
    Queue  Q[r];        /*队列 Q 表示箱子*/
```

基数排序的 C 语言代码,读者可根据上面算法编写。

下面对基于静态链表的基数排序进行简单的性能分析。

（1）时间效率分析:在排序过程中,不需要移动排序码的记录,只需要顺序扫描长度为 n 的静态链表和进行指针的链接操作,所以算法主要消耗在扫描静态链表上,基数排序共需要扫描链表 d 趟,由于 d 的大小与 n 有关,可以认为是常数,所以,基数排序的平均时间复杂度为 $O(n)$。

（2）空间效率分析:在基数排序中,需要一个辅助空间数组 Q,但 Q 的大小与 n 无关,所以空间复杂度为 $O(1)$。

（3）稳定性分析:基数排序是稳定的。

8.7 内部排序方法的比较

8.7.1 内部排序方法的特性分析

前面介绍了很多种排序方法,在解决实际问题时,要根据各算法的特点,选择合适的排序算法,下面简要总结各算法的特性。

1. 插入排序（insert sort）

插入排序通过把序列中的值插入一个已经排好序的序列中。插入排序是对冒泡排序的改进。它比冒泡排序快 2 倍。一般不在数据量大于 1000 的场合下使用插入排序,在重复排序超过 200 数据项的序列中也不用插入排序。

2. 希尔排序（Shell sort）

希尔排序通过将数据分成不同的组,先对每一组进行排序,然后再对所有的元素进行一次插入排序,以减少数据交换和移动的次数。平均时间效率是 $O(n^{1.5})$,其中分组的合理性会对算法产生重要的影响。现在多用 D. E. Knuth 的分组方法。

希尔排序比冒泡排序快 5 倍,比插入排序大致快 2 倍。希尔排序比快速排序、归并排序、堆排序慢很多。但是它相对比较简单,适合于数据量在 5000 以下并且不要求速度的场合,尤其适用于数据量较小的数列的重复排序。

3.冒泡排序（bubble sort）

冒泡排序是最慢的排序算法。在实际运用中，它是效率最低的算法，平均时间复杂度为 $O(n^2)$。它通过一趟又一趟地比较数组中的每一个元素，使较大的数据下沉，较小的数据上浮。

4.快速排序（quick sort）

快速排序是一个就地排序，是大规模递归的算法。从本质上来说，它是归并排序的就地版本。

快速排序比大部分排序算法都要快。尽管在某些特殊的情况下可以写出比快速排序快的算法，但是就通常情况而言，没有比它更快的了。快速排序是递归的，对于内存非常有限的机器来说，它不是一个好的选择。

5.选择排序（select sort）和交换排序（exchange sort）

这两种排序方法都是运用交换思想的排序算法，时间复杂度都是 $O(n^2)$。在实际应用中，它们的地位和冒泡排序基本相同。它们只是排序算法发展的初级阶段，在实际中使用较少。

6.堆排序（heap sort）

堆排序适合于数据量非常大（百万数据）的场合。堆排序不需要大量的递归或者多维的暂存数组。因为快速排序、归并排序都使用递归来设计算法，在数据量非常大的时候，可能发生堆栈溢出错误。堆排序会将所有的数据建成一个堆，最大的数据置于堆顶，然后将堆顶数据和序列的最后一个数据交换。接下来再次重建堆，交换数据，依次下去，就可以对所有的数据进行排序。

7.归并排序（merge sort）

归并排序先分解要排序的序列，从 1 分成 2，从 2 分成 4，依次分解，当分解到只有 1 个一组的时候，就可以排序这些分组，然后依次合并回原来的序列中，这样就可以对所有数据进行排序。归并排序比堆排序稍微快一点，但是需要比堆排序多一倍的内存空间，因为它需要一个额外的数组。

8.基数排序（radix sort）

基数排序和通常的排序算法并不走同样的路线。它是一种比较新颖的算法，但是它只能用于整数的排序。如果我们要把同样的办法运用到浮点数上，我们必须了解浮点数的存储格式，并通过特殊的方式将浮点数映射到整数上，然后再映射回去，这是非常麻烦的事情，因此，它的使用也不多。最重要的是，这样算法也需要较多的存储空间。

各种排序方法的对比如表 8-1 所示。

表 8-1　各种排序方法的对比

排序方法	时间复杂度	空间复杂度	稳定性
直接插入排序	$O(n^2)$	$O(1)$	稳定
希尔排序	$O(n^{1.5})$	$O(1)$	不稳定
冒泡排序	$O(n^2)$	$O(1)$	稳定
快速排序	$O(n\log_2 n)$	$O(\log_2 n)$	不稳定
直接选择排序	$O(n^2)$	$O(1)$	不稳定
堆排序	$O(n\log_2 n)$	$O(1)$	不稳定
归并排序	$O(n\log_2 n)$	$O(n)$	稳定
基数排序	$O(n)$	$O(1)$	稳定

8.7.2 内部排序方法的性能分析

1. 影响因素分析

选取排序方法需要考虑如下因素。

(1) 待排序的元素数目 n；

(2) 元素本身数据量的大小；

(3) 关键字的结构及其分布情况；

(4) 语言工具的条件,辅助空间的大小等。

2. 时间性能分析

(1) 按平均的时间性能来分,有三类排序方法：

时间复杂度为 $O(n\log_2 n)$ 的有快速排序、堆排序和归并排序三种,其中快速排序最佳；

时间复杂度为 $O(n^2)$ 的有直接插入排序、冒泡排序和直接选择排序三种,其中直接插入排序最佳,特别适用于那些关键字近似有序的记录序列的排序；

时间复杂度为 $O(n)$ 的只有基数排序；

时间复杂度为 $O(n^{1.5})$ 的只有希尔排序。

(2) 当待排记录序列按关键字顺序有序时,直接插入排序和冒泡排序能达到 $O(n)$ 的时间复杂度；对于快速排序而言,这是最不好的情况,此时的时间性能蜕化为 $O(n^2)$,因此这种情况下应该尽量避免使用快速排序。

(3) 直接选择排序、堆排序和归并排序的时间性能不随记录序列中关键字的分布而改变。

3. 空间性能分析

(1) 所有的简单排序方法(包括直接插入、冒泡和直接选择)和堆排序的空间复杂度都为 $O(1)$；

(2) 快速排序的空间复杂度为 $O(\log_2 n)$,需为栈分配辅助空间；

(3) 归并排序所需的辅助空间最多,其空间复杂度为 $O(n)$；

(4) 链式基数排序需附设队列首尾指针,则空间复杂度为 $O(rd)$。

4. 稳定性能分析

稳定的排序方法指的是,对于两个关键字相等的记录,它们在序列中的相对位置,在排序之前和排序之后,没有改变。

当对多关键字的记录序列进行 LSD 方法排序时,必须采用稳定的排序方法。

 本章小结

(1) 若数据量 n 较小($n \leqslant 50$),则可以采用直接插入排序或直接选择排序。由于直接插入排序所需的记录移动操作较直接选择排序多,因而当记录本身数据量较大时,用直接选择排序较好。

(2) 若文件的初始状态已按关键字基本有序,则选用直接插入排序或冒泡排序为宜。

(3) 若 n 较大,则应采用时间复杂度为 $O(n\log_2 n)$ 的排序方法,如快速排序、堆排序和归并排序。

快速排序是目前基于比较的内部排序法中最好的方法。

(4) 在基于比较的排序方法中,每次比较两个关键字的大小之后,仅仅出现两种可能的转移,因此可以用一棵二叉树来描述比较判定过程,由此可以证明：当文件的 n 个关键字随机分布时,任何借助于"比较"的排序算法,其时间复杂度至少是 $O(n\log_2 n)$。

本章习题

一、选择题

1. 在所有的排序方法中，关键字比较的次数与记录初始排列秩序无关的是（　　）。

A. 冒泡排序　　　　　B. 希尔排序　　　　　C. 直接选择排序　　　D. 直接插入排序

2. 从未排序序列中依次取出元素与已排序序列中的元素做比较，将其放入已排序序列的正确位置上，此方法称为（　　）。

A. 插入排序　　　　　B. 选择排序　　　　　C. 交换排序　　　　　D. 归并排序

3. 从未排序序列中挑选元素，并将其放入已排序序列的一端，此方法称为（　　）。

A. 插入排序　　　　　B. 交换排序　　　　　C. 选择排序　　　　　D. 归并排序

4. 依次将每两个相邻的有序表合并成一个有序表的排序方法称为（　　）。

A. 插入排序　　　　　B. 交换排序　　　　　C. 选择排序　　　　　D. 归并排序

5. 当两个元素出现逆序的时候就交换位置，这种排序方法称为（　　）。

A. 插入排序　　　　　B. 交换排序　　　　　C. 选择排序　　　　　D. 归并排序

6. 每次把待排序的区间划分为左、右两个子区间，其中左区间中记录的关键字均小于基准记录的关键字，右区间中记录的关键字均大于等于基准记录的关键字，这种排序称为（　　）。

A. 插入排序　　　　　B. 快速排序　　　　　C. 堆排序　　　　　　D. 归并排序

7. 在正常情况下，直接插入排序的时间复杂度为（　　）。

A. $O(\log_2 n)$　　　　B. $O(n)$　　　　　　C. $O(n\log_2 n)$　　　D. $O(n^2)$

8. 在正常情况下，冒泡排序的时间复杂度为（　　）。

A. $O(\log_2 n)$　　　　B. $O(n)$　　　　　　C. $O(n\log_2 n)$　　　D. $O(n^2)$

9. 在归并排序中，归并趟数的数量级为（　　）。

A. $O(\log_2 n)$　　　　B. $O(n)$　　　　　　C. $O(n\log_2 n)$　　　D. $O(n^2)$

10. 在归并排序中，每趟需要进行的记录比较和移动次数的数量级为（　　）。

A. $O(\log_2 n)$　　　　B. $O(n)$　　　　　　C. $O(n\log_2 n)$　　　D. $O(n^2)$

11. 归并排序算法的时间复杂度为（　　）。

A. $O(\log_2 n)$　　　　B. $O(n)$　　　　　　C. $O(n\log_2 n)$　　　D. $O(n^2)$

12. 在平均情况下，快速排序的时间复杂度为（　　）。

A. $O(\log_2 n)$　　　　B. $O(n)$　　　　　　C. $O(n\log_2 n)$　　　D. $O(n^2)$

13. 在最坏情况下，快速排序的时间复杂度为（　　）。

A. $O(\log_2 n)$　　　　B. $O(n)$　　　　　　C. $O(n\log_2 n)$　　　D. $O(n^2)$

14. 对于堆排序，在每次筛选运算中，记录比较和移动次数的数量级为（　　）。

A. $O(\log_2 n)$　　　　B. $O(n)$　　　　　　C. $O(n\log_2 n)$　　　D. $O(n^2)$

15. 堆排序算法的时间复杂度为（　　）。

A. $O(\log_2 n)$　　　　B. $O(n)$　　　　　　C. $O(n\log_2 n)$　　　D. $O(n^2)$

16. 设有 800 条记录，希望用最快的方法挑选出前 10 个最大的元素，最好选用（　　）。

A. 插入排序　　　　　B. 快速排序　　　　　C. 堆排序　　　　　　D. 归并排序

17. 在待排序元素基本有序的情况下，效率最高的排序方法是（　　）。

A. 插入排序　　　　　B. 快速排序　　　　　C. 堆排序　　　　　　D. 归并排序

18. 下面几种排序方法中,要求内存量最大的是( )。

A. 插入排序　　　　B. 交换排序　　　　C. 选择排序　　　　D. 归并排序

19. 快速排序方法在( )情况下最不利于发挥其长处。

A. 要排序的数据量太大　　　　　　　B. 要排序的数据中含有多个相同值

C. 要排序的数据已基本有序　　　　　D. 要排序的数据个数为奇数

20. 若构造一棵具有 n 个结点的二叉树排序,在最坏的情况下,其算法深度不会超过( )。

A. n/2　　　　　　　B. n　　　　　　　C. (n+1)/2　　　　　　D. n+1

21. 考查下列排序算法的稳定性,( )是稳定的排序算法。

A. 直接插入排序、归并排序、冒泡排序

B. 直接选择排序

C. 直接快速排序

D. 堆排序、希尔排序

二、填空题

1. 在对一组记录(54,38,96,23,15,72,60,45,83)进行直接插入排序时,当把第 7 个记录 60 插入有序表时,为寻找插入位置需比较_____。

2. 在利用快速排序方法对一组记录(54,38,96,23,15,72,60,45,83)进行快速排序时,递归调用而使用的栈所能达到的最大深度为_____,共需递归调用的次数为_____,其中第二次递归调用是对_____一组记录进行快速排序。

3. 在堆排序、快速排序和归并排序中,若只从存储空间考虑,则应优先选取_____方法,其次选取_____方法,最后选取_____方法;若只从排序结果的稳定性考虑,则应选取_____方法;若只从平均情况下排序最快考虑,则应选取_____方法;若只从最坏情况下排序最快并且要节省内存考虑,则应选取_____方法。

4. 在插入排序、希尔排序、选择排序、快速排序、堆排序、归并排序和基数排序中,排序是不稳定的有_____。

5. 在插入排序、希尔排序、选择排序、快速排序、堆排序、归并排序和基数排序中,平均比较次数最少的排序是_____,需要内存容量最多的是_____。

6. 在堆排序和快速排序中,若初始记录接近正序或反序,则选用_____;若初始记录无序,则最好选用_____。

7. 在插入排序和选择排序中,若初始数据基本正序,则选用_____;若初始数据基本反序,则选用_____。

8. 对 n 个元素的序列进行冒泡排序时,最少的比较次数是_____。

三、综合题

1. 已知一组记录为(46,74,53,14,26,38,86,65,27,34),给出采用直接插入排序法进行排序时每一趟的排序结果。

2. 已知一组记录为(46,74,53,14,26,38,86,65,27,34),给出采用冒泡排序法进行排序时每一趟的排序结果。

3. 已知一组记录为(46,74,53,14,26,38,86,65,27,34),给出采用快速排序法进行排序时每一趟的排序结果。

4. 已知一组记录为(46,74,53,14,26,38,86,65,27,34),给出采用直接选择排序法进行排序时每一趟的排序结果。

数据结构
（C语言版）

5.已知一组记录为(46,74,53,14,26,38,86,65,27,34)，给出采用堆排序法进行排序时每一趟的排序结果。

6.已知一组记录为(46,74,53,14,26,38,86,65,27,34)，给出采用归并排序法进行排序时每一趟的排序结果。

第 9 章 查找

查找(search)又称检索。在计算机数据处理的过程中,它是使用频率较高的一种操作,几乎所有的软件系统都涉及查找。查找是基本而重要的数据运算,各种经典的数据结构都定义了该运算。它是对某一同类型元素集合构成的检索表做某种操作,因此它不是数据结构,而是与数据结构相关的运算问题。设计出快速、准确的查找方法是非常重要的。本章首先介绍与查找相关的一些概念和术语,然后介绍常用的查找方法以及对各种方法的性能分析与评价。

9.1 查找的基本概念

在查找操作之前,需要把待查找的原始数据组织在一起形成查找表(search table)。查找表是由记录序列组成的文件,逻辑结构是线性表。

查找表是由同一类型(属性)的数据元素(记录)组成的集合。查找表上常见的操作有:① 查询某个特定的记录是否在查找表中;② 检索某个特定的记录的信息;③ 在查找表中插入记录;④ 在查找表中删除记录。根据在查找表上实施的操作的不同,可将查找表分为静态查找表和动态查找表。静态查找表只做前两项统称为查找的操作,在查找的过程中不再动态地改变查找表,即不做插入和删除记录的操作;动态查找表的表结构本身是在查找过程中动态生成的,即在查找过程中同时插入表中不存在的记录,或者从表中删除已经存在的某个记录。

在查找表中查找特定的记录时,需要按照查找依据进行操作,一般是把记录的关键字作为查找的依据。这里,关键字(key)也称关键码,是数据元素(记录)中某个项或组合项的值,用它可以标识一个数据元素(记录)。对于不同的记录,其关键字是不同的,反之,如果关键字不同,也一定是不同的记录。能唯一确定一个数据元素(记录)的关键字,称为主关键字或主关键码;不能唯一确定一个数据元素(记录)的关键字,称为次关键字或次关键码。

查找是根据给定的关键字值,在特定的列表中确定一个其关键字与给定值相同的数据元素,并返回该数据元素在列表中的位置。若找到相应的数据元素,则称查找是成功的,否则称查找是失败的,此时应返回空地址及失败信息,并可根据要求插入这个不存在的数据元素。

和排序类似,查找也分为内查找和外查找。若查找表的所有记录都在内存中,整个过程都在内存中进行,则称为内查找;若查找表的一部分记录在内存中,还有一部分记录在外存中,查找过程中需要访问外存,则称为外查找。如不做特殊声明,本章讨论的查找都是内查找。

　　由于查找运算的主要操作是与关键字进行比较，所以比较次数可以作为衡量查找算法效率优劣的重要指标。在问题规模(n)已经确定的情况下，查找算法的比较次数与问题的初态有关，即与在找表中记录的初始排列状态有关。对于同一个查找算法，分为最好情况下的比较次数、最坏情况下的比较次数和平均比较次数。一般用平均比较次数来评价一个查找算法的效率。平均比较次数又称为平均查找长度 ASL(average search length)，平均查找长度是为确定数据元素在列表中的位置，需与给定值进行比较的关键字个数的期望值，是查找算法在查找成功时的平均查找长度。

　　对于长度为 n 的列表，查找成功时的平均查找长度为

$$ASL = \sum_{i=1}^{n} p_i \times C_i$$

其中 p_i 为查找特定列表中第 i 个数据元素的概率，且 $\sum_{i=1}^{n} p_i = 1$，C_i 为找到特定列表中第 i 个数据元素时，已经进行过的关键字比较次数。由于查找算法的基本运算是关键字之间的比较操作，所以可用平均查找长度来衡量查找算法的性能。

　　数据元素类型说明是需要定义在计算机中存储的表的结构，并根据表的大小为表分配存储单元，可以用数组分配，即顺序存储结构；也可以用链式存储结构实现动态分配。

　　本章涉及的关键字类型和数据元素类型统一说明如下：

```
typedef struct {
KeyType key;           // 关键码字段,可以是整型、字符串型、构造类型等
…                      // 其他字段
} RecType;
```

　　查找表在逻辑上是线性表，可以用顺序、链接、索引和散列 4 种常用的存储方式来存储。在不同的存储结构上实现的查找方法有各自的特点。

9.2　顺序表查找

　　用顺序存储结构存储的查找表，就是顺序表，它利用高级语言的一维数组来存储记录。按 9.1 节规则，设记录的类型为 RecType，它由两部分组成，即关键字 key 和其他一些数据项 other。假定 key 的类型为 KeyType，other 的类型为 DataType，则顺序表的存储结构用 C 语言描述如下：

```
#define N 100
typedef struct{
KeyType key;
DataType other;
} RecType ;
RecType R[N+1];
```

　　N 是查找表中记录的个数，数组 R 中的 R[0]不存放记录，其闲置的主要原因如下：

　　(1) 使下标和记录序号对应；

　　(2) 留作他用，比如用作监视哨。

　　基于顺序表的查找方法有很多，这里主要介绍两种方法：顺序查找和二分法查找（也称

折半查找)。顺序查找对表中记录的排列顺序没有特殊要求,二分法查找则要求顺序表是有序表。

◆ 9.2.1 顺序查找

顺序查找(sequential search)又称线性查找,是最简单、最基本的查找方法之一。其基本思想是将查找表作为一个顺序表,从表的一端开始,依次用查找条件中给定的值与查找表中数据元素的关键字值进行比较,若某个记录的关键字值与给定值相等,则查找成功,返回该记录的存储位置,若直到最后一个记录,其关键字值与给定值均不相等,则查找失败,返回查找失败标志。

顺序查找的特点是,从表头开始对查找表元素逐一比较,用给定值查找关键字。它适应于链式存储结构,也适应于顺序存储结构,对表中元素无排序要求。

顺序查找算法用 C 语言描述如下:

```c
int  seqSearch(RecType R[ ], KeyType k)
        /*在数组 R 中顺序查找关键字等于 k 的记录,若找到,返回该记录的位置,否则返回 0*/
{   int i;
    R[0].key=k;          /*R[0]用作监视哨*/
    i=N;                 /*从表的尾端向前查找 */
    while(R[i].key!=k)   i--;
    return  i;
}
```

程序表达了一个重要的技巧,即用数组的 R[0] 作为监视哨,使用监视哨能够对算法起到优化作用。返回时根据 i 值做查找成功与否的判别。在查找之前将给定值 k 存放在 R[0] 的关键字域中,从表尾开始向前查找,由于有了监视哨,所以循环中无须比较下标是否越界,当比较到 R[0] 时,由于 R[i].key==k,因此循环停止。

下面对顺序查找性能进行分析。

在顺序表中,查找到第 1 个元素需比较 1 次,查找到第 2 个元素时需比较 2 次,即查找到第 i 个元素时已比较过的次数是 i,并设查找每一元素的概率相等,则有

$$ASL = \frac{1}{n}\sum_{i=1}^{n} i = \frac{n+1}{2}$$

可以直接理解为查找时最好的情况是欲查找元素在列表中第一个位置上,做一次比较就查找成功,最坏情况是元素在列表的末尾,需比较 n 次后才确定,两种情况的平均即我们说的平均查找长度。当元素不在表中时,我们总是需要比较 n+1 次才可以确定,设查找成功的概率是 p,则查找失败的概率是 1−p,在设有监视哨的程序算法中,查找失败的时候比较了 n+1 次,所以有

$$ASL = \frac{p(n+1)}{2} + (1-p)(n+1)$$

$$= (n+1)(1 - \frac{p}{2})$$

算法中的基本工作就是关键码的比较,因此,查找长度的数量级就是查找算法的时间复杂度,为 O(n)。

顺序查找的优点是算法简单,由于顺序查找对表中记录的排列顺序没有要求,因此可以

方便地插入记录,如果顺序表的空间足够大,可以在表尾端插入记录,从而避免了记录的内存移动。顺序查找的缺点是当 n 很大时,平均查找长度较大,查找效率较低。

在实际情况中,查找表中各记录的查找概率是不相等的。为了提高查找效率,查找表可以依据"查找概率越高的记录比较次数越少"的原则来组织记录。比如,可以根据记录查找概率递增或递减的顺序排列记录,从查找概率大的那一端开始顺序查找,从而降低平均查找长度。

◆ 9.2.2 二分查找

二分查找(binary search)又称折半查找或对半查找,是一种效率较高的查找方法。二分查找要求顺序表是有序的,即表中记录是按照关键字递增或递减顺序排列的。

二分查找的基本思想是:初始时,查找区间为整个有序表,取查找区间的中间记录作为比较对象,若中间记录的关键字与给定值相等,则查找成功;若给定值小于中间记录的关键字,则在中间记录的前半区继续查找;若给定值大于中间记录的关键字,则在中间记录的后半区继续查找。不断重复上述查找过程,直至新区间中间记录的关键字等于给定值,则查找成功,或者查找区间不断缩小直到为空,表明查找失败。可以看出,在二分查找的查找过程中,查找区间在不断地缩小,而在每个查找区间上都是用相同的查找方法,所以二分查找也可以用递归实现。

二分查找的具体查找步骤如下:

(1) 设变量 low 和 high 表示查找区间的起始和终端下标,初始时查找区间是 $R[1]\sim R[N]$,low 取值为 1,high 取值为 N。设变量 mid 表示查找区间中间位置的下标,计算公式为 mid=$\lfloor$(low+high)/2$\rfloor$。

(2) 当 low≤high(查找区间非空)时,求 mid=$\lfloor$(low+high)/2$\rfloor$,进行如下比较:

若 k==R[mid]. key,查找成功,返回记录在表中的位置;

若 k<R[mid]. key,则 high=mid-1,在前半区继续查找;

若 k>R[mid]. key,则 low=mid+1,在后半区继续查找。

(3) 当 low>high 时,查找区间为空,说明查找失败。

■ 例 9-1 一个有序表中有 13 个记录,记录的关键字序列为(7,14,18,21,23,29,31,35,38,42,46,49,52),给定值 k 分别为 14 和 22,在表中查找关键字与 k 相等的记录。设有序表存储在数组 R 中,即查找的初始区间为 $R[1]\sim R[13]$。查找关键字等于 14 的记录(查找成功)的过程如图 9-1(a)所示。查找关键字等于 22 的记录(查找失败)的过程如图 9-1(b)所示。

分析二分查找是一个递归查找过程,请读者自己完成递归算法的设计。二分查找非递归算法的 C 语言描述如下:

```
int  binarySearch(RecType R[ ], KeyType k)      /*用二分查找法在数组 R 中查找关键字为 k
                                                的记录,若找到,返回该记录的位置,否则
                                                返回 0*/

{int  low, high, mid;
    low=1; high=N;                              /*设置初始查找区间*/
    while(low<=high)                            /*查找区间非空*/
```

```
{   mid=(low+high)/2;                    /*计算查找区间中间位置的下标*/
    if(k==R[mid].key)  return mid;       /*查找成功,返回该记录的位置*/
    else  if(k<R[mid].key) high=mid-1;  /*调整到前半区*/
        else  low=mid+1;      /*调整到后半区*/
}
return  0;
}
```

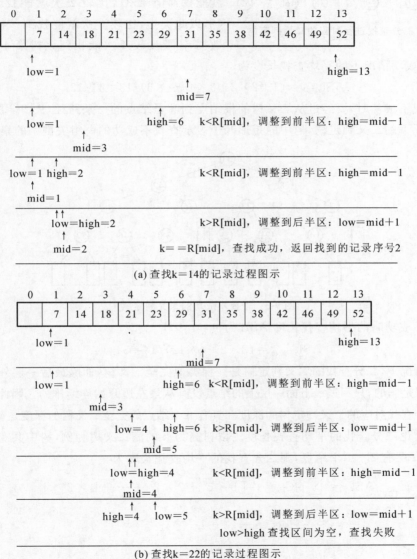

(a) 查找k=14的记录过程图示

(b) 查找k=22的记录过程图示

图 9-1　二分查找过程图示

从二分查找的查找过程来看,每次都是把当前查找区间的中间记录作为比较对象,并以中间记录为中心将该区间划分为前半区和后半区两个子区间,在子区间中继续这种划分和比较操作。

在有序表的二分查找过程中,可用一棵二叉树来描述,树中每个结点对应当前查找区间中间记录的关键字,其左子树和右子树分别对应前半区和后半区。

通常将这个描述二分查找过程的二叉树称为二叉判定树。图9-2所示是例9-1的二分查找过程所对应的二叉判定树。

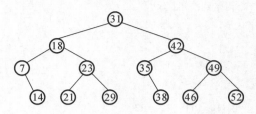

图9-2　二分查找过程对应的二叉判定树

由图9-2可以看出，二分查找有序表的某一个记录过程，对应着从二叉判定树的根结点到该记录结点的一条路径，同关键字的比较次数就是该记录结点在树中的层数。例9-1中，比较1次就能找到记录31，比较2次就能找到记录18、42，以此类推，比较3次就能找到该树第3层各数据，需要比较4次能找到该树第4层各数据。

因此，查找成功情况下的平均查找长度为

$$\text{ASL}_{成功}=(1+2\times2+3\times4+4\times6)/13=41/13$$

当查找不成功时，要经过从二叉树的根结点到叶子结点的一条路径，图9-3所示为查找不成功情况下的二叉判定树，树中的矩形叶子表示查找不成功的一组关键字的集合。

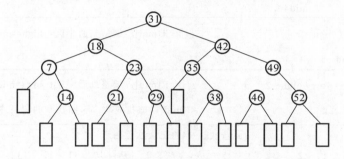

图9-3　查找不成功的二叉判定树

查找不成功时的平均查找长度ASL为

$$\text{ASL}_{不成功}=(3\times2+4\times12)/14=54/14$$

通常情况下，二分查找的二叉判定树是一棵类似完全二叉树，即除最后一层外，其余所有层的结点都是满的，只不过最下面一层上的结点没有从最左边开始连续排列。因此，具有n个记录的二分查找对应的二叉判定树的深度和具有n个结点的完全二叉树的深度是相同的。

下面讨论二分查找的平均查找长度。以树高为k的满二叉树为例，树中共有$n=2k-1$个结点，第i层有$2i-1$个结点，则二分查找的平均查找长度为

$$\text{ASL}=\sum_{i=1}^{n}p_iC_i=\frac{1}{n}\left[1\times2^0+2\times2^1+\cdots+k\times2^{k-1}\right]$$

$$=\frac{n+1}{n}\log_2(n+1)-1$$

$$\approx\log_2(n+1)-1$$

所以，二分查找算法的平均时间复杂度为$O(\log_2 n)$。

二分查找的优点是比较次数相对较少，查找效率较高；缺点是在查找之前需要建立有序表，二分查找要求顺序存储有序表，因而在表中插入或删除记录都需要移动大量的记录。二分查找法适合于数据相对稳定的静态查找表。在非等概率情况下，二分查找的判定树的效率未必是最佳的。在只考虑查找成功的情况下，我们是求以查找概率带权的内部路径长度之和为最小的判定树，称为静态最优查找树，在此不再讨论。

9.3 索引查找

二分查找速度快的主要原因是每做一次比较操作都可以缩小一半查找区间,同样,利用索引存储结构,可以将查找表划分为若干个子表,从而达到缩小查找区间的目的,提高查找效率。本节介绍的索引查找(index search)是建立在索引存储结构上的查找方法。

索引查找在日常生活和工作中比较常用。举个简单的例子,在英文字典里查找某个单词,首先在字母索引表里查找该单词首字母所对应的正文页码,然后到对应的字典正文中查找该单词,查找单词的过程就是索引查找。在字典上索引查找,是把字典看作是索引查找的对象,其中字典的正文作为主表,字母索引表是为了方便查找而建立的索引,称为索引表。为了方便查找,可以建立多级索引表。一本书的目录就是个多级索引表,如章为一级索引,节为二级索引。根据此标题对应的正文页码(相当于索引存储中的地址),从书的正文中找到这部分内容。显然书的目录是在书的正文基础上附加的,其目的是方便、快速地查找书中的相关内容。计算机的资源管理器也实现了索引查找,查找方法与上述过程类似,也要为查找表(主表)建立索引表,只不过还需要把索引表和主表按照一定的存储结构存储在计算机的存储器中。

索引文件主要用于组织磁盘中大量数据记录检索的排列方式,主要是为提高关系数据库的操作效率而设计的。在设计一个应用关系数据库时,从逻辑结构上看每一客观实体(关系)至少有一个能唯一标识其所有属性或该关系的主属性,称为主关键字。若一个属性不能唯一标识一个关系,或者说它对应多个关系实体,则称其为该关系的次关键字。当设计关系数据库时,我们总是按照主关键字来组织数据字典的全局逻辑结构及连接关系,在物理实现上,也是用主关键字与记录的物理地址相关联。

当大量的数据记录在内存时,为了提高检索效率就必须按检索的形式进行排序,显然,主关键字检索是检索关系实体的基本操作之一,比如,一个学生数据库用学号唯一标识学生这个客观实体的所有属性,要检索特定学生的情况时,输入该学生的学号可以检索到该生所有属性值(如姓名、年龄、性别、籍贯、家庭所在地、系别等)。

现在的问题是,检索是多角度、综合性进行的。例如,我们需要查看自动化系、来自浙江杭州的学生情况,查找符合这一检索条件所要求的记录的方法可以有多种,比如,将记录按"系别"进行排序,在检索到"系别"等于"自动化系"的记录中,筛选出"家庭所在地"的属性值等于"杭州"的记录。然而,要对"系别"这一属性进行排序,就得把内存物理地址与该属性相关联,换句话说,就是所有记录需要按"系别"属性重排。此外,同一关系数据库还有可能遇到查询"年龄"等于 20 岁的女生记录的情况,或者遇到"姓名"等于"×××"的检索要求等。显然,我们不可能每次都按检索条件重排硬盘中关系数据库的所有记录。

避免重排数据库记录的另一种选择是使用索引文档(index file),索引文档内每个关键码与标识该记录在数据库中物理位置的指针相关联(一起存储)。因此,索引文档为记录提供了一种按索引关键字排列的顺序,而不需要改变记录的物理位置。一个数据库系统允许有多个索引文档,每个索引文档都通过不同的关键字段支持对记录的有效访问,即索引文档提供了用多个关键字访问数据元素的功能,也避免了数据库记录的重排操作。简而言之,索引文档的应用使记录的检索与其物理顺序无关。

显然，我们不可能让每个关键码都与记录的物理指针相关联，这样，记录的物理位置变化会造成所有索引文档的修改。次关键码索引文档实际上是把一个次关键码与具有这个次关键码的每一个记录的主关键码相关联起来，而主关键码索引再与一个指向记录物理位置的指针相关联，即其访问顺序是次关键码—主关键码—记录物理位置。

可以说，索引技术是组织大型数据库的关键技术，其中，线性表索引主要用于数据库记录的检索操作，对于记录的插入与删除操作我们广泛使用的是树形索引，即 B$^+$ 树。

索引存储结构是为了方便查找而专门设计的存储方式，是 4 种基本存储结构之一，本节将详细介绍索引存储结构。

◆ 9.3.1　索引表

索引存储的基本思想是：除了存储主表的记录外，还要为主表建立一个或若干个附加的索引表。索引表用来标识主表记录的存储位置，它由若干个被称为索引项的数据元素组成。索引项的一般形式为（索引关键字，地址），索引关键字是记录的某个数据项，在大多数情况下是记录的关键字，地址是用来标识一个或一组记录的存储位置。

若一个记录对应一个索引项，则该索引表为稠密索引（dense index）。若一组记录对应一个索引项，则该索引表为稀疏索引（sparse index）。

下面通过一个实例来说明如何实现索引存储。

例 9-2　设有教师通信录如表 9-1 所示，依据此表建立索引表。

分析　依据要求建立教师通信录表，以此通信录为主表，它由若干个教师通信记录组成，其中编号为主关键字。通常将此表顺序存储于一个一维结构体数组中，主表中各记录的排列顺序不做要求，如果考虑插入新记录的要求，可以在数组中预留足够空间。主表的顺序存储情况如图 9-4 所示。

表 9-1　教师通信录

编号	姓名	性别	职称	电话号码	所在院系
1001	刘红	女	讲师	82826777	信息科学学院
1002	赵一	男	教授	82821234	信息科学学院
1003	姜宁	女	副教授	82829245	信息科学学院
1004	方杰	男	讲师	89891900	管理学院
1005	朱江	男	讲师	89823450	管理学院
1006	刘婷	女	副教授	86347812	外国语学院
1007	孙亮	男	副教授	86342345	外国语学院
1008	赵婷婷	女	讲师	86345321	外国语学院
1009	李华	女	教授	89764567	艺术学院
1010	王晓伟	男	讲师	89764550	艺术学院

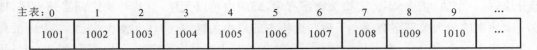

图 9-4　主表的顺序存储结构

依据此表,可建立以下两种索引结构。

(1)稠密索引:稠密索引为每个记录建立索引项(索引关键字,地址)。这里的索引关键字就是每个记录的关键字,索引地址是数组中每个记录的下标,索引表如表 9-2 所示。

表 9-2　索引表一

关键字	地址	关键字	地址
1001	0	1006	5
1002	1	1007	6
1003	2	1008	7
1004	3	1009	8
1005	4	1010	9

(2)稀疏索引:把主表的记录按照某种规则划分为几个子表,然后再为每个子表建立索引项(索引关键字,地址)。如果按照所在院系划分,可以有 4 个子表:信息科学学院 LA1＝(1001,1002,1003);管理学院 LA2＝(1004,1005);外国语学院 LA3＝(1006,1007,1008);艺术学院 LA4＝(1009,1010)。

主表仍然采用图 9-4 所示的主表顺序存储结构,按照学院划分的每个子表中的记录恰好是连续存储的,可为每个子表建立索引项(索引关键字,地址),这里的索引关键字是每个子表的划分依据,即所在院系,而所在院系并不是主表的关键字。这种按照主表的非关键字建立的索引表称为辅助索引表。地址是每个子表的存储区间,即起始下标、终止下标,对应的辅助索引表如表 9-3 所示。如果考虑表的变动,可以为每个子表预留一部分空间,本节为简单起见暂没考虑。如果划分之后的每个子表中的记录不是连续存储的,可以采用单链表或者静态链表存储子表,即在主表中增加指针域将子表中的记录链接起来,然后在索引表中保留子表的头指针即可。

表 9-3　索引表二

辅助索引关键字	起始地址(下标)	结束地址(下标)
信息科学学院	0	2
管理学院	3	4
外国语学院	5	7
艺术学院	8	9

实际上,按照主表的关键字也可以建立稀疏索引,下面讨论的分块查找就是基于主表关键字的稀疏索引结构的查找方法。

9.3.2　分块查找

分块查找(block search)是存储器索引上经常采用的一种方法,又称索引顺序查找,是对顺序查找方法的一种改进,效率介于顺序查找与二分查找之间。分块查找要求按照如下方式对顺序存储的主表和附加索引表进行组织:①主表分块有序,将主表划分为几个子表,即分块，每一个块（子表）不一定按关键字有序，即块内可以无序，但块与块之间必须有序，即前一个块中的最大关键字必须小于后一个块中的最小关键字；②建立索引表，为主表中的每一个块建立一个索引项，索引项包括每一个块中的最大关键字和每一个块在主表中的起、止位置。由于主表分块有序，所以索引表一定是个按关键字递增的有序表。

假设有一个线性表存储在数组 R 中，表中记录的关键字序列为(14,31,8,22,18,43,62,49,35,52,88,78,71,83)。首先按关键字将此线性表（主表）划分为三块：(14,31,8,22,18)、(43,62,49,35,52)、(88,78,71,83)，第一块中最大的关键字为 31，第二块中最小的关键字为35，最大的关键字为 62，第三块中最小的关键字为 71，最大的关键字为 88，实现了分块有序。分块完成后，为这三个块分别建立索引项，形成的索引表是按关键字有序的。分块查找的索引结构如图 9-5 所示。

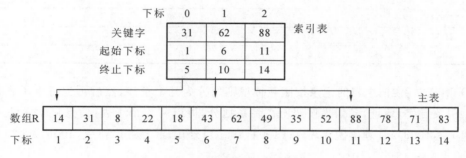

图 9-5　分块查找的索引结构图

分块查找时需首先建立一个索引表，把每块中最大的一个关键码按组顺序存放，显然此数组也是递增有序的。查找时，先用对半或顺序查找方法查找此索引表，确定满足条件的结点在哪一块中，然后，根据块地址索引找到块头结点所在的存储位置，再对该查找块内的元素做顺序查找。

在实现分块查找时，主表依旧采用顺序存储，索引表存储结构的 C 语言描述如下：

```
#define MAXSIZE   10
typedef  KeyType  IndexType;
typedef struct
{IndexType  index;        /*IndexType 是索引关键字的类型*/
    int start,end;            /*子表在主表中的起始下标和终止下标*/
} IndexTable;               /*IndexTable 是索引项的类型*/
IndexTable  Index[MAXSIZE];  /*MAXSIZE 的值应该大于索引项数*/
```

实现分块查找算法的 C 语言描述如下：

```
int blockSearch(RecType R[], IndexTable  Index[], int  m, KeyType  k)
/*在主表 R 和长度为 m 的索引表 Index 中查找关键字为 k 的记录,查找成功,返回该记录的位置,否
   则返回 0*/
{int i,j;
    for(i=0;i<m;i++)            /*在索引表中顺序查找与 k 对应的索引项*/
      if(k<=Index[i].index)
        break;
    if(i<m)                     /*在第 i 个子表中顺序查找关键字为 k 的记录*/
    for(j=Index[i].start;j<=Index[i].end;j++)
```

```
        if(k==R[j].key)
          return j;
      return 0;
    }
```

在该算法中,索引表和子表的查找都采用了顺序查找方法。

分块查找效率取决于分块长度及块数:

$$ASL(n) = ASL_a + ASL_b$$

ASL_a 是索引表中确定搜索结点所在块位置的平均查找长度,ASL_b 是在块内查找结点的平均查找长度。设有 n 个结点平均分成 b 块,每块有 $s=\dfrac{n}{b}$ 个结点,再设查找概率相等且只考虑查找成功的情况,则

$$ASL_a = \frac{1}{b}\sum_{i=1}^{b} i = \frac{b+1}{2}$$

显然 $ASL_b=\dfrac{s+1}{2}$,所以分块查找的平均查找长度是

$$ASL(n) = \frac{b+s}{2} + 1 = \frac{n+s^2}{2s} + 1$$

当 $s=\sqrt{n}$ 时,分块查找的平均查找长度为

$$ASL(n) = \sqrt{n} + 1 \approx \sqrt{n}$$

故其平均时间复杂度为 $O(\sqrt{n})$。

分块查找的性能介于顺序查找和二分查找之间,即比顺序查找快,比二分查找慢。虽然二分查找较快,但是它必须在有序表上进行,而分块查找无此要求。另外,在使用分块查找方法时,如果在每一个子表后面都预留一定的空闲位置,就可以非常方便地进行插入和删除操作,这种插入和删除操作只在每个子表内部进行,与其他子表无关,不会影响整个主表中的其他记录。当使用二分查找方法时,若同时进行插入和删除操作,经常要移动主表中的大部分记录。如果子表采用链接存储结构,利用分块查找法进行查找、插入和删除操作就同样方便。因此,基于索引存储结构的分块查找方法不仅查找效率较高,还适用于动态查找表。

9.4　动态树表查找

在前面介绍的各种查找方法中,二分查找的效率最高,但是它要求查找表是有序的顺序表,因此无论是插入操作还是删除操作,都需要移动大量的记录,使得插、删操作的效率较低。能否设计一种查找方法,既具有二分查找的效率,又能高效率地实现插、删操作呢? 我们可以从二分查找中得到一些启示,二分排序对应的判定树即可描述成一个类似完全二叉树。本节介绍的树表就是具备这种特点的动态查找表。树表,就是查找表的一种树形组织形式,并且使用链接方式进行存储。树表有很多种,本节主要介绍二叉排序树和平衡二叉树。

◆ 9.4.1　二叉排序树

1. 二叉排序树的性质

二叉排序树(binary sort tree)又称二叉查找树(binary search tree),它可以是一棵空二

叉树。当二叉树非空时，则具有下列性质：

（1）若左子树不空，则左子树上所有结点的值均小于根结点的值；

（2）若右子树不空，则右子树上所有结点的值均大于根结点的值；

（3）左、右子树也都是二叉排序树。

由上述的二叉排序树定义可知，在一棵非空的二叉排序树中，其结点的值是按照左子树、根、右子树有序排列的，所以对其进行中序遍历会得到一个有序的结点序列。

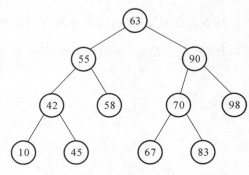

图 9-6   一棵二叉排序树

图 9-6 所示是一棵二叉排序树，树中每个结点的值都大于其左子树上所有结点的值，而小于右子树上所有结点的值。对这棵二叉排序树进行中序遍历，便可得到有序序列 10、42、45、55、58、63、67、70、83、90、98。

在研究查找运算时，可以将二叉排序树中的每个结点对应一个记录，结点的值为记录的关键字的值。显然，二叉排序树中的关键字是有序排列的，因此可以用类似二分查找的思想进行快速查找操作。这一特性，可以在二分查找时生成的二叉判定树上得到证实。

二叉排序树可以用二叉链表来存储，其存储结构的 C 语言描述如下：

```
typedef   struct   node
{KeyType     key;                    /*关键字域*/
   DataTypeother;                    /*其他数据项域*/
   struct node *lchild,*rchild;      /*左、右指针域*/
} BstTree;
```

在此基础上，讨论一下二叉排序树上的运算。

2. 二叉排序树的查找

由二叉排序树的性质可知，给定 k 值，在二叉排序树上的查找步骤如下：

（1）若二叉排序树为空，查找失败。

（2）若二叉排序树非空，将给定值 k 与根结点的关键字比较，如果相等，查找成功；当 k 小于根结点的关键字时，查找将在左子树上继续进行；当 k 大于根结点的关键字时，查找将在右子树上继续进行。

（3）在子树上的查找与前面的查找过程相同，重复（1）和（2）步骤。

例如，在图 9-6 所示的二叉排序树中查找关键字为 58 的记录，首先 58 与根结点 63 比较，因 58＜63，所以在 63 的左子树上继续查找；因 58＞55，所以在 55 的右子树上继续查找；58 与 55 的右孩子相等，则查找成功。又例如在图 9-6 所示的树中查找关键字为 99 的记录，首先 99 与根结点 63 比较，因 99＞63，在 63 的右子树中查找；因 99＞90，继续在 90 的右子树中查找；因 99＞98，在 98 的右子树中查找，而 98 的右子树为空，表明查找失败。

由上面的分析可以看出，如果要在二叉链表上实现二叉排序树的查找过程，只需设一个指针 *p，初始时 *p 指向根结点，然后开始查找。若 *p==NULL，则查找失败，返回 *p，否则将 *p 点的关键字与特定值 k 进行比较，若 p－> key==k，则查找成功，返回 *p；若

p－＞key＞k,则＊p进入左子树;若 p－＞key＜k,则＊p进入右子树,继续查找过程。

下面给出在二叉链表上实现二叉排序树非递归查找算法的 C 函数:

```
BstTree *searchBst(BstTree *t, KeyType k)
    /*已知二叉排序树的根结点*t,在其中查找关键字为 k 的记录,若找到,返回结点的地址,否则返
回空地址*/
    {while(t!=NULL)
        {  if(t->key==k)
                return t;
            if(t->key >k)
                    t=t->lchild;
            else   t=t->rchild;
        }
        return   NULL;
    }
```

二叉排序树的查找也可用递归算法来实现,其 C 语言描述如下:

```
BstTree SearchBst(BstTree b, KeyType key)
{  if(!b) return NULL;                        //查找失败
    else if(b->data.key ==key) return b;                //查找成功
        else if(key<b->data.key)
            return SearchBst(b->lchild,key);            //在左子树中继续查找
            else return SearchBst(b->rchild,key);            //在右子树中继续查找
}
```

二叉排序树的查找过程类似于有序表的二分查找,其性能也与之类似。

由于各个数字插入的顺序不同,所得到的二叉排序树的形态也很可能不同,所以不同的插入顺序对二叉排序树的形态有重要的影响。但是,所有的二叉排序树都有一个共同的特点:若对二叉排序树进行中序遍历,那么其遍历结果必然是一个递增序列,这也是二叉排序树名字的来由,通过建立二叉排序树就能对原无序序列进行排序,并实现动态维护。图 9-7(a)和图 9-7(b)所示即为两棵不同形态的二叉排序树,由值相同的 n 个关键字构造所得的不同形态的二叉排序树的平均查找长度的值不同,甚至可能差别很大。

当结点的插入顺序为 $63,90,70,55,67,42,98,10,45,58$ 时,其构成的二叉排序树如图 9-7(a)所示,对应的平均查找长度为

$$ASL=(1+2\times2+3\times4+4\times3)/10=2.9$$

如果结点的插入顺序为 $10,42,45,55,58,63,67,70,90,98$,其构成的二叉排序树如图 9-7(b)所示,对应的平均查找长度为

$$ASL=(1+2+3+4+5+6+7+8+9+10)/10=5.5$$

判断两棵树是否相同,我们不能简单地用某一种遍历方式去遍历两棵树。由于一种遍历顺序并不能唯一地确定一棵二叉树,所以两棵不同的树的某一种遍历顺序可能是相同的。如果结点的数字相同,仅插入顺序有差异的两棵二叉排序树,它们的中序遍历一定是一样的,如图 9-7 所示。但在之前我们已经知道,包括中序遍历在内的两种遍历结果可以唯一确定一棵二叉树,那么我们只需对两棵树进行包括中序遍历在内的两种遍历,例如前序加中序或后序加中序,若两种遍历的结果都相同,那么就可以判定两棵二叉树是完全相同的。

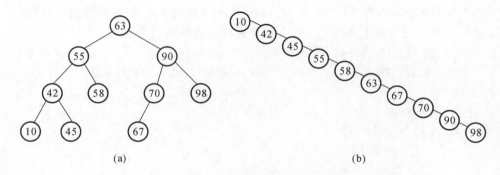

图 9-7　两棵不同形态的二叉排序树

二叉排序树的查找效率与树的形态有关。最好的情况下，平均查找长度大约为 $\log_2 n$，时间复杂度为 $O(\log_2 n)$。最坏的情况下，平均查找长度为 $(n+1)/2$，时间复杂度为 $O(n)$。查找运算的平均时间复杂度仍为 $O(\log_2 n)$。由图 9-7 及先前知识可以验证，一棵左右子树相对平衡的二叉排序树的平均查找效率高于其他形态但排序相同的二叉排序树。

二叉排序树的平均查找性能与二分查找类似，查找效率较高，同时使用链式存储结构，它的插入和删除操作也较方便，所以二叉排序树非常适合作动态查找表。

3. 二叉排序树的插入与构造

在二叉排序树中，为了插入一个新结点，先要在二叉排序树中查找，若查找成功，按二叉排序树的定义，说明待插入结点已存在，不用插入；查找不成功时，则插入该结点。因此，新插入结点一定是作为叶子结点添加的。二叉排序树的插入具体过程如下：

设待插入结点为 *s，若二叉排序树为空，则将新结点 *s 作为根结点插入；若二叉排序树非空，比较结点 *s 与根结点的关键字，可分为三种情况：

（1）若 s->key 与根结点的关键字相等，说明树中已经存在该结点，不用插入；

（2）若 s->key 小于根结点的关键字，则将 *s 插到根结点的左子树中；

（3）若 s->key 大于根结点的关键字，则将 *s 插到根结点的右子树中。

左、右子树中的插入过程和二叉排序树的插入过程是相同的。如此进行下去，直到左子树或右子树为空时，新结点 *s 作为叶子结点插到二叉排序树中。

例如，在图 9-8(a) 所示的二叉排序树中插入关键字为 61 的新结点，其过程是：61 先与根 63 比较，因为 61<63，所以将 61 插入 63 的左子树中；因为 61>55，所以将 61 插入 55 的右子树中，因为 61>58，所以将 61 插到 58 的右子树中；因为 58 原没有右子树，所以，61 以右孩子（叶子）身份插入，插入后的结果如图 9-8(b) 所示。

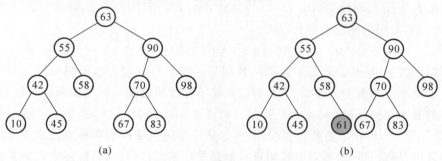

图 9-8　二叉排序树的插入图示

二叉排序树上插入运算的 C 函数如下：

```
BstTree *insertNode (BstTree *t, BstTree *s)
    /*在根结点为*t 的二叉排序树上插入新结点*s ,并返回根结点*t*/
{BstTree *p,*q;
    if (t==NULL)  return s;        /*二叉排序树为空,新结点为根结点*/
    p=t;                           /*二叉排序树非空,开始查找插入位置*/
    while(p)
  {  q=p;
     if(s->key==p->key)  return t;   /*二叉排序树中已经存在该结点*/
     if(s->key <p->key)  p=p->lchild;       /*在子树中寻找插入位置*/
              else  p=p->rchild;
   }
   if (s->key <q->key)  q->lchild=s;        /*插入新结点*/
      else  q->rchild=s;
   return t;
}
```

可以看出,在二叉排序树上插入一个新结点,通常新结点是作为叶子结点按插入算法规则插入的,同理,构造一棵二叉排序树就是逐个插入新结点的过程,反复调用插入运算即可。

构造二叉排序树的算法的 C 函数如下：

```
BstTree *creatBst()      /*建立一棵二叉排序树,返回这棵树的根结点*/
{BstTree *root,*s;
    KeyType key;
    DataType data;
    root=NULL;
    scanf("%d",&key);             /*从键盘读入新插入结点的关键字*/
    while(key!=-1)                    /*遇到-1,表明插入操作结束*/
  { s=(BstTree* )malloc(sizeof(BstTree)); /*为新结点申请空间*/
   s->lchild=NULL;
   s->rchild=NULL;
   s->key=key;
   scanf("%f",&data);              /*读入新插入结点的其他数据项*/
    s->other=data;
    t=insertNode(root,s);               /*调用插入算法*/
    scanf("%d",&key);
   }
   return root;                 /*返回根结点*/
 }
```

例 9-3   设记录的关键字序列为(63,90,70,55,67,42,98,83,10,45,58),依次插入各个关键字,建立一棵二叉排序树。

分析   按照二叉排序树的新结点插入算法,可以将 63 作为此二叉排序树的根,再将后面各结点均作为新结点,依次插入该二叉排序树中。

初始的二叉排序树只有 63 一个根结点,当插入 90 时,因为 90>63,所以会将 90 作为当

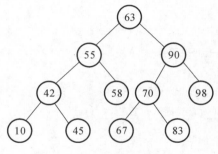

图 9-9　二叉排序树的建立图示

前二叉排序树的右孩子插入。当插入 70 时,相当于在之前的只包含 63、90 的排序二叉树上插入新结点 70,所以,均要从根结点 63 开始,依次比较。因为 70＞63,所以 70 将进入 63 的右子树,再与 90 比较,因为 70＜90,所以,70 将作为 90 的左孩子插入该排序二叉树。以此类推,将后续所有结点均按插入算法规则,从根结点 63 开始,依次比较并插入。结果如图 9-9 所示。

4.二叉排序树的删除

和二叉排序树的插入运算相反,二叉排序树的删除运算是在查找成功之后进行的,并且要求在删除二叉排序树上某个结点之后,仍然保持二叉排序树的特性。设待删除结点为 * p,其双亲结点为 * f,以下分三种情况进行讨论。

（1） * p 结点为叶子结点。

只需将被删结点的双亲结点相应指针域置为空,这种情况最简单。

（2） * p 结点为单分支结点。

* p 结点只有一棵子树。若只有左子树,根结点为 * pl;或者只有右子树,根结点为 * pr。此时,只需用 * pl 或 * pr 替换 * p 结点,这种情况也比较简单。

（3） * p 结点为双分支结点。

* p 结点既有左子树,又有右子树,其根结点分别为 * pl 和 * pr。这种情况下删除 * p 结点比较复杂,可按中序遍历保持有序的原则进行调整,有两种调整方法。第一种方法,把 * p 的右子树链接到 * p 的中序遍历前驱结点的右指针域上, * p 的中序前驱结点是它的左子树最右下结点,其右指针域一定为空,从而使得 * p 结点的右子树为空,变成单分支点,然后用 * pl 替换 * p 结点。第二种方法,用 * p 结点的中序前驱结点(中序后继结点)的值替换 * p 结点的值,然后删除 * p 的中序前驱结点(中序后继结点)。 * p 的中序前驱(中序后继)不是叶子结点就是单分支结点,此时可以按照前两种情况的方法将它删除。

在如图 9-10(a)所示的二叉排序树中,要删除结点 20,如果采用算法中的第一种方法,首先使结点 20 的右子树成为它的中序前驱结点 18 的右子树,然后用它的左子树的根结点 15 替换被删除结点 20,删除结果如图 9-10(b)所示。也可用对称的方法,将被删除结点 20 的左子树放到它的右子树的最左下点的左边,然后用它的右子树的根结点替换被删除结点。如果采用第二种方法,用其中序前驱结点的值 18 替换结点 20 的值,然后将 20 删除,这里的 20 恰好是叶子结点,直接删除即可,此方法的结果如图 9-10(c)所示。

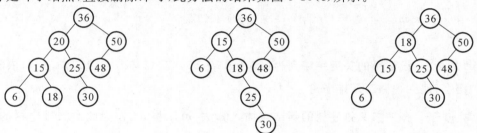

(a) 一棵二叉排序树　　　　(b) 第一种方法删除结点20　　　(c) 第二种方法删除结点20

图 9-10　在二叉排序树上删除结点的图示

二叉排序树的 C 语言描述如下：

```
int DeleteBST (BstTree *b, KeyType key ) {
        if (!p) return FALSE;                           //不存在关键字等于 key 的数据元素
        else{
        if (EQ(key, b->data.key)) Delete (b);          // 找到关键字等于 key 的数据元素
        else if (LT(key, b->data.key)) DeleteBST (b->lchild, key);
            else DeleteBST (b->rchild, key);
        return TRUE;
    }
}
```

其中删除操作过程描述如下：

```
void Delete (BstTree *p){
                                        //从二叉排序树中删除结点 p,并重接它的左或右子树
if (!p->rchild) {                       //右子树空则只需重接它的左子树
    q=p;
    p=p->lchild;
    free(q);
}
else if (!p->lchild) {                  //只需重接它的右子树
    q=p;
    p=p->rchild;
    free(q);
}
else {                                  //左右子树均不空
    q=p;
    s=p->lchild;
    while (!s->rchild) {                //转左,然后向右到尽头
      q=s;
      s=s->rchild;
    }
    p->data=s->data;                    // s 指向被删结点的前驱
    if (q!=p ) q->rchild=s->lchild;     // 重接*q 的右子树
    else q->lchild=s->lchild;           //重接*q 的左子树
    free(s);
  }
}
```

对给定序列构造二叉排序树,若左右子树均匀分布,则其查找过程类似于有序表的二分查找。若给定序列原本有序,则构造的二叉排序树就蜕化为单链表,其查找效率与顺序查找一样。由值相同的 n 个关键字,构造所得的不同形态的各棵二叉排序树的平均查找长度的值不同,甚至可能差别很大。例如：

由关键字序列 1,2,3,4,5 构造而得的二叉排序树,ASL＝(1＋2＋3＋4＋5)/5＝3。

由关键字序列 3,1,2,5,4 构造而得的二叉排序树,ASL＝(1＋2＋3＋2＋3)/5＝2.2。

因此,在均匀的二叉排序树中插入或删除结点后,应对其调整,使其依然保持均匀。

◆ 9.4.2　平衡二叉树

对于一般的二叉搜索树(binary search tree),其期望高度(即为一棵平衡树时)为 $\log_2 n$,其各操作的时间复杂度[$O(\log_2 n)$]也由此决定。但是,在某些极端的情况下(如插入的序列是有序的),二叉搜索树将退化成近似链或链,此时,其操作的时间复杂度将退化成线性的,即 $O(n)$。我们可以通过随机化建立二叉搜索树来尽量避免这种情况,但是在多次操作之后,由于在删除时,我们总是选择用待删除结点的后继代替它本身,这样右边的结点数目减少,以至于树向左偏沉。这同时会破坏树的平衡性,提高它的操作的时间复杂度。

平衡二叉搜索树(self-balancing binary search tree)又被称为 AVL 树(有别于 AVL 算法),AVL 树的名字来源于它的发明作者 G. M. Adelson-Velsky 和 E. M. Landis。AVL 树是最先发明的自平衡二叉查找树(self-balancing binary search tree),简称平衡二叉树。

平衡二叉树的定义:它可能是一棵空树,或者是一棵具有如下性质的二叉排序树:

它的左子树和右子树的深度之差(平衡因子)的绝对值不超过1,且它的左子树和右子树都是平衡二叉树。在平衡二叉搜索树中,我们可以看到,其高度一般都良好地维持在 $O(\log_2 n)$,大大降低了操作的时间复杂度。

图 9-11(a)所示是一棵平衡二叉树,根结点是 10,左右两子树的高度差是 1;虽然如图 9-11(b)所示二叉树的左右两子树的高度差是 0,但是右子树根结点 15 的左右子树高度差为 2,不符合定义,所以图 9-11(b)所示不是一棵平衡二叉树。

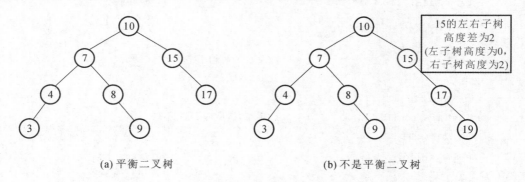

(a) 平衡二叉树　　　　　　　　　　(b) 不是平衡二叉树

图 9-11　是否为平衡二叉树例图

由此可以看出平衡二叉树是一棵高度平衡的二叉查找树。所以,要构建一棵平衡二叉树就比构建一棵普通二叉树要复杂。在构建一棵平衡二叉树的过程中,当有新结点要插入时,需检查是否因插入而破坏了树的平衡,如果是,则需要做旋转去改变树的结构。

左旋就是将结点的右支往左拉,右子结点变成父结点,并把晋升之后多余的左子结点出让给降级结点的右子结点;

右旋就是将结点的左支往右拉,左子结点变成父结点,并把晋升之后多余的右子结点出让给降级结点的左子结点。

即左旋往左变换,右旋往右变换。不管是左旋还是右旋,旋转的目的都是将结点多的一支出让结点给另一个结点少的一支。

如图 9-11 所示,图 9-11(a)在没插入结点 19 前,该树是平衡二叉树,但是插入结点 19 后,结点 15 的左右子树失去平衡。此时可以将结点 15 进行左旋,让结点 15 自身把结点出让给结点 17,15 作为结点 17 的左子树,使得结点 17 左右子树平衡,而结点 15 没有子树,左右也平衡了,如图 9-12 所示。

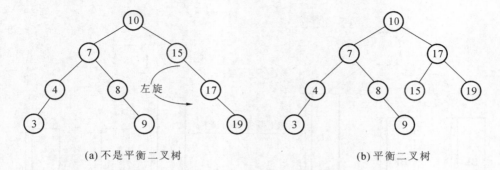

(a)不是平衡二叉树   (b)平衡二叉树

图 9-12 非平衡二叉树左旋变换成平衡二叉树例图

由于在构建平衡二叉树的时候,当有新结点插入时,都会判断插入后二叉树的平衡情况,这说明插入新结点前,二叉树是平衡的,即高度差绝对值不会超过 1。

定义平衡二叉树结点结构:

```
typedef struct Node
{
    int key;
    struct Node *left;
    struct Node *right;
    int height;
}BTNode;
```

整个实现过程是通过在一棵平衡二叉树中依次插入元素(按照二叉排序树的方式),若出现不平衡,则要根据新插入的结点与最低不平衡结点的位置关系进行相应的调整。失衡时位置关系分为 LL(左左)型、RR(右右)型、LR(左右)型和 RL(右左)型 4 种,各调整方法如下(A 表示最低不平衡结点):

1. LL(左左)型失衡

在原来平衡的二叉树上,在结点的左子树的左子树下插入新结点,导致结点的左右子树的高度差大于 1,此种位置关系称为 LL 型失衡。在如图 9-13 所示的二叉树上插入结点 5 或 3 就会导致 LL 型失衡。

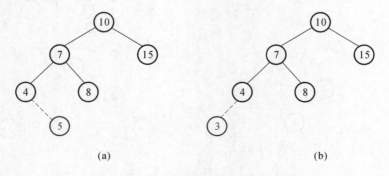

(a)   (b)

图 9-13 平衡二叉树失衡情况之 LL 型

LL 型失衡的调整其实比较简单,对结点进行一次右旋即可。调整步骤如下:① 将 A 的左孩子 B 提升为新的根结点；② 将原来的根结点 A 降为 B 的右孩子；③ 各子树按大小关系连接（BL 和 AR 不变，BR 调整为 A 的左子树）。图 9-14 展示了一般形式的 LL 型失衡的调整。

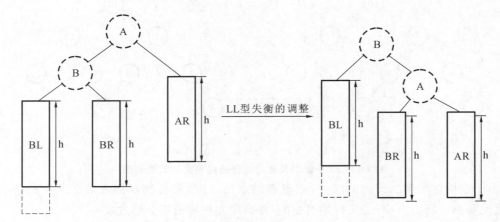

图 9-14　一般形式的 LL 型失衡的调整

调整 LL 型失衡的 C 语言描述如下：

```c
BTNode *ll_rotate(BTNode *y)
{
    BTNode *x=y->left;
    y->left=x->right;
    x->right=y;
    y->height=max(height(y->left), height(y->right))+1;
    x->height=max(height(x->left), height(x->right))+1;
    return x;
}
```

图 9-15 所示是对图 9-13 所示二叉树的结点 10 进行右旋的结果。

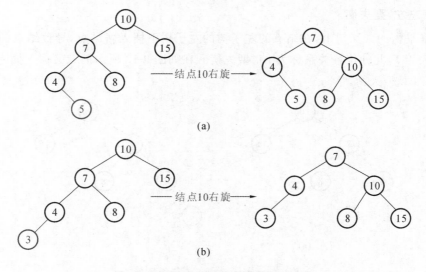

图 9-15　平衡二叉树 LL 型失衡的右旋

2. RR(右右)型失衡

在原来平衡的二叉树上,在结点的右子树的右子树下插入新结点,导致结点的左右子树的高度差大于 1,此种位置关系称为 RR 型失衡。在如图 9-16 所示的二叉树上插入结点 14 或 19 就会导致 RR 型失衡。

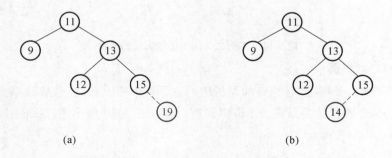

(a)   (b)

图 9-16 平衡二叉树失衡情况之 RR 型

RR 型失衡时,对结点进行一次左旋即可调整平衡。调整步骤如下:① 将 A 的右孩子 B 提升为新的根结点;② 将原来的根结点 A 降为 B 的左孩子;③ 各子树按大小关系连接(AL 和 BR 不变,BL 调整为 A 的右子树),如图 9-17 所示。

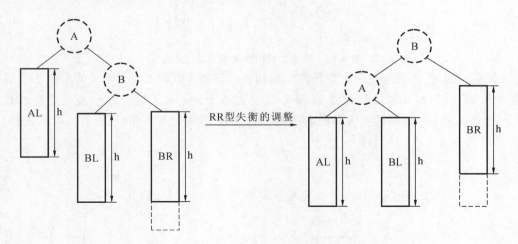

图 9-17 一般形式的 RR 型失衡的调整

调整 RR 型失衡的 C 语言描述如下:

```c
BTNode *rr_rotate(struct Node *y)
{
    BTNode *x=y->right;
    y->right=x->left;
    x->left=y;
    y->height=max(height(y->left), height(y->right))+1;
    x->height=max(height(x->left), height(x->right))+1;
    return x;
}
```

如图 9-18 所示,对结点 11 进行左旋,便得到了平衡二叉树。

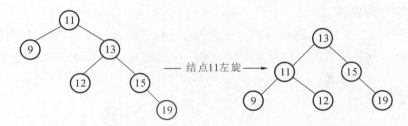

图 9-18　平衡二叉树 RR 型失衡的左旋

3. LR（左右）型失衡

在原来平衡的二叉树上，在结点的左子树的右子树下插入新结点，导致结点的左右子树的高度差大于 1，此种位置关系称为 LR 型失衡。在如图 9-19 所示的二叉树上插入结点 10 或 8 就会导致 LR 型失衡。

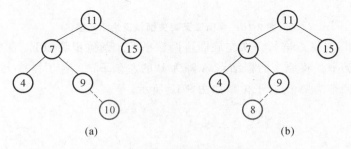

图 9-19　平衡二叉树失衡情况之 LR 型

LR 型失衡时，不能通过一次旋转就完成调整。调整步骤如下：① 将 B 的左孩子 C 提升为新的根结点；② 将原来的根结点 A 降为 C 的右孩子；③ 各子树按大小关系连接（BL 和 AR 不变，CL 和 CR 分别调整为 B 的右子树和 A 的左子树）。图 9-20 展示了一般形式的 LR 型失衡的调整。

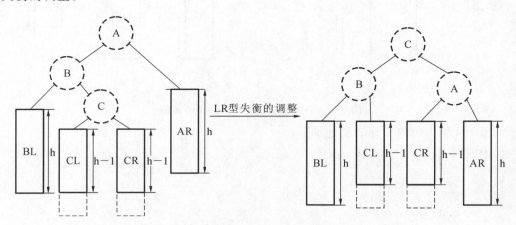

图 9-20　一般形式的 LR 型失衡的调整

调整 LR 型失衡的 C 语言描述如下：

```
BTNode *lr_rotate(BTNode *  y)
{
    BTNode *x=y->left;
```

```
    y->left=rr_rotate(x);
    return ll_rotate(y);
}
```

　　我们不妨先试着让 LR 型像 LL 型一样对图 9-21 中的结点 11 进行右旋,但是右旋后的二叉树依然不平衡。右边二叉树就是接下来要讲的 RL(右左)型失衡,即 LR 型跟 RL 型互为镜像,LL 型跟 RR 型也互为镜像。

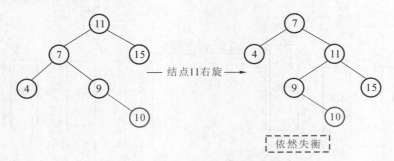

图 9-21　平衡二叉树 LR 型失衡的右旋错误示范

　　RR 型跟 LL 型一样,只需要旋转一次就能把树调整平衡,LR 型跟 RL 型也一样,都要旋转两次才能把树调整平衡,所以,图 9-21 所示的调整方式是错误的。正确的调整方式是,对 LR 型进行第一次旋转,将 LR 型先调整成 LL 型,然后再对 LL 型进行失衡调整,从而使得二叉树平衡。

　　先对 LR 型进行左旋,使得二叉树变成 LL 型,之后再对其进行右旋,此时二叉树就调整完成,调整过程如图 9-22 所示。

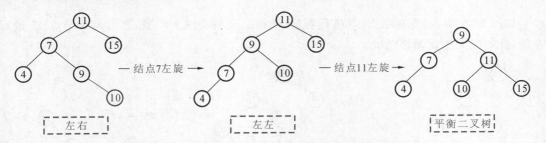

图 9-22　平衡二叉树 LR 型失衡时,先左旋再右旋

4. RL(右左)型失衡

　　在原来平衡的二叉树上,在结点的右子树的左子树下插入新结点,导致结点的左右子树的高度差大于 1,此种位置关系称为 RL 型失衡。在如图 9-23 所示的二叉树上插入了结点 12 或 14 就会导致 RL 型失衡。

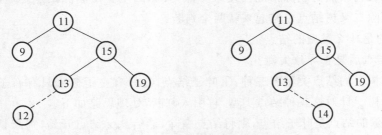

图 9-23　平衡二叉树失衡情况之 RL 型

前面讲过，RL型跟LR型互为镜像，所以其调整过程就反过来。调整步骤如下：①将B的左孩子C提升为新的根结点；②将原来的根结点A降为C的左孩子；③各子树按大小关系连接（AL和BR不变，CL和CR分别调整为A的右子树和B的左子树），如图9-24所示。

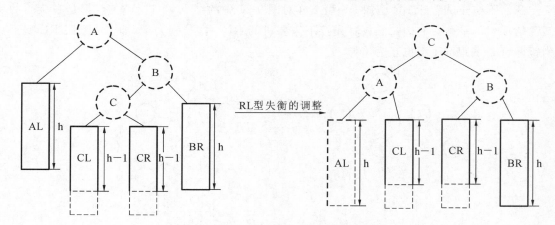

图 9-24　一般形式的 RL 型失衡的调整

调整 RL 型失衡的 C 语言描述如下：

```
BTNode *rl_rotate(BTNode *y)
{
    Node *x=y->right;
    y->right=ll_rotate(x);
    return rr_rotate(y);
}
```

如图 9-25 所示，先对结点 15 进行右旋，使得二叉树变成 RR 型，之后再对结点 11 进行左旋，此时二叉树就调整完成。

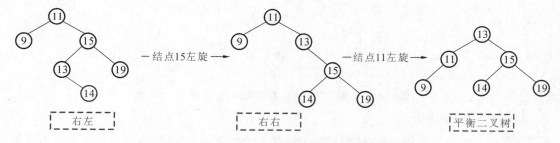

图 9-25　平衡二叉树 RL 型失衡时，先右旋再左旋

平衡二叉树构建的过程，就是结点插入的过程，插入失衡时需按照上述 4 种情形做相应调整。平衡二叉树结点的删除情况会复杂一点，其原因主要是删除结点之后还要维系二叉树的平衡。删除二叉树结点总结起来就两个判断：

① 删除的是什么类型的结点？

② 删除结点后是否导致失衡？

平衡二叉树上的结点类型有三种：①叶子结点；②只有左子树或只有右子树；③既有左子树又有右子树。针对这三种结点类型，再引入判断，处理思路如下。

（1）当删除的结点是叶子结点，则将结点删除，然后从父结点开始，判断是否失衡，如果没有失衡，则再判断父结点的父结点是否失衡，直到根结点。如果到根结点还发现没有失衡,则说明此时树是平衡的;如果中间过程发现失衡,则判断属于哪种类型的失衡,然后做相应调整。

(2) 删除的结点只有左子树或只有右子树,这种情况的处理步骤比删除叶子结点多一步,先将结点删除,然后把仅有一支的左子树或右子树替代原有结点的位置,后面的步骤就一样了,从父结点开始判断是否失衡,直到根结点,如果发现失衡,则根据失衡类型进行调整。

(3) 删除的结点既有左子树又有右子树,这种情况又比第二种情况多一步,先中序遍历,找到待删除结点的前驱或者后继,然后与待删除结点互换位置,再把待删除的结点删掉,最后判断是否失衡,根据失衡类型进行调整。

总体而言,平衡二叉树是一棵高度平衡的二叉树,所以查询的时间复杂度是 $O(\log_2 n)$。插入时,失衡类型有 4 种,即一旦插入新结点导致失衡需要调整,最多旋转 2 次即可,所以,插入的时间复杂度是 $O(1)$。但是平衡二叉树也不是完美的,从上面删除处理思路中可以看到,删除结点有可能导致失衡,这时需要从删除结点的父结点开始判断,不断回溯到根结点,如果这棵平衡二叉树很高,那中间就要判断很多个结点。

9.5 散列表查找

散列表查找(哈希查找)是一类完全不同的查找方法,它是用关键码构造一个散列函数来生成与确定要插入或待查结点的地址,因此,可以认为查找时间与表长无关,只是一个函数的运算过程。

散列存储是专为快速查找而设计的存储结构。它的基本思想是:以查找表中每一个记录的关键字 k 为自变量,通过函数 Hash(k)计算出函数值,此函数值即为记录的存储地址,将记录存储在 Hash(k)所指的内存单元中。散列存储实现了关键字到存储地址的转换,也称关键字-地址转换法。使用散列方式存储的线性表,称为散列表,也称作哈希表(Hash table)。散列存储中使用的函数 Hash(k),称为散列函数(哈希函数),Hash(k)的值称为散列地址(哈希地址)。

当查找表中记录的关键字集合确定后,对应散列函数 Hash(k)的值域范围就是内存的一块连续的存储区域,在这块存储区域中可以存放查找表中的所有记录。显然,能存放多个记录的内存连续存储空间就是一维数组,将这个一维数组称为散列表或者散列空间,此时散列地址就是数组的下标。当在散列表中查找记录时,也是用同样的散列函数计算出散列地址,然后到相应的地址单元中取出待查的记录。

设 F 是一个包含 n 个结点的文件空间,R_i 是其中一个结点,i=1,2,…,n;K_i 是其关键码,如果关键码 K_i 与结点地址之间存在一种函数关系,则可以通过该函数唯一确定地把关键码值转换为相应结点在文件中的地址:

$$ADDR\_R_i = H(K_i)$$

这里,$ADDR\_R_i$ 是 R_i 的地址,$H(K_i)$ 是地址散列函数,也叫哈希函数。所以,一旦选定了哈希函数,就可以由关键码确定任意结点在文件中的位置,例如一文件有结点{R_1,R_2,R_3},其关键码是 ABCD,BCDE,CDEF。

关键码的散列函数值 H(K)等于关键码的首字符的 ASCII 值加上常数 1000,0000H。

$$H(1) = ASCII(A) + 1000,0000H = 1100,0001H$$
$$H(2) = ASCII(B) + 1000,0000H = 1100,0010H$$
$$H(3) = ASCII(C) + 1000,0000H = 1100,0011H$$

把结点按地址存放在内存空间中相应位置就形成了哈希表,用哈希函数构造表的过程是通过哈希函数实现由关键码到存储地址的转换过程,称为哈希造表或地址散列。以同样的函数用关键码对哈希表进行结点查找,称为哈希查找。显然,元素的散列存储是一种新的存储结构,完全不同于链接或顺序存储结构。

哈希查找的实质是构造哈希函数,哈希函数的实质是实现关键码到存储地址的转换,即把关键码空间映射成存储地址空间。因为关键码空间远大于哈希表存储地址空间,所以会产生不同的关键码映射到同一哈希地址的现象,我们称为"地址冲突"。比如上例文件中另有一些结点 R_4、R_5、R_6 关键码是 A1、B1、C1,则用该哈希函数散列后生成的地址如表 9-4 所示。关键码 ABCD 不等于 A1,但经过地址散列后它们具有相同的哈希地址,即"地址冲突"。我们定义,具有相同散列函数值的关键码对该哈希函数来说是同义词,因此要求运用哈希查找时有:

- 由给定关键码集合构造计算简便且地址散列均匀的哈希函数,以减少冲突。
- 拟定处理冲突的办法。

表 9-4 "地址冲突"示例

关键码	哈希函数	哈希地址
ABCD	ASCII(首字符)+常数	1100,0001H
BCDE	ASCII(首字符)+常数	1100,0010H
CDEF	ASCII(首字符)+常数	1100,0011H
A1	ASCII(首字符)+常数	1100,0001H
B1	ASCII(首字符)+常数	1100,0010H
C1	ASCII(首字符)+常数	1100,0011H

地址散列均匀是指构造的哈希函数应尽可能地与关键码的所有部分都产生相关,因而可以最大限度地反映不同关键码的差异,比如前例中的 A1、B1、C1,如果我们不是单取首位字符的 ASCII 码,而是取关键码各字母的 ASCIIA 值的平方和作为哈希函数,就可以减少冲突。至于为什么要拟定处理冲突的办法,是因为一般说冲突不可避免,我们需要寻求一种有效处理冲突的手段。

◆ 9.5.1 哈希函数

一般说关键码分布于一个相对大的范围,而哈希表的大小是有限的,既是如此,我们也不能保证根据哈希函数得到的散列地址可以均匀地填满哈希表的每一个位置(槽)。一个好的哈希函数应该让大部分元素记录存储在根据散列地址组织的槽位(存储结构)中,或者说哈希表至少是半满的,而产生的地址冲突可以由处理冲突的方法解决。

哈希函数的选择取决于具体应用条件下的关键码分布状态,如果预先知道其分布概率就可以设计比较好的哈希函数,否则比较困难。

把一个整数散列到表长为 16 的哈希表中,可以用如下哈希函数实现。

```
int hx(int x){return(x %16);}
```

对于 2 Bytes 二进制串来说,函数返回值仅由其最低 4 个比特位决定,分布应该很差。例如,二进制串 1000 0000 0000 1111(32783),对 16 做除模取余运算,就是将其右移 4 位(空出的高位填零补进),得到 0000 1000 0000 0000(2048),余数是 1111;而二进制串 0000 0000 1111 1111(255)对 16 取模的运算结果是 0000 0000 0000 1111,余数也是 1111。

下面是用于长度为 10 个大写英文字母的字符串的哈希函数。

```
int hx(ch x[10])
{
    int i,sum;
    for(sum=0;i=0;i<10;i++)sum+=(int)x[i];
    return(sum %M);
}
```

该函数用输入的 10 个字符串的 ASCII 值之和对 M 除模取余,因为字母的 ASCII 码值均分布在 65~90 之间,所以 10 个字符之和在 650~900 之间。显然,如果表长 M 在 100 以内,其散列地址分布得比较好[因为(650%100)＝65,(900%100)＝0,大致填满表的一半],如果 M 在 1000 左右,则其散列地址会相当差。下面列出几种常用的哈希函数方法。

● 直接定址法。直接取关键码或关键码的某个线性函数值为哈希地址:

$$H_i = a \cdot key + b \qquad (a,b = const)$$

● 除模取余法。取关键码被某个不大于哈希表长 M 的数 p 除后所得的余数为哈希地址。

$$H_i = key \bmod p \qquad p 是整数且小于表长 M$$

● 平方取中法。取关键码平方后的中间几位为哈希地址。

● 随机数法。选择一个随机函数,取关键码的随机函数值为它的哈希地址。

实际工作中,选择哈希函数方法时应考虑如下因素:

① 哈希函数的计算复杂性;

② 哈希表大小;

③ 关键码的分布情况;

④ 查找概率。

◆ 9.5.2 闭地址散列

设哈希地址集为 0~(M−1),当由关键码得到哈希地址为 i,而此地址上已存放有其他结点元素时,冲突发生,处理冲突就是为该关键码的结点寻找另一个空槽(哈希地址),称为再探测。再探测方法有多种,在再探测过程中仍然可能遇到槽位不空的情况,于是在探测处理冲突时会得到一个哈希地址序列,即多次冲突处理后才有可能找到空地址。

1. 线性探测法和基本聚集问题

线性探测法是基本的地址冲突处理方法,思想很简单,如果通过哈希函数得到基地址 i,发现该槽位不空,那么就由紧邻的地址开始,线性遍历哈希表内所有的地址,并将元素放到所发现的第一个空槽内,线性探测函数是

$$H_i = (H(key) + i) \bmod M \qquad i = 1, 2, \cdots, M-1 \qquad (9\text{-}1)$$

这里 H_i 是由线性探测产生的哈希地址序列，$H(key)$ 是哈希函数，M 是表长，i 是增量序列。线性探测法也称为线性探测再散列。

设 $H(r)$ 是哈希函数，哈希表 Table[M] 初始化为 NULL，关键码 r 不能为 NULL，基于线性探测再散列方法的插入程序如下：

```
void hashInsert(int r)
{
  int i,h0;
  int pos=h0=H(r);
  for(i=1;Table[pos] !=NULL;i++){
      if(Table[pos])==r)return(-1);
                                    //如果和后一条语句交换顺序,则可能在基位置重复插入 r
    pos=(h0+i) % M;
  }
Table[pos]=r;
}
```

该程序假定在插入或查找过程中，哈希表至少有一个槽位为空，否则会出现无限循环过程。在哈希表中查找某个元素是否在表内的过程，和插入元素时所使用的方法必须一样，从而可以准确地找到不在基位置上的元素，返回其在哈希表内的位置。若返回值为空则表示查找失败。

```
void hashInsert(int r)
{
int i,h0;
int pos=h0=H(r);
for(i=1;(Table[pos] !=key)&&(Table[pos] !=NULL);i++)pos=(h0+i) % M;
if(Table[pos]==key)return(pos);
else return(NULL);
}
```

例 9-4　　线性探测产生的基本聚集问题。哈希表长 $M=11$，哈希函数采用除模取余法，且 $p=M$。处理冲突的策略是线性探测法，再探测函数 $H_i = (H(key) + i) \bmod 11$，$i = 1, 2, \cdots, M-1$，输入元素序列是 $\{9874, 2009, 1001, 9537, 3016, 9875\}$，得到哈希表如图 9-26(a) 所示。

（1）求表中剩余的每一空槽接收下一个记录的概率；

（2）继续输入关键字值 1052 后，求表中剩余的每一空槽接收下一个记录的概率；

（3）根据以上计算，随着输入记录的增加，线性探测法处理冲突时会产生哪些问题？

分析　　（1）理想情况下，表中剩余的每一空槽接收下一个记录的概率应该是等分的，但是在如图 9-26(a) 所示的初始分布之后，假设新输入元素的基地址是 0，则它经过线性再探测一定会被分配到空槽 3 的位置，同样，如果新元素基地址是 1 或者 2，也会被分配到空槽 3 的位置，考虑到新元素基地址可能就是 3，所以，空槽 3 接收新元素的概率是 $\dfrac{4}{11}$，由于

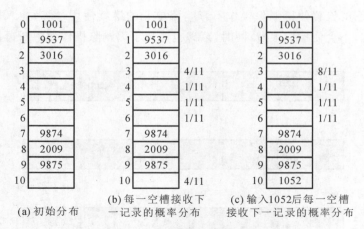

图 9-26　线性探测产生的聚集现象

空槽 4、5、6 前面的槽位是空,所以接收下一个新元素的时候不会产生线性探测问题,其接收

概率均为 $\frac{1}{11}$,而槽位 10 的情况与槽位 3 完全相同,它有可能接收前面非空槽位 7、8、9 的线

性探测结果,所以接收新元素的概率也是 $\frac{4}{11}$,因此,表中剩余的每一空槽接收下一个记录的

概率分布如图 9-26(b)所示。

(2)继续输入 1052,哈希地址是 1052%11＝7,经过线性再探测它被放置到槽位 10。此

时,由于槽位 3 前面连续 7 个槽位全部非空,所有基地址散列到这 7 个地址上的元素都有可能

被放置到槽位 3,于是,槽位 3 现在接收下一个新元素的概率变成 $\frac{8}{11}$,现在表中剩余每一空

槽接收下一个记录的概率分布如图 9-26(c)所示。

(3)随着输入记录的增加,线性探测法处理冲突所产生的问题是,记录在表内的概率分

布出现了聚集倾向,称为基本聚集。随着聚集程度的增加,它将导致新元素进入或者查找过

程中出现很长的探测序列,严重降低哈希表使用效率。

2. 删除操作造成查找链中断的问题

假设哈希表至少有一个槽位是空的(实际应用中一般不会占满整个哈希表空间),则线

性再探测过程是以找到一个匹配查找关键码的结点,或者找到一个空槽为结束标志,这会带

来查找链中断问题,这个问题是删除操作造成的。

设已输入结点关键码序列是 $\{K_1, K_2, \cdots, K_i, K_{i+1}, \cdots\}$,通过哈希函数散列得到哈希表,

如图 9-27(a)所示。我们进行如下操作:

① 现在输入关键码 K_j,设它的基地址 $H(K_j)＝i$,因地址 i 非空而产生冲突,线性再探测

序列从 $i+1$ 开始遍历哈希表以寻找一个空槽,假定地址为 i 至 $j-1$ 之间的槽位均非空,但槽

位 j 空,于是 K_j 被放到表中的空槽 j,如图 9-27(b)所示;

② 然后将 K_{i+1} 结点关键码删除,并重新设置槽位 $i+1$ 为空;

③ 对哈希表查找 K_j 结点关键码,首先比较基地址 i 槽位,若非空,再探测地址 $i+1$,若为

空槽,于是查找结果是"关键码为 K_j 的结点不在哈希表中"。

造成这种情况的原因是删除操作造成了查找链中断,程序发现一个空槽后就会判别已

经达到查找链末端。解决的办法是设置一个标记,表明该位置曾经有元素插入过,我们称这

个标记为墓碑，它的设置使得删除操作不影响该单元的继续使用，因为插入操作时，可以直接覆盖墓碑标记，不会使槽位浪费；同时，墓碑也避免了因删除操作而中断再探测的问题。

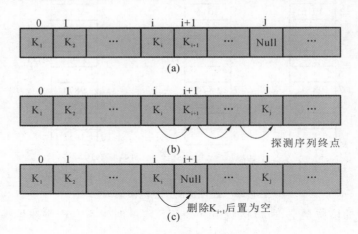

图 9-27　删除操作造成查找链中断

删除操作带来的查找链中断问题无论对哪种再探测方法都是相同的。

3. 随机探测法

解决线性探测造成的基本聚集问题的原则，是让表中每一空槽接收下一记录的概率尽可能相等，方法之一是采用随机探测序列，产生的再探测地址是从哈希表剩余的空槽中随机选取的，定义如下：

$$H_i = (H(key) + d_i) \bmod M \qquad i = 1,2,\cdots,k \qquad (9\text{-}2)$$

d_i 为一组随机数序列。

■ 例 9-5　顺序输入一组关键字 $(K_1,K_2,K_3,K_4,K_5,K_6,K_7)$，得到的哈希地址是 $(2,25,4,2,1,1,2)$。假设哈希表长 29（表长是一个素数对提高哈希表性能很重要），哈希函数采用除模取余法，模长 $p=M$，用随机探测方法确定冲突后地址的函数是

$$H_i = (H(key) + d_i) \bmod 29 \qquad i = 1,2,\cdots,k$$

随机步长序列 d_i 是 $23,2,19,14,\cdots$，求：

（1）画出该组输入下的哈希表，并写出产生冲突后地址探测函数的求值过程。

（2）对该哈希表进行哪类操作可能产生问题？说明原因并提出解决办法。

■ 分析　（1）$K_1=2,K_2=25,K_3=4$，均为空槽，基地址一次散列成功。

$K_4: a_1=(2+23)\%29=25, a_2=(2+2)\%29=4, a_3=(2+19)\%29=21$，三次探测成功。

$K_5=1$，空槽，基地址一次散列成功。

$K_6=(1+23)\%29=24$，空槽，基地址一次散列成功。

$K_7: a_1=(2+23)\%29=25, a_2=(2+2)\%29=4, a_3=(2+19)\%29=21, a_4=(2+14)\%29=16$。

所得哈希表是：

1	2	3	4	⋯	16	⋯	21	22	23	24	25		29
K_5	K_1		K_3	⋯	K_7	⋯	K_4			K_6	K_2	⋯	

（2）对哈希表进行删除操作可能产生查找链中断问题，因为删除后该单元位置为空，在该冲突序列链上的后续探查不能进行，比如删除关键字 K_4 后，位置 21 为空，此时无法查找 K_7。因为在插入 K_7 的探测序列中达到过槽位 21，由于槽位 21 不空继续探测到槽位 16（注意，查找时使用的随机探测序列就是插入过程使用的随机序列），当 K_4 删除后由于槽位 21 变为空，用关键码 K_7 查找并用探测序列达到槽位 21 时，由于其为空，程序会判别 K_7 不在哈希表内，查找失败，因此，删除操作造成了 K_7 查找链中断。

4. 平方探测法

设哈希函数是 $H(key)$，再探测函数可以写成 $P(H,i)=f$，基于平方探测再散列的 f 描述就是 $P(H,i)=i^2$，即

$$H_i = (H(key)+i^2) \bmod M \qquad i=1,2,\cdots,k \qquad (9\text{-}3)$$

显然，可以把线性再探测和随机再探测函数统一描述如下：

$$P(H,i) = i, P(H,i) = array[i]$$

其中数组 array[] 长度为 $M-1$，存储的是 $1\sim(M-1)$ 的随机序列。

假设哈希表长 $M=101$，输入关键码 K_1、K_2，则其哈希地址是 $H(K_1)=30$，$H(K_2)=29$，根据公式分别写出它们探测序列的前 4 个地址如下：

$$K_1 探测序列 = \{30,31,34,39,\cdots\}$$
$$K_2 探测序列 = \{29,30,33,38,\cdots\}$$

显然，具有不同基位置的两个关键码在散列过程中，使用平方探测可以很快分开它们的探测序列。对再探测序列来说，我们希望尽可能多地探测到哈希表的每一个槽位，线性探测能遍历整个哈希表去搜寻每一个槽位是否为空，但是容易产生聚集，而平方探测显然会遗漏一些槽位，因为它是以跳跃方式进行再探测过程。不过可以证明，它至少能探查到哈希表一半的地址。

■ **例 9-6** 设两次探测序列是 $H_i=(H(key)+i^2)\bmod M(i=1,2,\cdots,k)$，M 是哈希表长（M 为质数）。请证明，两次探测序列至少可以访问到表中的一半地址。

■ **分析** 只需证明当探测序列产生地址冲突时，序列下标大于等于 $\dfrac{M}{2}$。

设 $i\neq j$ 而 $d_i=d_j$，根据同余的定义有

$$i^2(\bmod M) \equiv j^2(\bmod M)$$

所以，$(i^2-j^2)\bmod M\equiv 0$，或 $i^2-j^2\equiv 0(\bmod M)$

即 (i^2-j^2) 能被 M 除尽，因式分解后有

$$(i+j)(i-j) \equiv 0(\bmod M)$$

因为 M 为质数且 $i,j<M$，所以 $(i-j)\not\equiv 0(\bmod M)$，因而，

$$(i+j) \equiv 0(\bmod M)$$
$$i+j = cM$$

c 为整数，所以 i 或 $j\geqslant\dfrac{M}{2}$，证毕。

这里，使用了数论中同余概念与同余定理，描述如下：

同余定义：若 a 和 b 为整数，而 m 为正整数，如果 m 整除（a−b），就说 a 与 b 模 m 同余，

记为

$$a \equiv b(\bmod m)$$

可以证明 $a \equiv b(\bmod m)$，当且仅当 $a(\bmod m) = b(\bmod m)$ 时成立。根据定义，如果整数 a 和 b 模 m 同余，则 $(a-b)$ 被 m 整除，显然，$(a-b-0)$ 也被 m 整除，所以，如果 $a \equiv b(\bmod m)$ 成立，则必有 $a-b \equiv 0(\bmod m)$ 成立。

同余定理：令 m 为正整数，整数 a 和 b 模 m 同余的充分必要条件是存在整数 k，使得

$$a = b + km$$

5. 二次聚集问题与双散列探测方法

我们注意到，虽然随机探测和平方探测能解决基本聚集问题，但是它们产生的探测序列是基位置的函数，如果构造的哈希函数让不同的关键码具有相同的基地址，那么它们就有相同的探测序列而无法分开。由于哈希函数散列到一个特定基位置导致地址聚集，我们称之为二次聚集。

为避免二次聚集，我们需要让探测序列是原来关键码值的函数，而不是基位置的函数。一种简单的处理方法是仍然采用线性探测方法，但是我们设计两个哈希函数 $H_1(key)$ 和 $H_2(key)$，它们都以关键码为自变量散列地址，其中，$H_1(key)$ 产生一个 $0 \sim (M-1)$ 之间的散列地址，而 $H_2(key)$ 产生一个 $1 \sim (M-1)$ 之间、与 M 互素的数作为地址补偿，双散列探测序列是

$$H_i = (H_1(key) + iH_2(key)) \bmod M \qquad i = 1, 2, \cdots, k \qquad (9\text{-}4)$$

仍然假设哈希表长 $M = 101$，输入关键码 K_1, K_2 和 K_3，它们的哈希地址分别是 $H_1(K_1) = 30, H_1(K_2) = 28, H_1(K_3) = 30, H_2(K_1) = 2, H_2(K_2) = 5, H_2(K_3) = 5$，根据式(9-4)分别写出它们探测序列的前 4 个地址：

$$K_1 探测序列 = \{30, 32, 34, 36, \cdots\}$$
$$K_2 探测序列 = \{28, 33, 38, 43, \cdots\}$$
$$K_3 探测序列 = \{30, 35, 40, 45, \cdots\}$$

实际上，$H_1(key)$ 和 $H_2(key)$ 仍有可能产生相同的探测序列，比如 $H_1(K_4) = 28, H_2(K_4) = 2$，其探测序列与 K_1 相同（注意，所有探测序列都是从基位置之后开始的）：

$$K_4 探测序列 = \{28, 30, 32, 34, 36, \cdots\}$$

我们可以进一步考虑让随机探测与双散列方法结合，让 i 成为一个随机序列中选取的随机数。

9.5.3　开地址散列

设哈希函数产生的地址集在 $0 \sim (M-1)$ 区间，则可以设立指针向量组 ARRAY[M]，其中每个分量初值为空，我们将具有哈希地址 j 上的同义词所包含的关键码结点存储在以向量组第 j 个分量为头指针的同一个线性链表内，存储按关键码有序。即，所有产生冲突的元素都被放到一个链表内，于是，哈希散列过程转换为对链表的操作过程。

假设输入关键码为 $(19, 14, 23, 1, 68, 20, 84, 27, 55, 11, 10, 79)$，其表长为 13，选择哈希函数是 $H_i = key \bmod 13$。则用链地址法解决冲突后得到如图 9-28 所示哈希表。

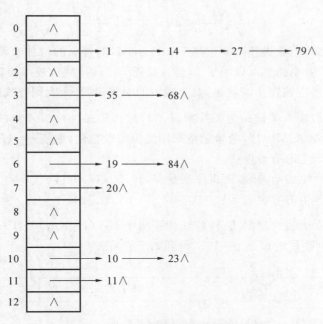

图 9-28　链地址法散列得到的哈希表

9.5.4　哈希表查找效率

散列存储结构是通过哈希函数运算得到元素散列地址的,但冲突的存在使得在查找过程中它仍然是一个给定值和关键码的比较过程,因此平均查找长度仍是哈希查找的效率量度,而查找过程中给定值和关键码的比较个数取决于哈希函数质量、处理冲突的方法以及哈希表的装填因子。

当散列表为空的时候,第一条记录直接插到其基位置上,随着存储记录的不断增加,把记录插到基位置上的可能性也越来越小,如果记录被散列到一个基位置而该槽位已经不空,则探测序列必须在表内搜索到另一空槽才行。换句话说,散列过程增加了比较环节,可以预计,随着记录数的增加,越来越多的新记录有可能被放到远离基位置的空槽内,即探测序列越来越长且比较次数越来越多。因此,哈希查找效率预期是表填充程度的一个函数,设表长为 M,已存储记录数为 N,定义装填因子是 $\alpha=\dfrac{N}{M}$,即,装填因子＝表中填入结点个数/哈希表长度。

可以认为,新记录插入时基位置被占用的概率就是 α。假定可以不考虑任何聚集问题,则发现基位置和探测序列下一个位置均非空的概率是 $\dfrac{N(N-1)}{M(M-1)}$,此时探测序列长度为 2,当探测序列达到 i+1 时,表明在第 i 次探测仍然发生冲突,其概率是 $\dfrac{N(N-1)\cdots(N-i+1)}{M(M-1)\cdots(M-i+1)}$。

当 N 和 M 都很大时近似有 $\left(\dfrac{N}{M}\right)^{i}$,所以,预期探测次数的期望值是 1 加上第 i 次探测产生冲突的概率之和,约为

$$1+\sum_{i=1}^{\infty}\left(\frac{N}{M}\right)^{i}=\frac{1}{1-\alpha}$$

即一次查找成功的代价与哈希表为空时相同。随着记录数目的增加,平均查找长度(或者说插入代价的均值)是装填因子从零到当前 α 的累积:

$$\frac{1}{\alpha}\int_0^\alpha \frac{1}{1-x}dx = \frac{1}{\alpha}\ln(\frac{1}{1-\alpha})$$

无论从哪方面看，哈希查找效率远高于 $O(\log_2 n)$，随着 α 的增加哈希查找效率会降低，当 α 足够小的时候，效率仍然可以小于 2，当 α 接近 50% 的时候，效率接近 2。因此，我们要求哈希表工作的时候应该在半满状态，太小则表的空间浪费，太大则查找效率降低过多。

例 9-7 设输入关键码为 $(13,29,1,23,44,55,20,84,27,68,11,10,79,14)$，装填因子 $\alpha=0.75$，哈希表长 $M=19$，哈希函数采用除模取余数法，取模 $p=17$。求：

(1) 线性探测产生的哈希表；

(2) 随机探测产生的哈希表，随机序列是 $\{3,16,55,44,\cdots\}$；

(3) 平方探测产生的哈希表。

分析 (1) 线性探测法：注意线性探测中 $a_j=(H(Key)+i)\%M$，使用的模是表长度 M，而哈希散列使用的模是 $p=17$。得到如下哈希表：

0	1	2	3	4	5	6	7	8	9	10	11	12	13	14	15	16	17	18
68	1		20	55		23				44	27	29	13	11	10	84	79	14

27：$a_1=27\%17=10$，$a_2=(H(27)+1)\%19=11$。

11：$a_1=11\%17=11$，$a_2=(11+1)\%19=12$，$a_3=(11+2)\%19=13$，$a_4=(11+3)\%19=14$。

10：$a_1=10\%17=10$，$a_2=(10+1)\%19=11$，$a_3=(10+2)\%19=12$，$a_4=(10+3)\%19=13$，$a_5=(10+4)\%19=14$，$a_6=(10+5)\%19=15$。

79：$a_1=79\%17=11$，$a_2=(79+1)\%19=12$，$a_3=(79+2)\%19=13$，$a_4=(79+3)\%19=14$，$a_5=(79+4)\%19=15$，$a_6=(79+5)\%19=16$，$a_7=(79+6)\%19=17$。

14：$a_1=14\%17=14$，$a_2=(14+1)\%19=15$，$a_3=(14+2)\%19=16$，$a_4=(14+3)\%19=17$，$a_5=(14+4)\%19=18$。

(2) 随机探测法：已知 $a_j=(H(K)+d_j)\%19$，随机步长序列 d_j 是 $\{3,16,55,44,\cdots\}$。得到如下哈希表：

0	1	2	3	4	5	6	7	8	9	10	11	12	13	14	15	16	17	18
68	1		20	55	27	23	10		79	44	11	29	13			84	14	

27：$a_1=27\%17=10$，$a_2=(27+3)\%19=13$，$a_3=(27+16)\%19=5$。

11：$a_1=11\%17=11$。

10：$a_1=10\%17=10$，$a_2=(10+3)\%19=13$，$a_3=(10+16)\%19=7$。

79：$a_1=79\%17=11$，$a_2=(79+3)\%19=6$，$a_3=(79+16)\%19=0$，$a_4=(79+55)\%19=1$，$a_5=(79+44)\%19=9$。

14：$a_1=14\%17=14$，$a_2=(14+3)\%19=17$。

(3) 平方探测法：已知 $H_i=(H(key)+i^2)\%19$。得到如下哈希表：

0	1	2	3	4	5	6	7	8	9	10	11	12	13	14	15	16	17	18
68	1		20	55		23	79		27	44	11	29	13	10	14	84		

27：$a_1=27\%17=10$，$a_2=(27+1)\%19=9$。

11：$a_1=11\%17=11$。

$10:a_1=10\%17=10,a_2=(10+1)\%19=11,a_3=(10+4)\%19=14$。

$79:a_1=79\%17=11,a_2=(79+1)\%19=6,a_3=(79+4)\%19=7$。

$14:a_1=14\%17=14,a_2=(14+1)\%19=15$。

例 9-8　求成功查找图 9-28 所示哈希表的平均查找长度。

分析　比较次数为 1 的结点有 6 个,比较次数为 2 的结点有 4 个,比较次数为 3 和 4 的结点分别只有 1 个,所以,平均比较次数是

$$ASL=\frac{1\times6+2\times4+3+4}{12}=\frac{21}{12}$$

关于散列查找的效率,总结如下:

(1) 散列表中的平均查找长度要比顺序查找和二分查找小。

当查找表的长度 M=9 时,散列表的平均查找长度分别为 ASL=14/9≈1.56(线性探测法)和 ASL=12/9≈1.33(链地址法)。

顺序查找和二分查找的平均查找长度分别为 ASL=(9+1)/2=5 和 ASL=(1+2×2+3×4+4×2)/9=25/9≈2.78。

(2) 散列表的平均查找长度与散列函数的设计及冲突的解决方法有关。

同样一组关键字,不同的散列函数使得冲突的发生频繁程度不同,导致平均查找长度是不同的。

同样一组关键字,设定相同的散列函数,当用不同的冲突解决方法构造散列表时,其平均查找长度也是不同的。

(3) 一般情况下,当散列函数的设计方法相同时,散列表的平均查找长度与装填因子 α 有关。装填因子 α 反映了散列空间的装满程度,α 越小,发生冲突的概率就越小,查找时与关键字比较的次数也就较少;反之,α 越大,发生冲突的概率就越大,查找时与关键字比较的次数就越多。但 α 越小,造成空间的浪费也越大。

(4) 散列表的优点:关键字与记录的存储地址存在确定的对应关系,使得插入和查找操作效率很高,所以散列表是较优的动态查找表。

散列表的缺点:根据关键字计算散列地址的操作需要一定的时间开销;散列表存储方式浪费存储空间;在散列存储结构中,无法体现记录之间的逻辑关系。

9.6　非线性索引——树形索引技术

基于线性索引技术的关系数据库存储方式存在的最大问题是,当大量的记录频繁更新的时候,其操作效率非常低。原因是每更新一条记录就要修改一个索引文件内的所有指针内容,当有多个索引文件,以及海量的记录数目时,线性索引效率很低,而且,修改指针的操作效率与线性索引结构无关。多级索引结构虽然能提高检索效率,但是记录物理地址变更引起的指针修改是全索引文件范围内的,即线性索引文件的所有指针信息都是相关的。如果我们有一种方法,记录的插入与删除只是影响索引文件局部区域,那么它作为主关键码的索引就会完成得很好。树形索引是一种很好的索引文件组织方式,它本身是非线性结构,磁盘页之间指针相关性很低,它可以提供有效的插入与删除操作,从二叉排序树讨论中知道,其效率是树深度的对数关系。

二叉树当然不适合作为索引文件结构,第一,它只有两个子树,不符合磁盘页划分;第二,它会因为更新结点操作变得不平衡,尤其当检索树存储在磁盘中时,不平衡情况对检索

效率的影响更显著。当一个结点深度跨越了多个磁盘页时，对结点的访问就是从第一个磁盘页（根结点）开始到这个结点所在磁盘页为止的所有结点路径之和，随着磁盘页在内外存中的调进调出，它涉及多次内外存交换，效率变得非常低下。因此，要采用树形索引结构，必须寻找一种新的树结构，一种能解决二叉树插入与删除操作带来的不平衡问题的树结构。本节将讨论 2－3 树及 B$^+$ 树。

◆ 9.6.1 2－3 树

前面提到，要解决二叉树插入与删除操作带来的不平衡问题，需要寻找一种新的树结构，这种树形结构经过多次更新操作之后能自动保持平衡，以磁盘索引为例，要求该树适合按页存储，即，我们要求它的算法具有下列特性：

（1）以一个磁盘页为单位；

（2）插入与删除操作之后能自动保持高度平衡；

（3）平均访问效率最佳。

首先，我们讨论 2－3 树概念，在此基础上引申出 B$^+$ 树。

1. 2－3 树定义

一棵 2－3 树具有下例性质：

（1）一个结点包含 1 个或者 2 个关键码。

（2）每个内部结点有 2 个子女（包含 1 个关键码），或者 3 个子女（包含 2 个关键码）；所有叶子结点在树的同一层，因此树总是高度平衡的。

（3）类似于二叉排序树，2－3 树每一个结点的左子树中所有后继结点的值都小于其父结点第一个关键码的值，而中间子树所有后继结点的值都大于或等于其父结点第一个关键码的值而小于第二个关键码的值，如果有右子树，则右子树所有后继结点都大于或等于其父结点第二个关键码的值，如图 9-29 所示。

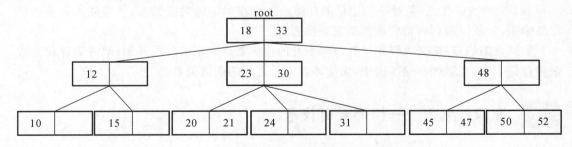

图 9-29   2－3 树

一个在 2－3 树中检索特定关键码值的函数类似于二叉排序树检索过程。

2－3 树结点定义用 C 语言描述如下：

```
struct node {
        int lkey,rkey,Numkeys;
        struct node *left,*center,*right;
        };
struct node *findnode(struct node *root,int key)
{
  if(root==Null)return Null;
  if(key==root->lkey)return root;
```

```
    if((root->Numkeys==2)&&(key==root->rkey))return root;
    if(key<root->lkey)return findnode(root->left,key);
    else{
        if(root->Numkeys==1)return findnode(root->center,key);
        else{
            if(key<root->rkey)return findnode(root->center,key);
            else return findnode(root->right,key);
            }
        }
}
```

2.2—3 树结点插入

向 2—3 树插入记录(不是结点)时,与二叉排序树相同的是,新记录始终是被插入叶子结点的;不同的是,2—3 树不向下生长叶子,而是向上提升分列出来的记录。有以下几种情况:

(1)被插入的叶子结点只有 1 个关键码(代表 1 个记录),则新记录按左小右大原则被放置到空位置上,如图 9-30 所示。

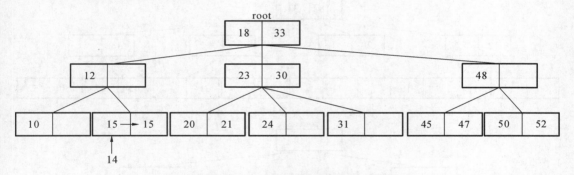

图 9-30　在图 9-29 中插入关键码值为 14 的记录

(2)被插入的叶子结点已经有 2 个关键码,但其父结点只有 1 个关键码。当被插入叶子结点内部已经没有空位置时,我们要创建一个结点容纳新增记录和原先 2 个记录。设原叶子结点为 L,首先将 L 分裂为 2 个结点 L 和 L′,L 取 3 个结点中值最小的,L′取结点中值最大的,值居中的关键码和指向 L′的指针被传回 L 的父结点,即,完成 1 次提升。被提升到父结点的关键码按左小右大排序,插入父结点空位置中,如图 9-31 所示。

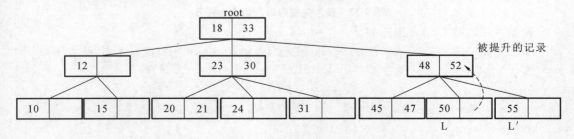

图 9-31　在图 9-29 中插入关键码值为 55 的记录产生 1 次提升

(3)被插入的叶子结点已经有 2 个关键码,且其父结点内部亦满。此时,我们用从叶子结点提升上来的关键码对父结点重复一次分裂——提升过程,将 1 个关键码由父结点向更上一层提升，直至根结点，如果根结点被分裂，则继续提升的关键码形成新的根结点，此时，2－3 树新增一层，如图 9-32 所示。

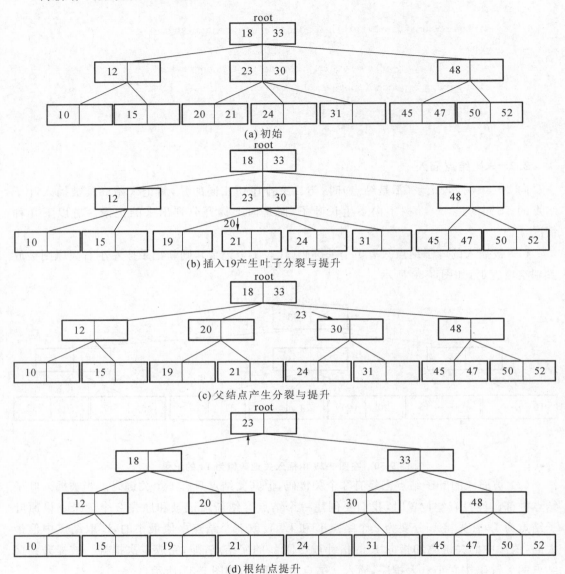

图 9-32 插入关键码时产生 2 次提升

树插入函数的 C 语言描述如下：

```
struct node *insert(struct node *root,int key, struct node *retptr,int retkey)
{
int myretv;
struct node *myretp=Null;
if(root==Null){
        root=(struct node* )malloc(sizeof(struct node));
        root->lkey=key;
        root->Numkeys=1;
```

```
            }
    else{
        if(root->left==Null){//叶子结点
            if(root->Numkeys==1){//只有一个关键码
                root->Numkeys=2;
                if(key>=root->lkey)root->rkey=key;
                else{
                    root->rkey=root->lkey;
                    root->lkey=key;
                    }
                }
            else {//关键码满,分裂提升
            retptr=(struct node*)malloc(sizeof(struct node));
                                    //申请 L'结点且返回指针指向 L'
                if(key>root->rkey){// L'结点取最大值的关键码
                    retptr->lkey=key;
                    retkey=root->rkey;//提升中间值的关键码
                        }
                else{// root->rkey 是最大值的关键码
                    retptr->lkey=root->rkey;
                    if(key<root->lkey){//判别中间值的关键码
                            retkey=root->lkey;
                            root->lkey=key;
                            }
                    else retkey=key;
                        }
            root->Numkeys=retptr->Numkeys=1;//置 L 和 L'关键码数为 1
                }
            }
        else {//非叶子结点小于左关键码值搜索左子树
            if(key<root->lkey)insert(root->left,key, myretp,myretv);
            else {//子树为 2 叉或小于右关键码搜索中间子树
                if((root->Numkeys==1)‖(key<root->rkey))
                            insert(root->center,key,myretp,myretv);
                else{//搜索右子树
                    insert(root->right,key, myretp,myretv);
                    }
                }
            if(myretp!=Null){//有孩子结点分裂而形成提升
            if(root->Numkeys==2){//分裂并提升父结点
                    retptr=(struct node* )malloc(sizeof(struct node));
            root->Numkeys=retptr->Numkeys=1;
```

```
            if(myretv<root->lkey){//提升左关键码
                    retkey=root->lkey;//返回值
                    root->lkey=myretv;//原 root 为 L
                        retptr->lkey=root->rkey;//L'关键码
                        retptr->left=root->center;
                        retptr->center=root->right;
                        root->center=myrept; //指向 L'
                        }
        else{
            if(myretv<root->rkey){ //提升中间点
                                    retkey=myretv;
                                    retptr->lkey=root->rkey;
                                        retptr->left=myrept;
                                        retptr->center=root->right;
                                        }
            else{//提升右关键码
                    retkey=root->rkey;
                    retptr->lkey=myretv;
                    retptr->left=root->right;
                    retptr->center=myrept;
                            }
                }
            }
else{//root 结点内只有一个键,可增加一个
        root->Numkeys=2;
        if(myretv<root->lkey){
            root->rkey=root->lkey;
            root->lkey=meretv;
            root->right=root->center;
            root->center=myretp;
            }
        else{
        root->rkey=myretv;
        root->right=myretp;
            }
        }
    }
    }
}
```

调用上述程序返回的是提升关键码的值（如有则为新的根结点关键码值）与指向（如有则为新的根结点指向）L'的指针。其中要注意的是分裂父结点几种处理情况：①提升左关键

码值,此时一定是从左子树中分裂提升上来的,如图 9-33 所示;②提升中间关键码值是从中间子树中分裂提升上来的,如图 9-34 所示;③提升右关键码情况如图 9-35 所示。

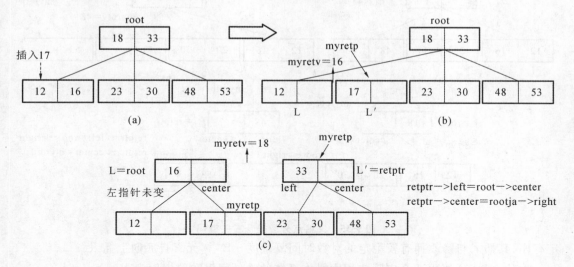

图 9-33　父结点分裂提升左关键码

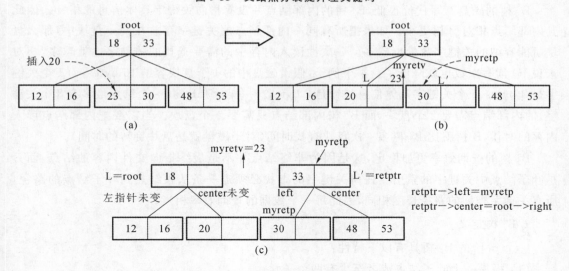

图 9-34　父结点分裂提升中间关键码

关于 2—3 树的删除操作,需要考虑三种情况:①从包含两个关键码的叶结点中删除一个关键码时只需要简单清除即可,不会影响其他结点;②唯一一个关键码从叶结点中删除;③从一个内部结点删除一个关键码。后两种情况特别复杂,我们将在 9.6.2 节 B$^+$ 树中讨论。

◆ 9.6.2　B$^+$ 树

B$^+$ 树是一种树数据结构,是一个 n 叉排序树,每个结点通常有多个孩子,一棵 B$^+$ 树包含根结点、内部结点和叶子结点。根结点可能是一个叶子结点,也可能是一个包含两个或两个以上孩子结点的结点。

B$^+$ 树通常用于数据库和操作系统的文件系统中。NTFS, ReiserFS, NSS, XFS, JFS, ReFS 和 BFS 等文件系统都在使用 B$^+$ 树作为元数据索引。B$^+$ 树的特点是能够保持数据稳

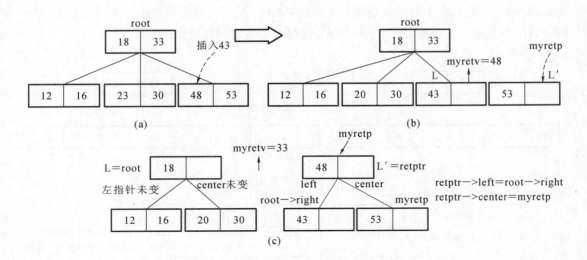

图 9-35　父结点分裂提升右关键码

定有序,其插入与修改拥有较稳定的对数时间复杂度。B⁺ 树元素自底向上插入。

为什么说 B⁺ 树更适合实际应用中操作系统的文件索引和数据库索引?

B⁺ 树的磁盘读写代价很低,B⁺ 树的内部结点并没有指向关键字具体信息的指针。因此其内部结点相对 B 树更小。如果把所有同一内部结点的关键字存放在同一盘块中,那么盘块所能容纳的关键字数量也越多。一次性读入内存中的需要查找的关键字也就越多,相对来说 IO 读写次数也就降低了。举个例子,假设磁盘中的 1 个盘块容纳 16 bytes,而 1 个关键字是 2 bytes,1 个关键字具体信息指针是 2 bytes。一棵 9 阶 B 树(一个结点最多有 8 个关键字)的内部结点需要 2 个盘块,而 B⁺ 树内部结点只需要 1 个盘块。当需要把内部结点读入内存的时候,B 树就比 B⁺ 树多一次盘块查找时间(对于磁盘就是盘片旋转的时间)。

B⁺ 树的查询效率更加稳定,这是因为非终结点并不是最终指向文件内容的结点,而只是叶子结点中关键字的索引。任何关键字的查找必须走一条从根结点到叶子结点的路径,所有关键字查询的路径长度相同,因此每一个数据的查询效率相当。

1. B⁺ 树定义

一个 m 阶的 B⁺ 树具有以下特性:

(1) 根是一个叶子结点或者至少有两个子女;

(2) 除了根结点和叶子结点外,每个结点有 $\frac{m}{2}$～m 个子女,存储 m−1 个关键码;

(3) 所有叶子结点在树的同一层,因此树总是高度平衡的;

(4) 记录只存储在叶子结点,内部结点关键码值只是用于引导检索路径的占位符;

(5) 叶子结点用指针连接成一个链表;

(6) 类比于二叉排序树的检索特性。

B⁺ 树的叶子结点与内部结点的区别在于,叶子结点存储实际记录,当 B⁺ 树作为索引树应用时,就是记录的关键码值与指向记录位置的指针,叶子结点存储的信息可能多于或少于 m 个记录,如图 9-36 所示。

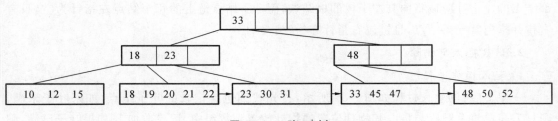

图 9-36　4 阶 B$^+$ 树

B$^+$ 树结点结构定义用 C 语言描述如下：

```
Struct Bpnode{
        Struct PAIR recarray[MAXSIZE];//关键码/指针对数组
        int numrec;
        Bpnode *left,*right;
        }
```

其中，PAIR 结构定义用 C 语言描述如下：

```
Struct PAIR{
        int key;
        Struct BPnode *point;
}
```

因为 point 也是指向文件记录的指针，我们需要注意同构问题，这里假设文件记录与结点结构相同，当然，实际是不可能的。此外，这里定义的叶子结点只是存储了指向记录位置的指针与关键码 key，实际上应该是记录的关键码与数据信息（文件名等）。

B$^+$ 树检索函数的 C 语言描述如下：

```
struct BPnode *find(struct BPnode *root,int key)
{
    int currec;
    currec=binaryle(root->recarray,root->numrec,key);
    if(root->left==Null){//叶子结点
            if(root->recarray[currec].key==key)
                        return root->recarray[currec].point;
            else return Null;
            }
    else find(root->recarray[currec].point,key);
}
```

算法中，子函数 binaryle()调用后返回数组 recarray[]内等于或小于检索关键码值 key 的那个最大关键码的位置偏移，如图 9-37 所示。

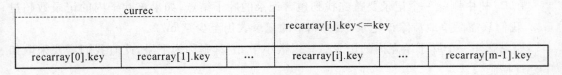

图 9-37　具有 m 个子女的 B$^+$ 树结点 k 的关键码-指针对数组

我们注意到，一个结点的左指针为空时表明到达了叶子结点，从结点结构定义可知，内部结点的左指针应该指向其左子树的根结点，而叶子结点链上的每个结点左指针为空，只有右指针指向其兄弟结点，且链尾右指针亦为空。

2. B⁺树插入与删除

1）插入操作过程

一棵B⁺树的生长过程如图9-38所示，首先找到包含记录的叶子结点，如果叶子未满，则只需简单将关键码与指向其物理位置的指针放置到数组中，记录数加1；如果叶子已满，则分裂叶子结点为两个，记录在两个结点之间平均分配，然后提升右边结点最小关键码值（数组第一个位置上的记录关键码）的一份拷贝，提升处理过程与2－3树一样，可能会形成父结点直至根结点的分裂过程，最终可能让B⁺树增加一层。

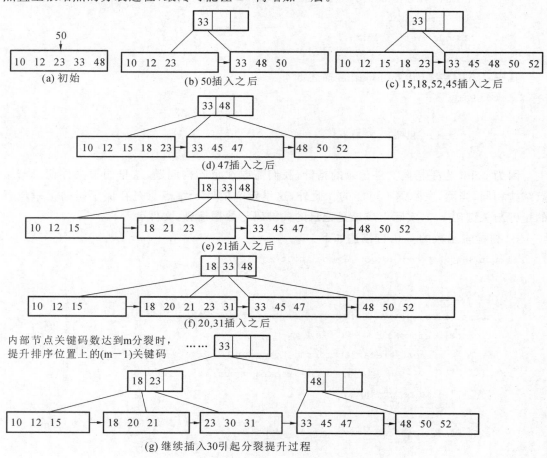

图 9-38　B⁺树的插入操作过程

2）删除操作过程

在B⁺树中删除一个记录要首先找到包含记录的叶子结点，如果该叶子内的记录数超过m/2，我们只需简单地清除该记录，因为剩下的记录数仍至少是m/2。

如果删除一个叶子结点内的记录后其余数小于m/2，则称为下溢，此时我们需要采取如下处理措施：

（1）如果它的兄弟结点记录数超过m/2，可以从兄弟结点中移入，移入数量应让兄弟结点能平分记录数，以避免短时间内再次下溢。同时，因为移动后兄弟结点的第一个记录关键码值发生变化,所以需要相应修改其父结点的占位符关键码值,以保证占位符指向的结点的第一个关键码值一定是大于或等于该占位符。

（2）如果没有左右兄弟结点能移入记录（均小于或等于 m/2），则将当前叶子结点的记录移出到兄弟结点,且记录之和一定小于等于 m,然后将本结点删除。合并一个父结点下的两棵子树时,因为要删除父结点中的一个占位符,就可能造成父结点下溢,产生结点合并,并继续引发直至根结点的合并过程,从而树减少一层。

（3）一对叶子结点合并时应清除右边结点。

对一棵 B$^+$ 树的删除操作过程见图 9-39 所示。

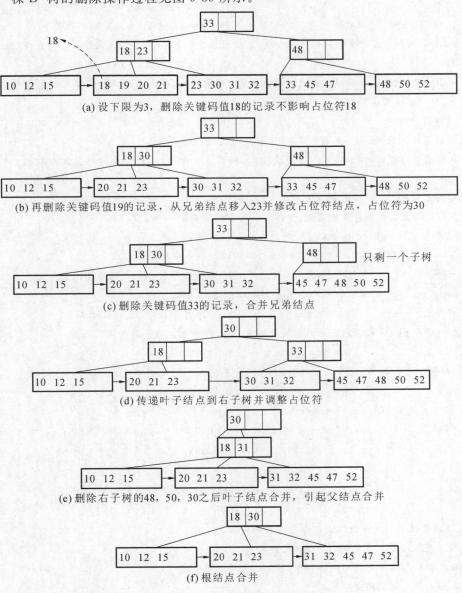

(a) 设下限为3,删除关键码值18的记录不影响占位符18

(b) 再删除关键码值19的记录,从兄弟结点移入23并修改占位符结点,占位符为30

(c) 删除关键码值33的记录,合并兄弟结点

(d) 传递叶子结点到右子树并调整占位符

(e) 删除右子树的48,50,30之后叶子结点合并,引起父结点合并

(f) 根结点合并

图 9-39　B$^+$ 树的删除操作过程

本章习题

一、选择题

1. 顺序查找方法适合于存储结构为（　　）的线性表。

A. 散列存储　　　　　　　　　　　　B. 索引存储

C. 散列存储或索引存储　　　　　　　D. 顺序存储或链接存储

2. 对线性表进行二分查找的时候，要求线性表必须（　　）。

A. 以顺序存储方式　　　　　　　　　B. 以链接存储方式

C. 以顺序存储方式，且数据元素有序　D. 以链接存储方式，且数据元素有序

3. 如果要求一个线性表既能较快地查找，又能动态适应变化要求，可以采用（　　）查找方法。

A. 顺序　　　　　　B. 分块　　　　　　C. 折半　　　　　　D. 散列

4. 对于一个线性表，若要求既能进行较快地插入和删除，又要求存储结构能够反映数据元素之间的逻辑关系，则应该选用（　　）。

A. 顺序存储方式　　　　　　　　　　B. 链接存储方式

C. 索引存储方式　　　　　　　　　　D. 散列存储方式

5. 在线性表的存储结构中，（　　）查找、插入和删除速度慢，但顺序存储和随机存取第 i 个元素速度快。

A. 顺序表　　　　　B. 链接表　　　　　C. 散列表　　　　　D. 索引表

6. 在（　　）上查找和存取速度快，但插入和删除速度慢。

A. 顺序表　　　　　B. 链接表　　　　　C. 顺序有序表　　　D. 散列表

7. 在（　　）上查找、插入和删除速度快，但不能进行顺序存取。

A. 顺序表　　　　　B. 链接表　　　　　C. 顺序有序表　　　D. 散列表

8. 在（　　）上插入、删除和顺序存取速度快，但查找速度慢。

A. 顺序表　　　　　B. 链接表　　　　　C. 顺序有序表　　　D. 散列表

9. 采用顺序查找方法查找长度为 n 的线性表，查找每个元素的平均比较次数为（　　）。

A. n　　　　　　　B. $n/2$　　　　　　C. $(n+1)/2$　　　D. $(n-1)/2$

10. 顺序查找具有 n 个元素的线性表，其时间复杂度为（　　）。

A. $O(n)$　　　　　B. $O(\log_2 n)$　　C. $O(n^2)$　　　　D. $O(n\log_2 n)$

11. 折半查找具有 n 个元素的线性表，其时间复杂度为（　　）。

A. $O(n)$　　　　　B. $O(\log_2 n)$　　C. $O(n^2)$　　　　D. $O(n\log_2 n)$

12. 已知一个有序表为(11,22,33,44,55,66,77,88,99)，则折半查找元素 55 需要比较（　　）次。

A. 1　　　　　　　　B. 2　　　　　　　　C. 3　　　　　　　　D. 4

13. 已知一个有序表为(11,22,33,44,55,66,77,88,99)，则顺序查找元素 55 需要比较（　　）次。

A. 3　　　　　　　　B. 4　　　　　　　　C. 5　　　　　　　　D. 6

14. 顺序查找法与二分查找法对存储结构的要求是（　　）。

A. 顺序查找与二分查找均只是适用于顺序表

B. 顺序查找与二分查找均既适用于顺序表，又适用于链表

C. 顺序查找只是适用于顺序表

D. 二分查找适用于顺序表

15. 在对查找表的查找过程中,若被查找的数据元素不存在,则把该数据元素插到集合中。这种方式主要适合于( )。

A. 静态查找表 B. 动态查找表

C. 静态查找表与动态查找表 D. 两种表都不适合

16. 若用二分查找取得的中间位置元素关键字值大于被查找值,则说明被查找值位于中间值的前面,下次的查找区间为从原开始位置至( )。

A. 该中间位置 B. 该中间位置-1

C. 该中间位置+1 D. 该中间位置1/2

17. 二叉排序树( )遍历序列是从小到大有序的。

A. 先序 B. 中序 C. 后序 D. 层序

二、填空题

1. 查找表是由同一类型的数据元素(或记录)组成的_____,是查找所依赖的_____。

2. 如果对查找表只进行查询某个特定的数据元素是否在查找表中,以及查找某特定的数据元素的各种属性两种类型的基本操作,而不进行插入和删除操作,则称该查找表为_____。

3. 如果在对查找表进行查找的过程中,同时插入查找表中不存在的数据元素,或者删除查找表中已存在的某个数据元素,则称此类查找表为_____。

4. 关键字是数据元素(或记录)中某个_____,用它可以标识(识别)一个查表中_____。

5. 在一个查找表中,能够唯一地标识一个数据元素(或记录)的关键字称为_____。

6. 次关键字也称为_____或_____,是在查找表中可以标识_____的关键字。

7. 查找又称_____,它是根据给定的某个值,在查找表中确定是否有元素(或记录)的关键字的操作。若操作之后确定表中存在这样的记录,则称为查找_____,否则称为_____。

8. 平均查找长度是指为确定所查找的记录在查找表中的位置,需要与给定值进行比较关键字个数的_____。

9. 最大查找长度是指为确定所查找的记录在查找表中的位置,需要与给定值进行比较关键字个数的_____。最大查找长度随所查找的_____、_____和_____都有关系。最大查找长度通常是在考虑_____查找给定值在查找表中的情况。

10. _____是一种最简单、最基本的查找方法,它的基本思想是:从表的一端开始,依次顺序扫描线性表,将扫描到记录的关键字逐个与给定值进行比较,若某个记录的关键字和给定值相等,则说明找到所要的记录,查找成功;若扫描结束后,仍未找到关键字等于给定值的记录,则说明表中没有所查找的记录,查找不成功。

11. 折半查找又称为_____,是一种效率较高的查找算法。

12. 折半查找的思路是:每次将给定值与查找表中所要查找区间_____的关键字进行比较,而不是查找表中的第一条或最后一条。

13. 分析折半查找的性能可以用二叉树来描述。把当前查找区间的中间位置上的结点作为根结点,左半区间和右半区间中结点分别作为左子树和右子树,由此得到的二叉树可称为_____。

14. 分块查找又称为_____,是一种以_____的形式来进行的查找方法。分块查找是_____的改进算法,它是一种介于_____和折半查找的查找方法。

15. 二叉排序树,又称为_____,它或者是一棵空树,或者是具有下列性质的一棵二叉树:

(1) 若左子树不空,则左子树上所有结点的值_____。

(2) 若右子树不空,则右子树上所有结点的值_____。

(3) 左右子树又分别是_____。

16. 平衡二叉树或者是一棵空树,或者是一棵具有这样性质的二叉排序树:它的左子树和右子树都是_____,且左子树和右子树的深度之差的绝对值_____。

17. 在构造平衡二叉排序树的过程中,离插入结点最近,且以平衡因子绝对值大于1的结点作为根结点的子树称为_____。

18. 哈希表查找就是一种通过某种映射建立起_____之间的对应关系,希望_____或经过很少次比较即可获得所要查找的记录。

19. 哈希(Hash)表查找又称为_____查找,它是一种重要的查找技术。哈希表查找因使用哈希函数(又称为_____)而得名。哈希函数是一种_____的函数。

20. 利用哈希函数可以实现记录关键字和关键字所对应记录存储地址的转换或映像,这种映像过程称为_____或_____,映像结果产生的哈希函数值 h(key)作为存储位置称为_____或_____,利用哈希函数映像哈希地址,所得到的存储表称为_____或_____。

21. 在向哈希表中存储关键字的时候,会出现一个待插入关键字的记录已经被占用的情况,这种_____的现象称为冲突。

22. 具有相同哈希函数值的关键字对相应的哈希函数来说称为_____,由同义词产生的冲突称为_____。

23. 构造哈希函数的_____是取关键字或关键字的某个线性函数作为哈希地址。

24. 构造哈希函数的_____是对关键字中数字进行分析,然后提取其中分布较均匀的一部分数字位作为哈希地址。

25. 构造哈希函数的_____是用关键字 key 除以某个正整数 p,所得余数作为哈希地址。

26. 构造哈希函数的_____是取关键字平方的中间几位作为哈希地址。

27. 构造哈希函数的_____是先将关键字分割成位数相等的几段(其中最后一段的位数可以不相等),然后取这几位的叠加和作为哈希地址。_____中数位的叠加可以分为移位叠加和间界叠加两种。移位叠加是_____,然后相加;间界叠加是_____,然后对齐相加。

28. 构造哈希函数应当尽量减少冲突,但无法避免冲突的发生。一旦冲突发生了,就必须寻求合适的方法来解决冲突。通常解决冲突可以采用_____和_____。

29. 开放定址法是指将哈希表中的空单元向处理冲突开放。开放定址法解决冲突,形成下一个地址的形式是:$H_i=(h(key)+d_i)\%m$, $i=1,2,\cdots,k(k{\leqslant}m-1)$,其中,h(key)为哈希函数,m为哈希表长,$d_i$为增量序列。根据上式形成增量序列 d_i 的不同,开放定址法又可以分成如下三种形式:_____、_____、_____。

30. 分析哈希表的查找过程可以知道,造成哈希表冲突的首要因素是_____,第二个因素是_____,第三个因素是_____。

31. 在有序表 A[1]~A[18]中,采用二分查找算法查找元素值等于 A[7]的元素,所比较过的元素的下标依次为_____。

32. 对17个元素的有序表 A[1]~A[17]做二分查找,在查找元素值等于 A[8]的元素时,被比较的元素的下标依次是_____。

33. 假定有 K 个关键字互为同义词,若用线性探测再散列法把这 K 个关键字存入散列表中,至少要进行_____次探测。

34. 一个无序序列可以通过构造一个_____树而变成一个有序序列,构造树的过程即为对无序序列进行排序的过程。

35. 在有序表 a[1]~a[20]中,采用二分查找算法查找元素值等于 a[12]的元素,所比较过的元素的下标依次为_____。

36.对于长度为 n 的线形表,若进行顺序查找,则时间复杂度为_____;若用二分法查找,则时间复杂度为_____;若用分块法查找(假定总块数和每块长度均接近),则时间复杂度为_____。

37.对长度为 L 的顺序表,采用设置岗哨方式顺序查找,若查找不成功,其查找过程为_____。

38.对有序表(25,30,32,38,47,54,62,68,90,95)用二分查找法查找元素 32,则所需的比较次数为_____。

三、综合题

1.已知一个顺序存储的有序表为(15,26,34,39,45,56,58,63,74,76),试画出对应的折半查找判定树,求出其平均查找长度。

2.假定一个线性表为(38,52,25,74,68,16,30,54,90,72),画出按线性表中元素的次序生成的一棵二叉排序树,求出其平均查找长度。

3.假定一个待哈希存储的线性表为(32,75,29,63,48,94,25,46,18,70),哈希地址空间为 HT[13],若采用除模取余法构造哈希函数和用线性探测法处理冲突,试求出每一元素在哈希表中的初始哈希地址和最终哈希地址,画出最后得到的哈希表,求出平均查找长度。

元素	32	75	29	63	48	94	25	46	18	70
初始哈希地址										
最终哈希地址										

	0	1	2	3	4	5	6	7	8	9	10	11	12
哈希表													

4.假定一个待哈希存储的线性表为(32,75,29,63,48,94,25,36,18,70,49,80),哈希地址空间为 HT[12],若采用除模取余法构造哈希函数和用链地址法处理冲突,试画出最后得到的哈希表,并求出平均查找长度。

参考文献

[1] 赵波,董靓瑜. 数据结构实用教程(C语言版)[M]. 2版. 北京:清华大学出版社,2012.

[2] 唐策善,李龙澍,黄刘生. 数据结构——用C语言描述[M]. 北京:高等教育出版社,1995.

[3] 李春葆,尹为民,蒋晶珏,等. 数据结构教程[M]. 5版. 北京:清华大学出版社,2017.

[4] 严蔚敏,李冬梅,吴伟民. 数据结构(C语言版)[M]. 2版. 北京:人民邮电出版社,2015.

[5] 徐孝凯. 数据结构实用教程(C/C++描述)[M]. 北京:清华大学出版社,1999.

[6] 程杰. 大话数据结构[M]. 北京:清华大学出版社,2011.

[7] [美]Mark Allen Weiss. 数据结构与算法分析 C语言描述[M]. 冯舜玺,译. 北京:机械工业出版社,2019.

[8] 李冬梅,张琪. 数据结构习题解析与实验指导[M]. 冯舜玺,译. 北京:人民邮电出版社,2017.

[9] 李春葆,李筱驰,蒋林,等. 算法设计与分析[M]. 2版. 北京:清华大学出版社,2018.

[10] [美]Mark Allen Weiss. 数据结构与算法分析——C++语言描述[M]. 冯舜玺,译. 4版. 北京:电子工业出版社,2016.